“十四五”国家重点图书出版规划项目
核能与核技术出版工程

先进核反应堆技术丛书（第一期）
主编　于俊崇

模块化海上浮动核能动力装置

Modular Floating Nuclear Power Plant

李　庆　王东辉　宋丹戎 著

内容提要

本书为“先进核反应堆技术丛书”之一。该书主要介绍了浮动核电站技术特点和应用需求，以及国内外浮动核电站研发及应用情况。主要内容包括中国核动力研究设计院针对我国大规模海上能源需求，如渤海湾稠油热采、南海岛礁供能等设计研发的浮动核电站型号 ACP100S 的总体设计、堆芯设计、反应堆系统与设备设计，平台系统与设备设计，安全分析，严重事故对策与应急策略，浮动核电站运行分析，浮动核电站经济性分析等内容。通过上述内容呈现了浮动核电站的概貌及其特殊性，为读者了解和认识浮动核电站提供了便利。本书是国内首本系统介绍浮动核电站设计的书籍，阐述了从陆上核电站转向海上核电站带来的设计挑战，填补了国内浮动核电站书籍出版的空白，可供核反应堆科研和工程技术人员在设计中参考，也适合高校相关专业研究生学习使用。

图书在版编目(CIP)数据

模块化海上浮动核能动力装置／李庆，王东辉，宋丹戎著. —上海：上海交通大学出版社，2023.1
(先进核反应堆技术丛书)
ISBN 978-7-313-27687-2

Ⅰ. ①模… Ⅱ. ①李… ②王… ③宋… Ⅲ. ①海上平台—核动力装置—研究 Ⅳ. ①TL99

中国版本图书馆 CIP 数据核字(2022)第 201199 号

模块化海上浮动核能动力装置
MOKUAIHUA HAISHANG FUDONG HENENG DONGLI ZHUANGZHI

著　　者：李　庆　王东辉　宋丹戎
出版发行：上海交通大学出版社　　地　　址：上海市番禺路 951 号
邮政编码：200030　　电　　话：021-64071208
印　　制：苏州市越洋印刷有限公司　　经　　销：全国新华书店
开　　本：710mm×1000mm　1/16　　印　　张：22.75
字　　数：376 千字
版　　次：2023 年 1 月第 1 版　　印　　次：2023 年 1 月第 1 次印刷
书　　号：ISBN 978-7-313-27687-2
定　　价：188.00 元

先进核反应堆技术丛书

编　委　会

本书编委会

（按姓氏笔画排序）

序

人类利用核能的历史始于 20 世纪 40 年代。实现核能利用的主要装置——核反应堆诞生于 1942 年。意大利著名物理学家恩里科·费米领导的研究小组在美国芝加哥大学体育场,用石墨和金属铀“堆”成了世界上第一座用于试验可实现可控链式反应的“堆砌体”,史称“芝加哥一号堆”,于 1942 年 12 月 2 日成功实现人类历史上第一个可控的铀核裂变链式反应。后人将可实现核裂变链式反应的装置称为核反应堆。

核反应堆的用途很广,主要分为两大类:一类是利用核能,另一类是利用裂变中子。核能利用又分军用与民用。军用核能主要用于原子武器和推进动力;民用核能主要用于发电,在居民供暖、海水淡化、石油开采、冶炼钢铁等方面也具有广阔的应用前景。通过核裂变中子参与核反应可生产钚-239、聚变材料氚以及广泛应用于工业、农业、医疗、卫生等诸多领域的各种放射性同位素。核反应堆产生的中子还可用于中子照相、活化分析以及材料改性、性能测试和中子治癌等方面。

人类发现核裂变反应能够释放巨大能量的现象以后,首先研究将其应用于军事领域。1945 年,美国成功研制原子弹,1952 年又成功研制核动力潜艇。由于原子弹和核动力潜艇的巨大威力,世界各国竞相开展相关研发,核军备竞赛持续至今。另外,由于核裂变能的能量密度极高且近零碳排放,这一天然优势使其成为人类解决能源问题与应对环境污染的重要手段,因而核能和平利用也同步展开。1954 年,苏联建成了世界上第一座向工业电网送电的核电站。随后,各国纷纷建立自己的核电站,装机容量不断提升,从开始的 5 000 千瓦到目前最大的 175 万千瓦。截至 2021 年底,全球在运行核电机组共计 436 台,总装机容量约为 3.96 亿千瓦。

核能在我国的研究与应用已有 60 多年的历史,取得了举世瞩目的成就。

1958 年,我国第一座核反应堆建成,开启了我国核能利用的大门。随后我国于 1964 年、1967 年与 1971 年分别研制成功原子弹、氢弹与核动力潜艇。1991 年,我国大陆第一座自主研制的核电站——秦山核电站首次并网发电,被誉为“国之光荣”。进入 21 世纪,我国在研发先进核能系统方面不断取得突破性成果,如研发出具有完整自主知识产权的第三代压水堆核电品牌 ACP1000、ACPR1000 和 ACP1400。其中,以 ACP1000 和 ACPR1000 技术融合而成的“华龙一号”全球首堆已于 2020 年 11 月 27 日首次并网成功,其先进性、经济性、成熟性、可靠性均已处于世界第三代核电技术水平,标志着我国已进入掌握先进核能技术的国家之列。截至 2022 年 7 月,我国大陆投入运行核电机组达 53 台,总装机容量达 55 590 兆瓦。在建机组有 23 台,装机容量达 24 190 兆瓦,位居世界第一。

2002 年,第四代核能系统国际论坛(Generation Ⅳ International Forum, GIF)确立了 6 种待开发的经济性和安全性更高的第四代先进的核反应堆系统,分别为气冷快堆、铅合金液态金属冷却快堆、液态钠冷却快堆、熔盐反应堆、超高温气冷堆和超临界水冷堆。目前我国在第四代核能系统关键技术方面也取得了引领世界的进展:2021 年 12 月,具有第四代核反应堆某些特征的全球首座球床模块式高温气冷堆核电站——华能石岛湾核电高温气冷堆示范工程送电成功。此外,在号称人类终极能源——聚变能方面,2021 年 12 月,中国“人造太阳”——全超导托卡马克核聚变实验装置(Experimental and Advanced Superconducting Tokamak, EAST)实现了 1 056 秒的长脉冲高参数等离子体运行,再一次刷新了世界纪录。经过 60 多年的发展,我国已建立起完整的科研、设计、实(试)验、制造等核工业体系,专业涉及核工业各个领域。科研设施门类齐全,为试验研究先后建成了各种反应堆,如重水研究堆、小型压水堆、微型中子源堆、快中子反应堆、低温供热实验堆、高温气冷实验堆、高通量工程试验堆、铀-氢化锆脉冲堆、先进游泳池式轻水研究堆等。近年来,为了适应国民经济发展的需要,我国在多种新型核反应堆技术的科研攻关方面也取得了不俗的成绩,如各种小型反应堆技术、先进快中子堆技术、新型嬗变反应堆技术、热管反应堆技术、钍基熔盐反应堆技术、铅铋反应堆技术、数字反应堆技术以及聚变堆技术等。

在我国,核能技术已应用到多个领域,为国民经济的发展做出了并将进一步做出重要贡献。以核电为例,根据中国核能行业协会数据,2021 年中国核能发电 4 071.41 亿千瓦时,相当于减少燃烧标准煤 11 558.05 万吨,减少排放二氧化碳 30 282.09 万吨、二氧化硫 98.24 万吨、氮氧化物 85.53 万吨，相当于造林 91.50 万公顷(9 150 平方千米)。在未来实现“碳达峰、碳中和”国家重大战略和国民经济高质量发展过程中，核能发电作为以清洁能源为基础的新型电力系统的稳定电源和节能减排的保障将起到不可替代的作用。也可以说，研发先进核反应堆为我国实现能源独立与保障能源安全、贯彻“碳达峰、碳中和”国家重大战略部署提供了重要保障。

随着核动力和核技术应用的不断扩展，我国积累了大量核领域的科研成果与实践经验，因此很有必要系统总结并出版，以更好地指导实践，促进技术进步与可持续发展。鉴于此，上海交通大学出版社与国内核动力领域相关专家多次沟通、研讨，拟定书目大纲，最终组织国内相关单位，如中国原子能科学研究院、中国核动力研究设计院、中国科学院上海应用物理研究所、中国科学院近代物理研究所、中国科学院等离子体物理研究所、清华大学、中国工程物理研究院、核工业西南物理研究院等，编写了这套“先进核反应堆技术丛书”。本丛书聚集了一批国内知名核动力和核技术应用专家的最新研究成果，可以说代表了我国核反应堆研制的先进水平。

本丛书规划以 6 种第四代核反应堆型及三个五年规划(2021—2035 年)中我国科技重大专项——小型反应堆为主要内容，同时也包含了相关先进核能技术(如气冷快堆、先进快中子反应堆、铅合金液态金属冷却快堆、液态钠冷却快堆、重水反应堆、熔盐反应堆、超临界水冷堆、超高温气冷堆、新型嬗变反应堆、科学研究用反应堆、数字反应堆)、各种小型堆(如低温供热堆、海上浮动核能动力装置等)技术及核聚变反应堆设计，并引进经典著作《热核反应堆氚工艺》等，内容较为全面。

本丛书系统总结了先进核反应堆技术及其应用成果，是我国核动力和核技术应用领域优秀专家的精心力作，可作为核能工作者的科研与设计参考，也可作为高校核专业的教辅材料，为促进核能和核技术应用的进一步发展及人才的培养提供支撑。本丛书必将为我国由核能大国向核能强国迈进、推动我国核科技事业的发展做出一定的贡献。

于俊崇

2022 年 7 月

前　言

核电是清洁、低碳、安全、高效的现代能源，在优化能源结构，保障能源安全，推动产业升级，应对气候变化和减少环境污染等方面发挥着重大作用。2020 年 9 月 22 日，中国国家主席习近平在第 75 届联合国大会上向世界做出"双碳"的承诺，是全球应对气候变化进程中的一项具有里程碑意义的事件，但要完成这一目标压力较大，欧盟、美国等发达国家从碳达峰到碳中和有 50～60 年过渡期，而中国只有 30 年，因此需要付出更大的努力。

海洋是维持人类可持续发展的重要战略空间，是重要的能源和资源宝库，我国拥有约 1.8 万千米大陆海岸线，海域总面积约 473 万千米^2，分布大小岛屿 7 600 个。我国海岸线长度、大陆架面积、海里水域面积均排在世界前十名，是全球八个 A 类海洋大国之一，捍卫中国海洋权益和海洋安全，充分利用和开发海洋资源，是实现中华民族伟大复兴必不可少的重要一环。

模块化海上浮动核能动力装置可为海上军事基地、海岛、沿海偏远设施提供多样的能源保障，对维护国家主权和海洋权益具有重要的政治、军事意义，也可作为移动的核电站，为沿海工业园区、远离大陆的海岛、石油钻井平台等提供清洁能源，用于发电、海水淡化、供热、远洋运输，大力保障经济建设，助力"双碳"目标的实现。

从 2010 年开始，中国核动力研究设计院立足海洋应用需求，基于多用途模块式小型堆 ACP100 的研发成果，根据船用核动力的特点，开发出满足三代核电安全标准和海上浮动平台入级规范的海洋核动力平台型号 ACP100S。其陆上原堆型 ACP100"玲龙一号"是全球首个通过国际原子能机构通用反应堆安全评估(GRSR)审查的模块式小型堆，目前已在海南昌江开始示范工程建设，后续工作中 ACP100S 也将开展示范工程建设。

海上浮动核能动力装置具有固有安全性高、系统简化、不受地震影响、可以大海为天然最终热阱、模块化建造、运行灵活等优点，可为区域电力、能源供应分布和优化提供新的解决方案，具有很好的发展前景。本书详细介绍了ACP100S海上浮动核能动力装置的设计理念，以期为读者展示浮动核电站较为全面的设计概况。

本书各章撰写人员如下：第1章，李庆、宋丹戎、王东辉；第2章，李庆、王东辉、李松；第3章，李庆、宋丹戎、王东辉、秦忠；第4章，李庆、秦冬、曾未、李翔；第5章，许斌、刘佳、宋丹戎、曾庆娜；第6章，钟发杰、曾畅；第7章，曾畅、党高健、曾未；第8章，曾畅、钟发杰；第9章，钟发杰、曾畅；第10章，陈智、廖龙涛；第11章，王东辉、王玮、刘晓波；第12章，党高健、曾未；第13章，胡建军；第14章，李庆、王东辉、李松。

由于时间仓促，水平有限，本书可能还存在很多不足之处，恳请读者批评指正。

目　录

第 1 章
绪　论

随着世界各国能源结构不断调整优化和绿色低碳发展战略持续推进，传统的化石能源和风能、波浪能、太阳能等新兴能源越来越难以满足人们日常生活需求。在这种情况下，核能利用成为解决能源问题的主要途径之一，海上核能发电技术也因清洁高效、选址灵活，越来越受到各国政府的重视。与传统发电方式相比，海上核能发电具有环境友好、不占用陆地资源、可移动等优势，具有广阔的应用前景。为实现海上核能发电，通常需要将移动式小型核电站技术与船舶和海洋工程技术有机结合，建成配备有核反应堆及发电系统的可移动浮动海洋平台，即海上浮动核电站。本章简要介绍浮动核电站及我国发展浮动核电站的意义。

1.1　概述

核电是清洁、低碳、安全、高效的现代能源，在优化能源结构，保障能源安全，推动产业升级，应对气候变化和减少环境污染等方面发挥着重大作用。

习近平总书记在十九大报告中指出，要“推进能源生产和消费革命，构建清洁低碳、安全高效的能源体系。”2022 年 10 月 16 日，习近平总书记在二十大报告中进一步提出：“积极稳妥推进碳达峰碳中和，立足我国能源资源禀赋，坚持先立后破，有计划分步骤实施碳达峰行动，深入推进能源革命，加强煤炭清洁高效利用，加快规划建设新型能源体系，积极参与应对气候变化全球治理。”多家世界组织，如国际能源署、经济合作与发展组织（OECD）核能机构、国际原子能机构和世界核协会等，都对 2050 年前后的能源供应前景给出了预测，认为“核能是能源结构中不可或缺的重要组成部分”。国内诸多机构，如中国工程院、中国电力企业联合会、中国电力规划设计院、核能行业协会等，考虑我国能源结构、电力现状及多种能源技术发展趋势等复杂因素，建议 2050 年中国电力的核发电量目标占比为 10%，电力装机容量目标占比为 5%左右。这些判断和见解明确了核电在我国能源战略中的地位，也为核电的未来发展指明了方向。

但是近年来，全球经济复苏缓慢，国际政治关系错综复杂，国内电力市场面临改革，行业竞争日益激烈，核电发展面临的形势日趋复杂。不但开发国际市场困难重重，国内新机组审批也步履蹒跚，进度低于预期。从长远来看，核能技术作为代表国家综合科技实力的技术将会继续得到国家扶持，但是作为一种商用发电形式的核能是否有充足的生存空间很大程度上却是由市场需求所决定的。因此，核电行业必须具备空前的危机意识和竞争意识，抓住未来几十年核电发展的机遇期，在保证安全的前提下实现高效发展。

海洋是维持人类可持续发展的重要战略空间，是重要的能源和资源宝库，是人类生存和发展的基础。地球总面积约为 5.1 亿千米^2，其中海洋约占 3.6 亿千米^2。在这部分海洋面积中，约 1.3 亿千米^2 为沿海国家管辖，被称为“蓝色国土”。我国拥有 1.8 万千米大陆海岸线，200 多万千米^2 的大陆架和 7 600 多个岛屿，管辖海域面积约 473 万千米^2。我国海岸线长度、大陆架面积、海里水域面积均排在世界前十名，是全球八个 A 类海洋大国之一。因此，中国的国土面积包括约 960 万千米^2 的“陆上国土”和约 473 万千米^2 的“蓝色国土”。

进入 21 世纪以来，伴随着科技进步和经济全球化蓬勃发展，各国对国家安全观、发展观的认识不断深入，纷纷把重视海洋权益、维护海洋安全的诉求提到空前高度。近年来，随着我国国民经济的快速发展，对能源、资源的需求持续增加，对国际市场和海外资源的依赖日益增强，国内经济与世界经济的联系更加紧密。捍卫中国海洋权益和海洋安全，充分利用和开发海洋资源，保障能源进出口和海外贸易通道畅通安全，是实现中华民族伟大复兴中必不可少的重要一环。

党的十八大报告明确提出我国海洋发展战略：“提高海洋资源开发能力，发展海洋经济，保护海洋生态环境，坚决维护国家海洋权益，建设海洋强国”。

2014 年 6 月习近平总书记在中央财经领导小组第六次会议中强调“能源安全是关系国家经济社会发展的全局性、战略性问题，对国家繁荣发展、人民生活改善、社会长治久安至关重要”，同时对海洋核动力建设和发展作出了“要求海洋核动力作为三个一批：集中攻关一批、试验示范一批、应用推广一批”

的指示。

从国家战略安全考虑,我国海洋安全和海洋战略将面临更加复杂的外部环境。随着我国经济日益融入世界经济体系,对国际市场、海外能源资源和战略通道的依赖不断加深,海洋安全问题日益突出,同时,随着海洋资源开采、海岛开发等海洋工程的全面铺开,以及海上军事基地、海上远洋补给需求的日益增加,对电、热、水等可靠供给提出了更高要求。由此,浮动核电站作为一种高度可靠、功能多样、清洁环保且保障有力的综合性供给平台受到国家高度关注。

浮动核电站可作为可移动的核电站,为沿海工业园区提供清洁能源,用于发电、海水淡化、供热,能大力保障地方经济建设。浮动核电站也可以满足远离大陆的海岛、石油钻井平台等对能源较大规模的需求,为我国沿海海岛开发和深海油气开发在电力供应、海水淡化等方面提供充沛的能源,是解决海洋油气资源开发动力供给瓶颈的有效技术途径,对建立海上规模化的保障基地,促进核动力舰船技术的发展具有重要的现实意义。

2020 年 9 月 22 日,中国国家主席习近平在第 75 届联合国大会上宣布,中国将采取更加有力的政策和措施,力争于 2030 年前达到二氧化碳排放峰值,努力争取 2060 年前实现碳中和。中国的这一承诺是全球应对气候变化进程中的一项有里程碑意义的事件,但要完成这一目标压力较大。欧盟、美国等从碳达峰到碳中和有 50～60 年过渡期,而中国只有 30 年。2030—2050 年,中国年减排率平均将达 8%～10%,远超发达国家减排的速度和力度,中国 2060 年实现碳中和,需比发达国家 2050 年碳中和付出更大努力。浮动核能动力装置作为一种灵活的清洁能源利用形式,对实现我国“双碳”战略具有重要的意义。

1.2 浮动核电站

浮动核电站,是指利用浮动平台(如船舶)建造的可移动的核电站,可为海洋石油开采和远海岛礁提供安全有效的能源供给。海上浮动核能动力装置的关键技术也可推广应用到核动力破冰船、核动力科考船和核动力商船等大功率船舶工程领域和海水淡化等领域,是船舶工程和核工程有机结合的创新产物。下面对水面核动力船舶、浮动核电站技术特点、应用场景及载体平台选型展开介绍。

1.2.1 水面核动力船舶介绍

按照用途，核动力船舶主要分为军用核动力船舶和民用水面核动力商船。军用核动力船舶主要包括核动力潜艇和核动力水面舰船。核动力潜艇可以通过船用核动力装置将核能转化为机械能或电能，带动船用推进系统，为潜艇提供动力。世界上第一艘核动力潜艇是美国的“鹦鹉螺”号，目前全世界拥有核潜艇国家有 6 个，分别为美国、俄罗斯、英国、法国、中国、印度，其中美国和俄罗斯拥有的核潜艇最多。军用核动力水面舰船主要有核动力航母、核动力巡洋舰等。核动力航母是以核能为动力的航空母舰，与常规动力航母相比，其拥有更强大的机动性和更出色的续航力。目前除美国外装备核动力航母的国家只有法国，其中美国前后共建造服役了 10 艘第二代“尼米兹”级核动力航母，目前其第三代“福特”级核动力航母正在建造中。美国和俄罗斯装备过一定数量的核动力巡洋舰，但都已经退役。

国外民用水面核动力船舶如表 1－1 所示。

表 1－1　国外民用水面核动力船舶汇总表

序号	商船名称	船　型	国　家	反应堆类型	热功率/MW
1	Savannah	集装箱船	美国	压水堆	80
2	Otto Hahn	矿砂船	德国	压水堆	38
3	Mutsu	散货船	日本	压水堆	36
4	Lenin	破冰船	俄罗斯	OK－900	159×2①
5	Arktika	破冰船	俄罗斯	OK－900A	171×2
6	Sibir	破冰船	俄罗斯	OK－900A	171×2
7	Sovetski Souz	破冰船	俄罗斯	OK－900A	171×2
8	Yamal	破冰船	俄罗斯	OK－900A	171×2
9	Rossija	破冰船	俄罗斯	OK－900A	171×2
10	50 Let Pobedy	破冰船	俄罗斯	OK－900A	171×2
11	Sevmorput	破冰船	俄罗斯	KLT－40	135

(续表)

序号	商船名称	船 型	国 家	反应堆类型	热功率/MW
12	Vaygach	破冰船	俄罗斯	KLT-40M	171
13	Taimyr	破冰船	俄罗斯	KLT-40M	171
14	Arktika	破冰船	俄罗斯	RITM-200	175×2
15	Sibir	破冰船	俄罗斯	RITM-200	175×2
16	Yakutiya	破冰船	俄罗斯	RITM-200	175×2

① 这一列的"×2"表示两个堆模块。

核动力商船采用核动力推进,有突出的续航力、较高的航速及强大的载重能力,可用于国际远洋航线的大吨位货船,如集装箱船、散货船等。世界上曾建造投入使用的有美国的"Savannah"号核动力商船、德国的"Otto Hahn"号矿砂船和日本的"Mutsu"号核动力商船,但由于放射性风险和换料、维修保障及经济性等原因,目前均已退役。美国、德国及日本等国家之前建成的民用核动力商船主要用于远洋运输。

俄罗斯是世界上唯一拥有核动力破冰船的国家,自第一艘核动力破冰船"列宁"号于1959年服役以来,苏联(俄罗斯)先后建造了四代核动力破冰船。第一代核动力破冰船"列宁"号装载OK-150反应堆,反应堆功率为90 MW;第二代核动力破冰船装载OK-900反应堆并首先装备于"列宁"号上,反应堆功率为159~171 MW;第三代核动力破冰船装载KLT-40反应堆,反应堆功率为135~171 MW;第四代核动力破冰船装载RITM-200反应堆,反应堆功率为175 MW,目前已有2艘服役。2022年11月22日,第三艘核动力破冰船"雅库特"下水。

1.2.2 浮动核电站技术特点

浮动核能平台是指利用浮动平台建造的核动力装置,能够同时提供电、热、淡水等多种资源,具有可移动、灵活性强的特征。俄罗斯、美国浮动核能平台主要用于区域供电及海水淡化等。浮动核能平台在国外的发展从20世纪60年代开始至今已有60年左右的历史,目前国外核国家仍在持续进行研发。

浮动核电站因受到搭载平台结构、重量的限制，通常搭载小型反应堆，因而具备小型反应堆的特点及优势：相比于大型反应堆，小型反应堆功率规模小，系统简单，建造初投资少；安全性能高，可建于大城市等人口密集地区周边；运行灵活，对传输配套设施要求较低，适应负荷变化能力强；模块式建造，建造周期短；厂址条件要求简化，选址灵活等；应用领域广泛，除发电外还可用于区域供热、工业供汽、海水淡化等。基于这些方面的独特优势，小型反应堆可为区域电力、能源供应分布和优化提供新的解决方案，具有很好的发展前景。许多国家都将其视为未来核能应用的一个重要方向，很多国际相关研究机构对小型反应堆未来发展均给出了乐观的预测。

此外，浮动核电站的核反应堆装载在浮动平台上，使其在小型反应堆特点及优势的基础上，又具备了如下独特优势。

(1) 海上可移动。浮动核电站反应堆搭载在船体平台上，不占用陆地面积，可全海域机动部署；限制条件少、选址更灵活、运行地点可根据供能用户分布式布置；海洋环境适应能力强，并且在极端环境条件下可自航或被拖行至相应海域或维保基地进行规避。可根据自身产能及用户需求，进行海上移动部署，提高浮动核电站核能利用率和经济性。

(2) 能源输出多元化。通过输出过热/饱和蒸汽、电力、抽汽、余热，转换出所需的不同品质蒸汽、电力、供热、淡水、浓盐水、氢气等多元化能源产品。

(3) 高模块化。采用小型核反应堆，同时与钢结构为主的平台相结合，可根据不同的应用场景进行模块化设计、建造及组合应用，最大限度满足用户需求。

(4) 建设周期短。浮动核电站平台相对于其他核能工程的建设周期较短，一般在 3 年以内。

(5) 安全性高。安全系统可考虑能动加非能动设计，并且浮动核电站反应堆搭载在船体平台上，始终在海上漂浮，以周围的海水为最终热阱，具有天然的冷却系统，不会发生类似福岛核电站的核安全事故，全船断电可长期不需要交流电；与陆上固定式核电站相比，在极端环境条件下可自航或被拖行至相应海域或维保基地进行规避；充分考虑了严重事故的预防与缓解，安全性突出，可完全满足三代核电安全标准。

(6) 舆情风险小。浮动核电站在沿海作业，基本远离公众聚集区，对公众影响小。

(7) 经济效益可观。浮动核电站全寿期为 40 年，随着模块化、规模化程度的提高，后期收益可观。

1.2.3 浮动核电站应用场景介绍

浮动核电站具有广阔的应用场景，下面主要介绍浮动核电站在海洋油气开采能源、远程浮动保障基地、岛礁运行维护的水电保障、深海空间站的供能需求等场景中的应用。

1) 海洋油气开采能源

以渤海为例，中国渤海海域油气产量已达到3 000万吨油当量。目前，海上平台所需电力均源于平台电站，发电方式有天然气发电和原油发电两种。几年前，渤海油田就开始出现伴生气产量逐年递减的迹象。如今，燃料气的不断减少与电力需求的日益增加的矛盾日趋突出，有限的伴生气产量难以满足生产用电需求，而大幅度采用柴油发电又会提高桶油成本。

目前，渤海区域海上采油生产设施(包括在建)用电负荷约为600 MW。在远期规划中，渤海区域的油气生产设施的用电负荷将提升至近1 000 MW。渤海油田远景规划存在较大电力需求空间。如果经验证海上核能发电的经济性、安全性、稳定性满足海上石油开采要求，其应用前景将非常广阔。

浮动核电站的单船电功率一般为50～100 MW，适合渤海湾大中规模的油田群。通过以核能供电这种新的生产方式，不仅可以满足区域用电需求，解决渤海湾伴生气不足的难题，同时还有望间接提高油田的产能。

此外，渤海湾稠油地质储量丰富，约占整体储量的68%。但对稠油进行开发有一定的难度，特别是对于地层原油黏度超过350 mPa·s的稠油。若采用常规冷采开发，采收率低，开发效果不理想，甚至没有开发效益。对于常规热采技术，由于受到平台空间及目前供热设备能力的限制，现阶段还无法大规模在海上应用和推广。

因此，如何为稠油油田提供经济的蒸汽或热流体是目前制约渤海湾稠油油田开发的关键。核能利用无疑是一项值得期待的能源利用手段。核能的蒸汽涡轮机所产生的200 ℃以上的高温蒸汽，可以通过与生产水换热注入油井进行稠油热采，解决稠油热采需要大量热源的问题。若核能供热进行稠油热采的技术方案可行，无疑将释放渤海湾的产能，有望直接提高渤海湾的油气产量。

2) 远程浮动保障基地

远程浮动保障基地主要服务于国防建设，可为海军舰船提供海上补给，也为周围海岛驻军提供能源，有利于大大增加我国海上力量的辐射范围，增强对于领海的控制。

对于深水远程远海浮动补给基地，由于浮动补给基地除满足常驻人员和设施的能源供应外，还需要满足海上定位和基本的航行要求，能源需求量较大，为数十万千瓦，核能利用是现阶段能够满足要求的重要能源供给方式。

3）岛礁运行维护的水电保障

我国南海海域广阔，部分地区距离本土陆地甚至超过 2 000 km。岛礁建设对于海洋资源利用至关重要，以多个岛礁为中心辐射周边海域，逐步形成多点布局的主权控制。

开展岛礁建设及岛礁日常运行维护必然需要大量电力和淡水等能源供应。常规电力输送方式难以从本土陆地送及远海岛礁，而采用油料运输的方式难以维持长期稳定的大量能源供应且输送代价巨大，因此常规能源供给方式难以满足岛礁建设及保障资源对长期、充足、稳定、持续能源的需求，核能利用是可行的重要能源供给方式。采用浮动核电站可确保岛礁建设顺利开展，并可提供持续充足的水电保障。

4）深海空间站的供能需求

深海空间站是在 3 000 m 深海的海底建立一座宜人居住，且电站、热站、控制中心正常运转的工作及生活环境。届时，海上钻井平台的油、气、水处理工艺全部在水下完成，再通过海底管道送至陆上终端。

建设深海空间站，是出于对国外重大自然灾害教训带来的思考。我国某些海域的气象条件极其复杂，夏季经常遭受台风等恶劣自然灾害，因此非常有必要开展深海空间站和全水下生产系统的建设研究。

深海空间站核心包括两个方面："全水下"，即开发工程设施全部放在水下，用一条海底管道将油气送上岸；"高标准"，即大幅提高设计标准，增强抗灾害性环境能力。

为了满足深海空间站的供能需求，采用核能是目前最为可行的方案。核能不需要空气就能通过核裂变产生热能并发电，同时核潜艇可以潜伏在水下长周期运行，为深海空间站的电力供给提供了可信赖的使用经验。展望未来，核能有望应用于深海空间站的供能。

1.2.4 浮动核电站载体平台选型

浮动核电站通常是将反应堆舱安置于海上平台载体上，参照船舶与海洋工程海洋平台载体结构类型特征，初步将浮动核电站载体平台结构划分为固定式、移动式和漂浮式三大类。其中固定式平台载体包括导管架式和重力式；移动式平台载体包括自升式和坐底式；漂浮式平台载体包括半潜式、张力腿式、单柱式和 FPSO 船体式。

1.2.4.1 浮动核电站载体平台常见类型

目前，国外海上核电站主要分为以下四种类型，如图 1－1 所示。

(1) 以俄罗斯为代表的驳船式(barge type)。

(2) 以美国为代表的单柱式(spar type)。

(3) 以法国为代表的下沉式(submerged type)。

(4) 以韩国为代表的重力基础结构式(GBS type)。

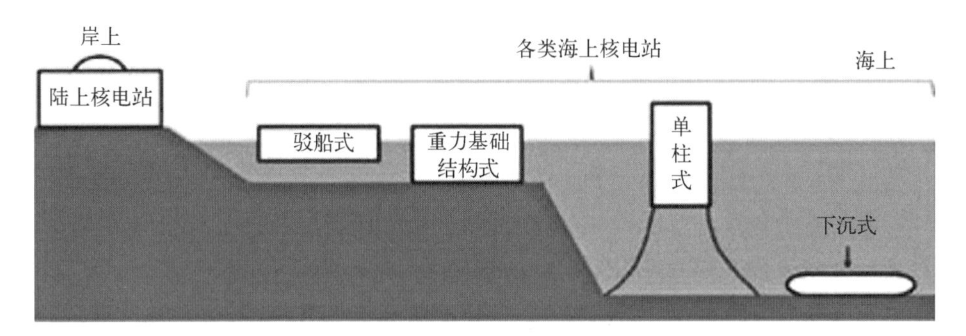

图 1－1 海上浮动核电站类型

1) 导管架式

导管架式平台是渤海海域使用最普遍的一种海洋平台类型[1]，由导管架、桩、导管架帽和甲板四部分组成。由打入海底的桩柱来支承整个平台，能经受风、浪、流等外力作用，具有适应性强、安全可靠、结构简单、造价低的优点。若采用导管架式平台作为载体平台，核装置有两种安装方式：一是将核电站整体安装于甲板上，如图 1－2 所示，这种方案不但占用平台甲板有限的使用空间，而且施工建造均需要在平台上完成，安装和弃置均较为复杂；二是将核电站完整地封闭起来安置于水下，用打桩的方法固定于泥面，这种情况需要解决连接和界面问题，还要重点考虑地震载荷对核电站的影响，导致结构钢材量增加和经济效益降低。同时，采用导管架式平台作为核电站的载体，由于平台不能移动，浮动核电站的灵活性无法体现，与最初的设计理念不符。

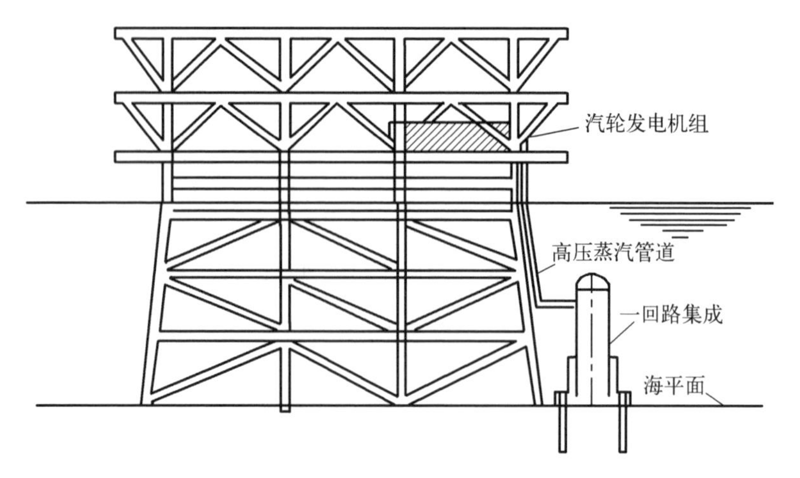

图 1-2　导管架式方案示意图

2) 重力式

重力式平台由上部的钢制组块和下部的混凝土罐体组成[1]，不需要用插入海底的桩去承担垂直荷载和水平荷载，完全依靠本身的重力直接稳定在海底。重力式平台技术成熟，但其可否作为浮动核电站的载体平台还有待商榷。重力式平台甲板面积与导管架平台面积相当，而下部的沉箱有较大的空间，为核电站提供了安置空间，核电站与平台也成为一个整体(见图 1-3)。安装不

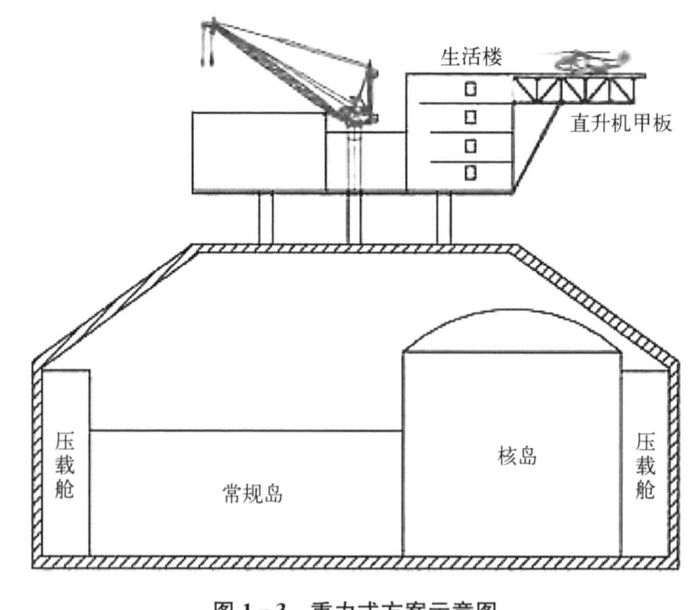

图 1-3　重力式方案示意图

必动用海上施工资源，箱内核设备布置较为容易，并且支持多个小型堆的安装，上部设有月池可实现海上换料。但根据国外重力式平台的经验，仅仅靠平台底部与海底相互作用产生的抗滑力还不足以克服风、浪、流、冰等自然因素对平台作用的水平滑移力，必须采取其他方法增强混凝土平台的抗滑移能力，这样便会增加投资成本。与导管架式平台类似，重力式平台同样无法移动，使浮动核电站不具备灵活性。

3）自升式

自升式平台用于海洋石油开发已有多年历史，分为沉垫式和圆柱式，其中沉垫式主要用于 60 m 以内水深。平台由上船体、升降机构、桩腿及海底支承结构等几部分组成[1]。该平台具有移位方便的特点，同时在位时又具有固定式平台的优点。平台甲板空间较小，布置核电设备比较紧张，可将核电站布置于自升式平台下部沉垫内，配套设施及生活楼安置于上部平台甲板（见图 1－4）。平台站立作业时将桩腿插入或坐入海底，船体顺着桩腿上爬离开海面，工作时可不受海水运动的影响；迁移拖航时，将平台桩腿上升，依靠平台船体部分浮力实现自浮拖航，体现了浮动核电站的灵活性。但在平台运移、插桩

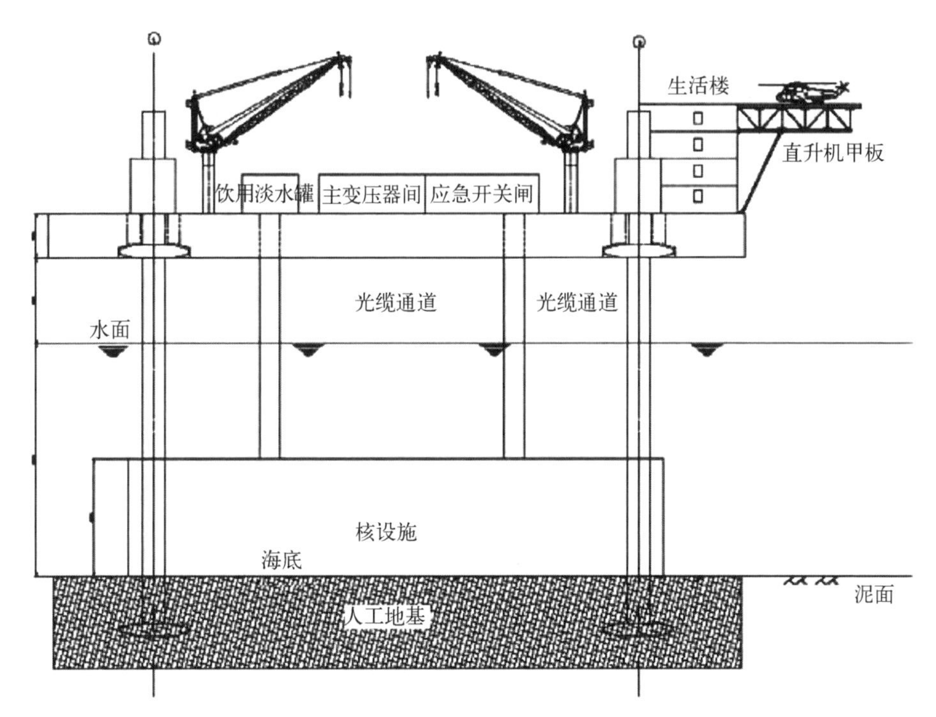

图 1－4 自升式方案示意图

升平台和拔桩降平台作业过程中存在安全风险而且受到海底条件的影响较大。

4）坐底式

坐底式平台由甲板、沉垫和中间的连接支撑构件组成，通常适用于浅海地区作业。坐底式平台主要包括主船体和核反应堆模块，其中主船体包括下浮体、多个立柱及甲板盒，如图 1－5 所示。甲板盒通过多个立柱与下浮体连接，立柱开设有空腔。核反应堆安装在安全壳内，并且安全壳被收容于立柱内，可防止核燃料泄漏，从而可以实现对坐底式平台进行海上换料，并且换料过程中不需要将主船体拖航至陆地专用码头，减小了拖航的周期和换料成本，提高了坐底式核电平台的利用率。坐底式平台具有构造较简单、投资较少、建造周期较短等优点，但作为核电站载体平台，其缺点与自升式平台相同，即在平台运移和沉垫升沉过程中存在安全风险而且易受海底条件的影响。

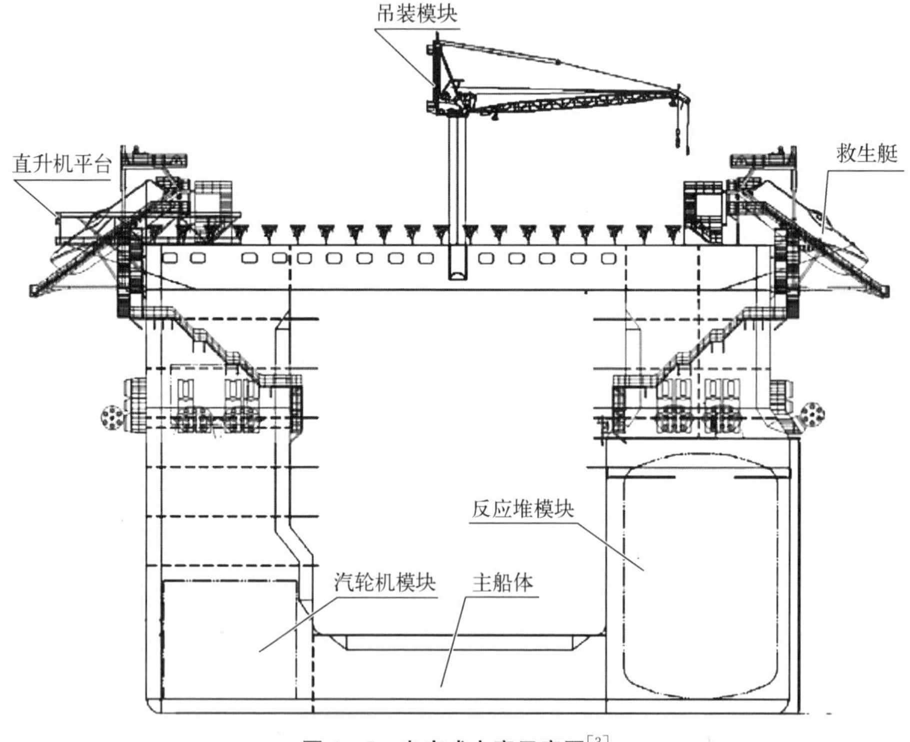

图 1－5　坐底式方案示意图[3]

5）半潜式

半潜式平台由坐底式平台发展而来，上部为工作甲板，下部为浮体，用支撑立柱连接[2]。平台水线面很小，具有较大的固有周期，浮体位于水面以下，受波浪作用力小。半潜式平台优势在于其具有更大的甲板空间，无须海上安装，具备全球、全天候的工作能力和自存能力。工作时浮体潜入水中，甲板处于水上安全高度，这种形式也为海上核电站搭建提供了可能性。图 1－6 提供了一种半潜式平台浮动核电站方案，该半潜式浮动核电站包括用于与海底基岩连接的桩基、固定在桩基上的耐压舱、容纳核反应堆的核岛厂房和汽轮发电机的常规岛厂房，核反应堆产生的蒸汽输送至汽轮发电机。作为核电站的载体平台机动性好、调遣方便、作业水深范围更广。但半潜式平台净负荷能力较小，恶劣海况引起的运动幅度较大，发生过沉没事故，结构安全性有待进一步提高。

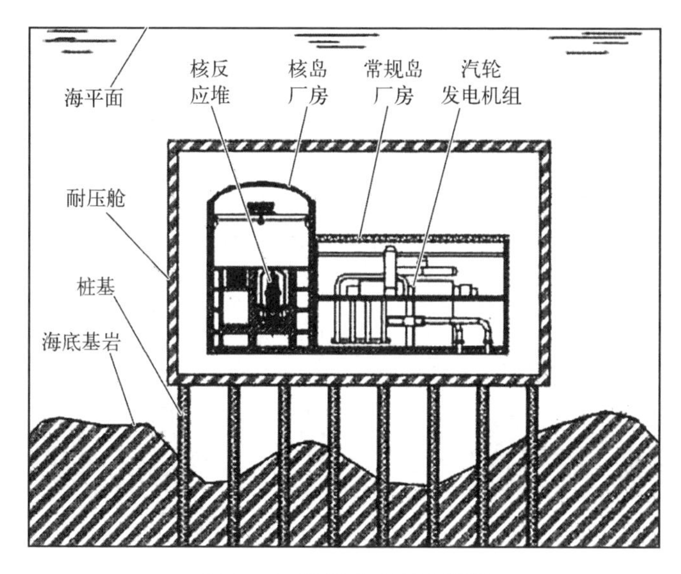

图 1－6　半潜式方案示意图

6）张力腿式

张力腿式平台（TLP）的原理是利用半顺应、半刚性的平台产生远大于结构自重的浮力，多余的浮力依靠张力腿产生的张力来平衡，以此为生产提供一个相对平稳安全的工作环境，如图 1－7 所示。TLP 因其直立浮筒结构具备良好的运动性能，抗恶劣环境作用能力强，造价相对于固定式平台较低，但若作为核电站的载体平台移位十分不便。当 TLP 工作水深超过 1 200 m，张力腿自身重量较大，张力腿运动达到极限，受力将发生较大改变，导致平台定位性能变差，也限制了核电站的工作水域深度。另外，差频波浪力将引起平台纵荡、横荡、艏摇三个自由度的共振现象，同时风的激振力也会加剧这种慢漂运动；高频水动力会引起平台纵摇、横摇、垂荡三个自由度的共振现象。这些共振问题将会随着水深增大而更加严重。此外，TLP 需要进行海底定位，选作核电站的载体平台考虑因素较多，设计和安装施工变得更加复杂。

图 1－7　海洋石油工程张力腿平台

7）单柱式

单柱式平台适用于深海海况，通过锚泊系统锚固于海底，如图 1－8 所示。单柱式平台技术应用于海洋开发已经超过 30 年了，但是在 1987 年之前在人类开发海洋的工作中单柱式平台一向是作为辅助系统使用而不是直接生产的系统。它们可用作浮标、海洋科研站，或是海上通信中转站，有时还作为海上装卸和仓储中心使用。平台在深海海况下运动性能良好、安全性能较高、灵活性较好，并且造价不会随着水深的增加而急剧提高，其经济性和稳定性优于其他浮动平台。但是作为核电站的载体平台，单柱式平台吃水很大，移位不便，平台中部结构时刻处于拉伸状态，对平台结构安全有不利影响。平台呈细长直立的圆柱外形，不利于发电设备的布置，主体部分有可能发生涡激振动。同时我国对单柱式平台技术的掌握尚不成熟，实现单柱式平台建立核电站的可行度不高。

图1-8 海洋石油工程单柱式平台

8）FPSO船体式

浮式生产储存卸货装置（floating production storage and offloading，FPSO）船体式平台主要参照海洋石油工程行业浮式生产储卸油装置。FPSO一般由以下三大部分组成：船体部分、系泊系统部分和油气生产储存部分[4]。FPSO具有如下特点：甲板面积宽阔，便于生产设备布置，承重能力强，抗风、浪、流和地震能力强，适应水深范围广，储/卸液体货物能力大，集生产处理、储存外输及生活、动力供应于一体，一般无动力，有软刚臂式单点系泊或动态定位装置。另外一种是由油船改装，采用油船作为母型船，其优势包括抗风、浪、流和地震能力强，适合于深远海，并且具有全球、全天候的工作能力和自存能力。油船一般采用柴油动力，通常采用锚泊式系泊装置，存在不易改装、干舷小、浮力储备小、甲板上浪、长深比大、纵向弯矩大、尾机型等特点，并且驾驶舱和生活区在后面，存在驾驶盲区[5]。浮动生产储卸油装置按形状可分为船体式和圆柱形。

目前世界上已经广泛应用FPSO船体式平台，约占移动式平台总数的一半。首先，船体式平台拥有宽阔的甲板和较高的装载能力，便于布置各种核电生产设施，在各功能舱室划分和布局上具有明显优势；其次，船体式平台的机动性好，可以方便地从建造场地转移到作业区域，也很容易从一个海域重新部署到另一个海域；最后，船体式平台能够以较低的船体建造费用提供最经济的开发方案，建造技术相对成熟。对于采用单点或多点系泊系统的船体式平台，常用于50～600 m水深，适用于渤海海域水深条件。船体式平台的主要缺点是需要额外的船用设备和人员，操作费用相对较高，同时船体的总纵强度较差。船体式平台一般需要采用单点系泊系统，这会对立管的尺寸和数量形成约束，需要用到相对比较贵的含高压电滑环的旋转接头和柔性管。俄罗斯"罗蒙诺索夫院士"号浮动核电站即为这种类型。

圆柱形平台是船体式平台的改进型，近年来得到了非常广泛的应用，美国麻省理工学院浮动核电站设想的外形就是这种形式，圆柱形平台的优点是结构简单，无须转塔就能很好地适应风、浪、流对船体的影响，各向可承受环境载荷的能力基本相同，船体总纵强度大为改善，安全性明显提高；平台重心相对较低，同时具有各向同性的惯性矩和较小的惯性半径，从而具有更好的稳性，也减少了普通船体式结构首部和尾部的纵摇，并且横摇角度也较小，使整体结构更稳定；平台在波浪上的跨距短，可显著减小波浪弯矩，同时降低疲劳载荷；平台的布置空间充裕，各功能舱室均围绕反应堆布置，空间利用率高，工艺流程顺畅。圆柱形平台的缺点是在建造和靠泊码头时对船坞和码头的要求相对较高，建造工艺与普通船体式相比更为复杂[2]。

1.2.4.2 浮动核电站载体平台对比分析

以应用于我国渤海海域为例进行对比，由于渤海海域水深相对较浅，固定式、移动式和漂浮式平台载体都能满足海上核电基本要求。固定式和移动式具有较好的抗风、抗流能力，而漂浮式更容易满足目标吃水条件，并能提供更多的储备浮力。固定式和移动式依靠桩腿和沉垫对自身进行定位，漂浮式则依靠系泊系统进行定位。固定式和移动式的工程量、技术复杂度要低于漂浮式，并且技术成熟度更高。固定式和移动式由于与海底接触，要抵抗极高的地震荷载，抗震能力明显很差，对海底土壤也有更高的适应性要求。根据上节论述平台类型，归纳浮动核电站载体平台结构的优缺点，详情如表1-2所示。

表1-2 浮动核电站载体平台优缺点对比表

结构形式	优 点	缺 点	可行性
导管架式	技术成熟,适应性强	无法移动,核电站建造面临问题过多	低
重力式	技术成熟,沉箱空间大,满足核电站需求	无法移动,对基础与海底地质条件要求较高	低
自升式	可以移动,具备固定式平台优点	甲板空间较小,转移、插桩、拔桩存在安全风险,受到海底条件的影响较大	中
坐底式	可以移动,构造比较简单,制造周期较短	甲板空间较小,转移、沉垫升沉存在安全风险,受海底条件的影响较大	中
半潜式	调遣方便,作业水深广	恶劣海况下的运动幅度较大,结构安全性有待研究	低
张力腿式	具备良好的运动性能,抗恶劣环境作用能力强	技术匮乏,移位不便,工作水深受限	低
单柱式	经济性和稳定性很高	技术匮乏,移位不便,结构不便于发电设备的布置	低
FPSO 船体式	技术成熟,空间大,满足核电站需求,有成功案例	平台运动幅度较大	高

FPSO 船体式不仅安全经济,还具备更广的适用范围和更高的灵活性。相比于固定式和移动式,FPSO 船体式结构更具有如下优点:

(1) 国内具有丰富的 FPSO 船体设计、建造、运维经验,同时可借鉴俄罗斯"罗蒙诺索夫院士"号案例经验。

(2) FPSO 船体式结构灵活性高、移位比较方便,方便安装海上设备,核料更换、报废退役。

(3) FPSO 船体式结构舱室具有较大的布置面积,便于核反应装置的布置与安放,布置改装也比较容易。

(4) FPSO 船体式的双层底结构可以抵御多种事故载荷,可以满足非能动性核电反应装置对于安全性的要求,尽量降低地震等环境作用的影响。

(5) FPSO 船体式结构抗风浪能力强、工作水深适用范围广、重复使用率高，不仅可以用于渤海海域，也可以用于较深的南海海域。

综合比较，FPSO船体式结构是现阶段适用我国沿海海域一种重要的浮动核电站载体平台。

1.3 我国发展浮动核电站的意义

发展浮动核电站，对提升我国海上综合保障水平，实现核能综合利用，实现高质量发展具有重要意义。

1）浮动核电站是提升我国海上综合保障水平的有效途径

近年来，随着我国综合国力的增长和美国重返亚太战略的部署，中国海洋问题日益尖锐，无论从国防安全还是能源需求都需要更进一步走向深蓝。根据习近平总书记提出的海洋发展战略要求，发展核动力海上核能综合能源供给平台，可大幅提升我国海洋综合保障能力，为我国发展海洋经济、维护海洋权益和建设海洋强国提供有力支撑，具有重要战略意义。

随着我国经济日益融入世界经济体系，对国际市场、海外能源资源和战略通道的依赖不断加深，海洋安全问题日益突出。同时，随着海洋资源开采、海岛开发等海洋工程的全面铺开、海上远洋补给需求的日益增加，对电、热、水等可靠供给提出更高要求。由此，浮动核电站作为一种高度可靠、功能多样、清洁环保且保障有力的综合性供给平台受到国家高度关注。

党的十九大报告明确提出我国海洋发展战略："壮大海洋经济、加强海洋资源环境保护、维护海洋权益事关国家安全和长远发展，坚决陆海统筹，加快建设海洋强国"。

对我国而言，浮动核电站也可以满足远离大陆的海岛、石油钻井平台等对能源较大规模的需求，为我国沿海海岛开发、深海油气开发在电力供应、海水淡化等方面提供充沛的能源，是解决海洋油气资源开发动力供给瓶颈的有效技术途径，对建立海上规模化的保障基地，促进核动力舰船技术的发展具有重要现实意义。

2）浮动核电站是核能综合利用的创新选择

在全球能源转型与中国能源革命的大转型时期，核能发展同样也面临机遇与挑战。新一轮能源革命尤其是能源技术革命已经开始，核能也亟须创新发展以适应未来的能源系统，更灵活的小型模块化反应堆的创新应用能进一步提升核能在能源系统中的存在价值，小型化、更安全、更经济是核能发展的方向之一。作为清洁无污染、能量密度高、综合成本低、无供电间隙的新型能源,结合海上平台特有的机动性、安全灵活特点,浮动核电站在治理沿海地区大气污染、孤岛供能不便、石化能源替代等方面有其独特的优势。与传统热源相比,其特点为功率规模小,系统简单,建造初投资少;运行灵活,对传输配套设施要求较低,适应负荷变化能力强;模块化建造,建造周期短。基于这些方面的独特优势,建造浮动核电站可有效减少污染排放,有助于改善我国能源结构,缓解日趋严重的能源供应紧张的局面,对于保护环境、保护人民身体健康和缓解燃煤运输压力等具有积极意义,是未来创新能源综合利用的必然选择。

3) 浮动核电站是实现高质量发展的重要举措

开展核动力海上核能综合供给平台建设是核能及船舶技术融合跨越式发展的新途径。充分利用成熟核能技术与水面船舶的融合,能在更大范围、更深程度上将成熟技术融入国家经济发展中,实现资源的最佳配置和利用,达到效益最大化。

参考文献

[1] 谭越,刘聪,王国栋.适用于渤海湾的海上核电平台方案比选研究[J].海洋石油,2017,37(2):78-82.

[2] 李成华,刘聪,劳业程,等.ACPR50S小型堆核电站海上平台形式论证[J].广东造船,2015,34(6):33-35.

[3] 中集海洋工程研究院有限公司,烟台中集来福士海洋工程有限公司,中国国际海运集装箱(集团)股份有限公司.坐底式核发电平台:201810609017.5[P].2022-03-25.

[4] 肖龙飞,杨建民.FPSO水动力研究与进展[J].海洋工程,2006,24(4):116-123.

[5] 孙雷,罗贤成,姜胜超,等.适用于渤海海域浮式核电平台水动力特性研究基础与展望[J].装备环境工程,2018,15(4):19-27.

第 2 章
浮动核电站发展现状

浮动核电站能够同时提供电、热、淡水等多种产品，具有可移动、灵活性强的特征。俄罗斯、美国的浮动核电站主要用于区域供电及海水淡化等，其在国外的发展从 20 世纪 60 年代开始，至今已有 60 年左右的历史，目前国外主要核电强国仍在持续进行研发。本章主要介绍国内外浮动核电站的发展现状。

2.1　国外浮动核电站发展现状

浮动核电站的基础是中、小型反应堆。对于小型核反应堆（国际原子能机构将发电功率不超过 300 MW 的反应堆定义为小型堆），世界各国（如美国、俄罗斯和韩国等）都在积极开展其研发和商业化的工作，其中就包括浮动核电站项目的建设。

2.1.1　俄罗斯浮动核电站研发

俄罗斯小型核反应堆技术处于国际领先地位，除了 KLT－40S 作为第一个海上浮动核电站的反应堆外，其 VBER、RITM 系列核反应堆在海上浮动平台的应用也将成为未来的发展方向。

俄罗斯具有丰富的核动力民船建造经验，建造海上浮动核电站的核反应堆技术可基于“北极”级旗舰级核动力破冰船，可以说，核动力破冰船建造的相关经验为其建立海上浮动核电站提供了良好的基础。

2.1.1.1　“罗蒙诺索夫院士”号浮动核电站

“罗蒙诺索夫院士”号浮动核电站通过 2 台核反应堆，可提供 70 MW 电力，也可以每天生产 240 000 m^3 淡水。核电站长为 144 m、宽为 30 m，排水量为 2.15 万吨，造价约为 3 亿美元，船员人数为 70 人。发电采用 2 台 KLT－40S 型反应堆，提供高达 70 MW 的电功率及 300 MW 的热能，其使用寿命为 40 年，装置建造期为 4 年，每 3 年进行一次换料，工作周期为 12 年(可在不添加燃料的情况下连续运营 12 年)，届时该装置将被转移到波罗的海船厂进行维护。该浮动核电站配备岸基设施，固定于港湾内，并配备防波堤(见图 2-1)，于 2020 年 5 月正式投入商业运行，是世界上第一个真正意义上的浮动核电站。

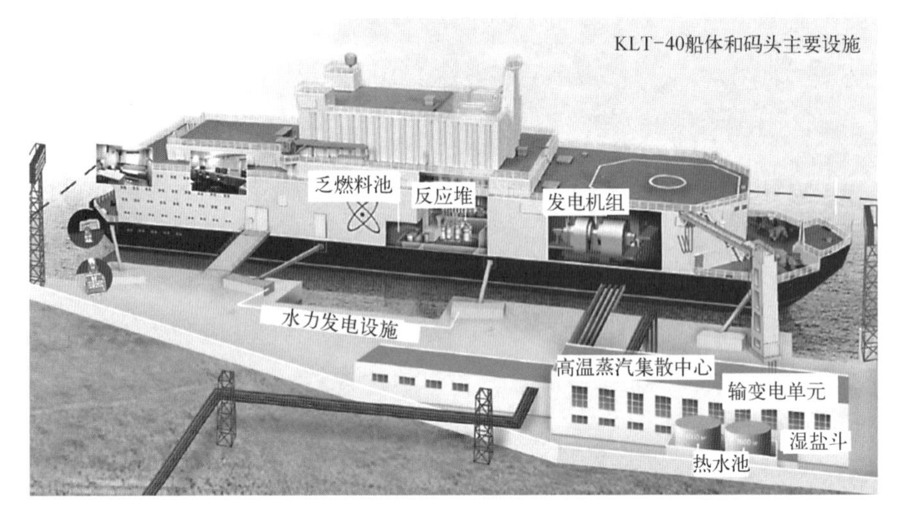

图 2-1 "罗蒙诺索夫院士"号浮动核电平台示意图[1]

"罗蒙诺索夫院士"号浮动核电站系统中岸基部分包括输配电厂房、水力工程设施和热水箱等(见图 2-1)，占地面积为 1～2 hm^2(0.01～0.02 km^2)。电厂所在的地区，靠海一侧周围布置浮筒和屏障，主要功能是防止浮冰或者碰撞等情况发生。整个驳船所在的海区(包括浮桥等设备在内)，总面积为 6 hm^2(0.06 km^2)左右。

"罗蒙诺索夫院士"号采用无动力推进、平滑式驳船装载，整个船体约长 144 m，宽为 30 m，最大吃水深度为 5.6 m，排水量为 2.15 万吨。整个驳船具有尖锐状船头和直的船尾，有三层连续甲板，并且整个船身由 9 个防水密封舱壁分割成 10 个大小不一的舱室。

核反应堆堆芯布置于船体中部的堆舱内，堆舱内还布置有乏燃料储存(SNF)系统、"三废"储存系统(SRW 和 LRW)及换料装置。发电机舱布置于船体中前部并与堆舱相邻，生活区舱室布置于船体后部，具体如图 2-2 所示。

整个驳船的设计符合俄罗斯核动力船舶与浮式装置的相关设计标准规范，设计可以承受任何两个相邻舱室进水而不沉没。驳船还配备有消防系统、

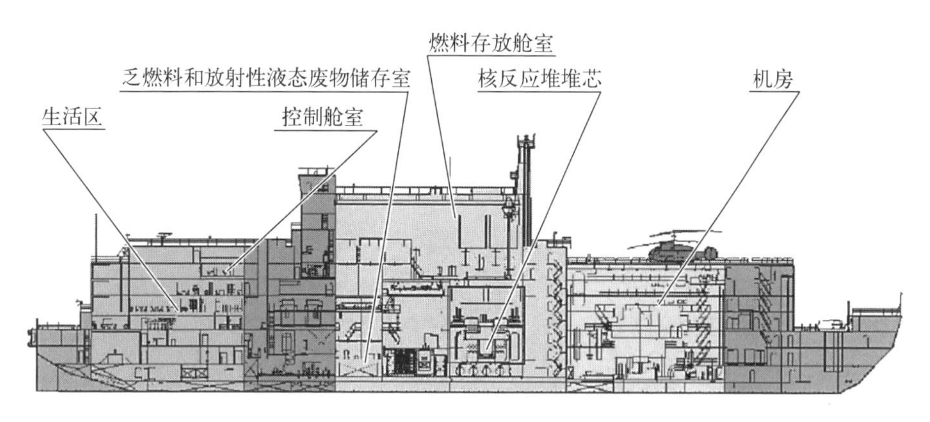

图 2-2　基于 KLT-40S“罗蒙诺索夫院士”号设计示意图

辐射控制系统和一套柴油发电机组，以确保事故状况下能够及时为堆芯提供冷却水及应急电源。

“罗蒙诺索夫院士”号浮动核电站上面搭载的 KLT-40S 型反应堆装置，主要设计为陆用或非自航船用核电站的堆型，如图 2-3 所示。由阿夫里坎托夫机械制造试验设计局(OKBM)开发的 KLT-40C 型反应堆装置是 KLT-40 型升级的可运输反应堆装置，KLT-40 型已经在俄罗斯核动力破冰船上成功运行多年，相关技术指标如表 2-1 所示。该核反应堆是采用二回路的轻水反应堆技术，通过“管内管”喷嘴与管式蒸汽发生器及主循环泵相连接。主要的核反应堆设备包括反应堆、蒸汽发生器和泵(见图 2-3)。

表 2-1　KLT-40C 型核反应堆技术参数

参　　数		技术指标
反应堆热功率/MW		150
一回路参数	反应堆进口温度/℃	280
	反应堆出口温度/℃	317
	初始压力/MPa	12.7
二回路参数	下方蒸汽发生器蒸汽压力/MPa	3.72
	过热蒸汽温度/℃	290
	进水温度/℃	170

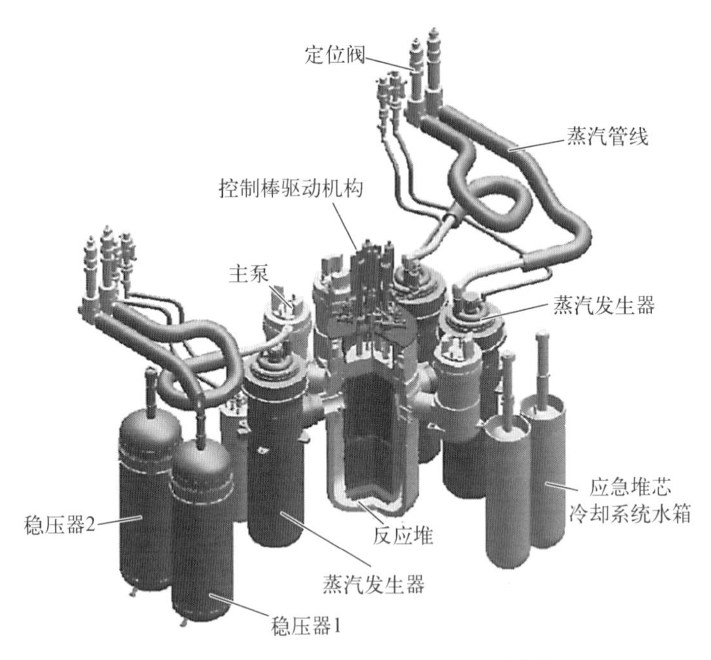

图 2-3 俄罗斯 KLT-40C 型核反应堆

KLT-40S 型反应堆作为小型反应堆，它的核反应堆安全系统设计原则符合国际原子能机构发布的有关小堆的安全设计准则（IAEA-TECDOC-1451）。KLT-40S 型核反应堆安全系统及其他主要的设计遵循以下六个原则：

(1) 反应堆的设计具有固有安全性。

(2) 采用纵深防御原则。

(3) 具有能动和非能动的安全系统，在事故条件下能自主执行操作，无须人员干预，即符合故障安全原则。

(4) 具有高可靠性的自诊断自动操作系统。

(5) 能够可靠地评估诊断设备和系统的状态。

(6) 能够提供针对严重事故的处理方法。

有关核电站在运行过程中产生的固体和液体废物的处理，一直是核电站设计研究的重点；在“罗蒙诺索夫院士”号浮动核电站中专门设有乏燃料和放射性废物储存的舱室，用来暂时存放放射性废物，另外还有专门的燃料存放舱室。这些舱室一般都设有严密的防辐射保护措施，以保护人员和设备不受辐射的影响。

2.1.1.2　VBER 浮动式核电站

VBER 系列是俄罗斯根据最先进船用反应堆技术开发的模块式压水堆，在保持反应堆装置型式和主要设计方法上尽可能接近船用堆的同时，增加了质量和整体尺寸，因而提高了热功率(输出)，并利用在 VVER 型反应堆上的运行经验和在核动力装置安全领域方面取得的成绩开发了该设计。

VBER 浮动核电机组采用标准化、系列化设计，可兼顾发电、淡化海水、供暖等多种用途。标准化的环路设计，每个环路由一台高效直流蒸汽发生器与一台屏蔽电机主泵组成。可组成单堆功率为 850 MW 的 4 环路反应堆，电功率为 300 MW；也可组成单堆功率为 440 MW 的 2 环路反应堆，电功率为 150 MW。其堆芯燃料组件为大型核电站堆芯燃料组件，蒸汽发生器与主泵模块采用船用核动力成熟技术，蒸汽发生器、主泵模块与反应堆通过双层短套管相连，核供汽系统布置紧凑，体积小，重量轻。

带有反应堆的浮动电站载体是一种不具备独立推动能力的浮动船，按照俄罗斯海运注册规定被划为港口船，该船采用双体结构。

VBER 的设计考虑了两种换料循环的方式：一种采用标准的 VVER 二氧化铀燃料，按 1/3 换料模式，换料周期为 1～2 年；另一种采用适宜的运行工况，降低反应堆的热功率，可实现长周期燃料循环，可考虑采用金属陶瓷燃料为基体堆芯整体换料的燃料循环，其换料周期可超过 10 年。其中 VBER－150 型浮动电站堆功率为 440 MW，电功率为 150 MW，换料周期为 1.5 年，燃料富集度＜5%，设计寿命为 60 年，整个船体总体尺寸为长 106 m、宽 46 m、型深 35 m。

俄罗斯该型浮动核电站采用浮船式结构和双体船的结构，主要基于以下原因：

(1) 由于 VBER 系列所采用反应堆仍然主要沿用俄罗斯破冰船技术，采用浮船式结构可沿用成熟技术。

(2) 采用浮船式结构，可使用俄罗斯联邦核动力船维护中心的基础设施，尽可能减少换料和维护的费用。

(3) 浮动电站采用双体结构，以利于在船坞中分别进行建造。核反应堆设备包括安装在一侧船体内的辅助系统和安全系统，涡轮发电设备及相应的系统安装在另一侧船体内。

(4) 能够在俄罗斯联邦内部船坞建造浮动核电站并运输至潜在客户所

在地。

(5) 采用双体结构的浮动电站允许单独拖曳任何一侧船体，例如可以单独拖曳船体进入亚述海，然后在水上造船厂或岸边船坞上进行组装。

2.1.1.3 RITM-200 浮动式核电站

RITM-200 反应堆采用一体化布置，内置 4 台直流蒸汽发生器，4 台主泵与反应堆压力容器通过短管连接。反应堆热功率为 210 MW，设计连续运行时间约为 3 年，该型反应堆已用于俄罗斯 2013 年底下水的最新的破冰船。俄罗斯 RITM-200 型反应堆热功率为 210 MW，电功率为 55 MW，换料周期为 3 年，设计寿命为 40 年。

俄罗斯在船用核动力方面建立了船用核动力型号发展路线，与此同时，也在着手开展 RITM-400 浮动核电站研发设计，还开发了反应堆系统一体化布置的浮动式核电站 ABV-6M。ABV-6M 反应堆同样采用一体化布置，内置直流蒸汽发生器，取消了主泵，采用全自然循环方式。ABV-6M 具有 45 MW 的热功率，10～12 MW 的电功率，是一种很紧凑、具有更高安全性的反应堆。其堆芯与 KLT-40 堆芯很相似，但燃料富集度更高，达到 16.5%，平均燃耗为 95 000 MW·d/t，换料周期大约为 10 年，服役寿期大约为 50 年。

2.1.2 美国海上浮动核电站研发

早在 20 世纪 60 年代，美国即建造了一座浮动核电站，命名为“Sturgis(斯特吉斯)号核电站”，由于越南战争爆发和苏伊士运河关闭，美国为提高巴拿马运河的航运能力，限制相关的水力发电，导致该地区电力供应不足，需要额外的电力供应源。基于此，美国利用其成熟的压水反应堆技术，将 MH-1A 型压水反应堆(反应堆热功率约为 10 MW)安装在一艘名为“Charles H. Cugl”的二战用船只上，改造成浮动式核电站，被称为是世界上第一座浮动核电站。为减少建造成本，同时增加部署灵活性，斯特吉斯号直接利用了二战时的补给船，为保证辐射安全，船中部安装了约 350 t 的钢安全壳及混凝土边界，为保证反应堆空间需求，简化了船体其余设备布置，船体动力系统拆除，即船自身不带动力，由拖船部署。1967 年，改造工作完成，该浮动核电站被部署在巴拿马运河地区，为军事基地和附近居民供电。1976 年，由于美国军事核能计划停止，斯特吉斯浮动式核电站退役。

进入 21 世纪，美国仍在持续开展浮动式核电站的研发设计工作，美国麻省理工学院在 2014 年针对深海提出了新型核电平台——圆筒型核电平台概念。

2.1.2.1　近海浮动核电站

近海浮动核电站(offshore floating nuclear plant，OFNP)采用圆柱形外形(见图2-4)，将小型模块化核电站放置在类似海洋石油和天然气钻探平台上面，核反应装置布置于巨大的圆形舱室内，采用多点系泊在离岸几千米具有足够水深的地方，通过水下电缆向陆地供电，适用于深水，有利于系泊设计与安全。

图2-4　MIT圆柱形核电平台概念[1]

OFNP概念的发展可以满足负载能力、安全性和易于部署这三个高级要求，该概念是两项成熟和成功技术的组合，即轻水堆和海上石油/天然气业务使用的浮动平台，每个都有一个既定的全球供应链。OFNP是一种完全在造船厂的浮动平台内建造后运送到现场的电站，可以在沿海十几千米范围内停泊，并通过海底传输电缆连接到电网。OFNP可以通过工厂简化、模块化、造船厂建造、电厂有效退役来实现经济目标。OFNP还可以通过最小化极端自然事件(特别是地震和海啸)的危害来实现前所未有的内在安全和物理保护水平，通过无限期可用的最终散热器确保长期冷却，大大降低土地污染的严重程度和严重侵害人群的公共暴露，并减少恐怖主义威胁的风险。

OFNP的设计目标及设计要求如表2-2所示。

表 2-2 OFNP 设计目标及设计要求

设计目标	设计要求
平台漂浮	圆柱体直径,浮筒式平台外壳布置
平台静压稳定性	圆柱体吃水和直径,重型部件布置、压舱物、单柱式平台裙筒尺寸
可调吃水	裙筒尺寸和压载系统
关键核系统部分的防极端自然事件和恐怖袭击的保护	核岛布置、控制室位置、蓄电池室及乏燃料池、甲板高程、舱壁布置
方便到达的海洋散热器	核岛布置、反应堆外壳设计
方便换料	乏燃料池和冷凝水贮槽的位置
为船员和蒸汽循环补充需求而生产淡水	海水淡化装置的尺寸和位置
船员舒适和安全	居住区布置、放射控制区布置、救生船位置和数量
方便建造	圆柱体尺寸和布置、所选材料、平台总体几何形状
装置对水渍和浸水的抵抗能力	关键电子设备位置、防水舱布置、冷凝水贮槽的位置

MIT 正在开发并行使用的两种设计——OFNP-300 和 OFNP-1100,根据其功率等级来设计,将用于不同的市场。

OFNP-1100 可以基于一座 1 100 MW 的工厂,如美国西屋公司的 AP1000。OFNP-300 可以基于 300 MW 级的反应堆,例如西屋公司小型模块化反应堆(WSMR)。在这两种情况下,选择安置核电厂的浮动结构是一种圆柱形船体式平台,与海上石油和天然气钻井行业使用的平台有许多相同特性。这两种设计如图 2-5 和图 2-6 所示。

OFNP 的圆柱形船体的静水力和流体动力学行为可以通过附加的钢裙底座进行调整,其裙部底座产生的浮力使得圆柱形船体能够垂直竖立,同时保持静水稳定性并降低其牵伸力。圆柱形船体能为反应堆本身提供最佳保护。反应堆定位在中心环中,圆柱形船体设计使反应堆和安全壳位于水线以下的高度,从而增强了物理保护,防止飞机坠毁和船舶碰撞,同时也使得热量更容易传递给海洋。总体来说,圆柱形船体平台采用空间上更为垂直的结构,从而使得整个设计更加紧凑。OFNP 两种平台的平台参数如表 2-3 所示。

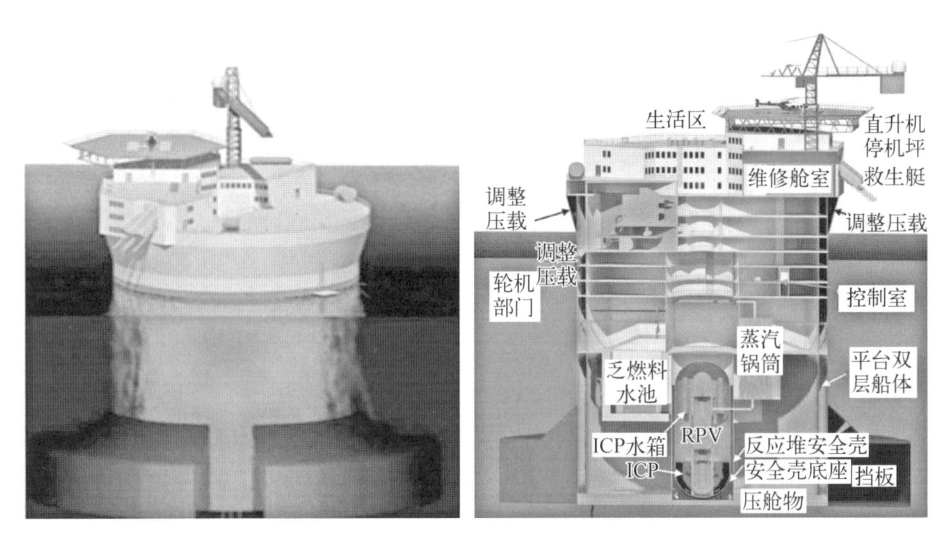

图2-5　OFNP-300立体及剖面图

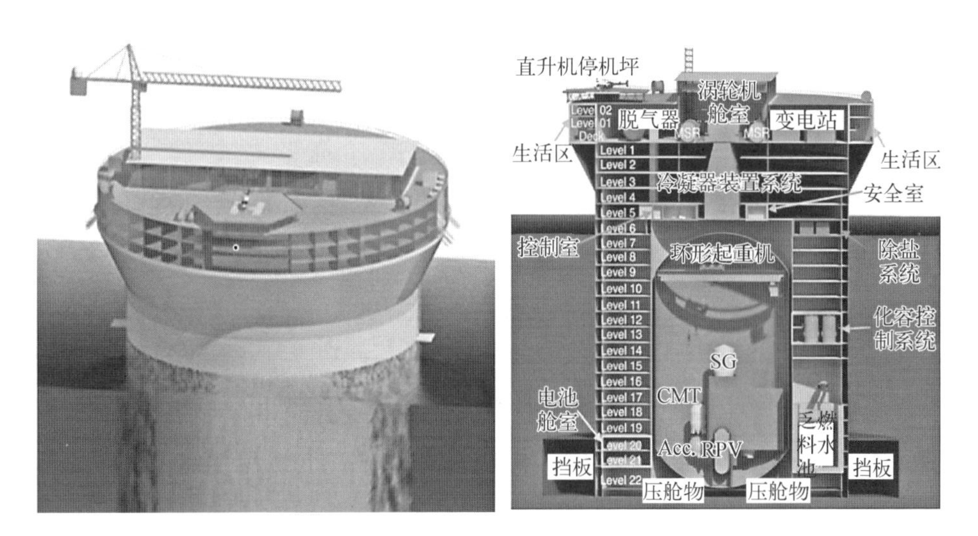

图2-6　OFNP-1100立体及剖面图

表2-3　OFNP平台参数

参　　数	OFNP-300	OFNP-1100
(船体/裙径)/m	45/75	75/106
吃水/m	48.5	68.0

（续表）

参　　数	OFNP－300	OFNP－1100
总高/m	73	108
主甲板高度/m	12.5	34.0
排水量/t	约 115 500	约 376 400
(升沉/纵摇的自然周期)/s	24.5/32.7	25.9/51.3

2.1.2.2　平台建造

OFNP 设计吸收并利用了石油/天然气海上工业和海军造船厂大型浮动结构建设的进展和经验。正在研究的 OFNP 平台模块化建造方法是为了使船厂能够最大限度地利用现有的设备和设施，并将浮动核电站的所有模块带到总装的中心位置进行最后的完工组装。组装好的 OFNP 平台将移动到运输船上并运送到现场。OFNP－300 大型结构件、平台浮体的海上运输如图 2－7 所示。

(a)

(b)

(c)

(d)

(e)

(f)

图 2-7 大型结构件、平台浮体的海上运输

(a) 雷电平台;(b) T1 油超级油轮;(c) Technip 翼梁;(d) Sevan 海洋平台;(e) 前期液化天然气设施;(f) OFNP-300 运输船

许多陆基核电厂经历过大幅度的进度延误和成本超支,这往往与混凝土浇筑和固化到一定规格时遇到的困难有关,OFNP 设计的主要优点是结构混凝土的使用量大幅度减少。OFNP 和陆基 AP1000 建设所需的钢结构和混凝土如表 2-4 所示。

表 2-4 OFNP 和陆基 AP1000 建设所需的钢结构和混凝土

单位电功率所需的材料	电站类型		
	OFNP-300	OFNP-1100	AP1000
钢/(t/MW)	46.97	45.18	33.00
混凝土/(m^3/MW)	2.39	4.50	69.00

2.1.2.3 西屋小型模块化反应堆设计

西屋小型模块化反应堆(Westinghouse small modular reactor, WSMR)是一个大于 225 MW 的整体压水反应堆,所有主要部件都位于反应堆容器内。它采用非能动安全系统和经过验证的组件,实现了行业领先的 AP1000 电抗器设计,以实现最高水平的安全性并减少所需组件的数量。WSMR 反应堆设计参数如表 2-5 所示。

表 2-5 WSMR 反应堆设计参数

设 计 参 数	数 值 或 描 述
输出电功率/MW	>225
反应堆功率/MW	800

(续表)

设计参数	数值或描述
设计寿命/年	60
燃料类型	17×17 RFA,<5%富集氧化物
总占地面积/m^2	约 10^4
安全系统	非能动安全系统
特点	铁路、卡车或驳船可拆卸
	紧凑型整体设计
	简化系统配置,标准化,全模块化方法
	最小化占空比,最大化功率输出
装料周期/月	24

2.1.2.4 西屋小型模块化反应堆安全设施

核反应堆和安全壳布置于海面以下,如图 2-8(a)所示。该电站有 1 台海水淡化装置,为船员和装置提供淡水;其圆柱形平台底部设有可连通海水的大型冷却水舱。OFNP-300 中的冷却水舱用于布置反应堆直接辅助冷却系统(DRACS)装置[见图 2-8(b)],该装置用于不能通过蒸汽发生器冷却等事故发生时完全非能动地排除衰变热。应急堆芯冷却系统(ECCS)和基于海水的非能动安全壳冷却系统(PCCS)在失水事故(LOCA)期间将淹没燃料,使安全壳压力保持较低水平。对于堆芯熔化的严重事故,采取压力容器内滞留(IVR)方法,非能动安全壳冷却系统又可确保通过安全壳完全非能动地排热。OFNP-1100 将使用与 AP1000 相同的安全系统,将海洋作为最终的散热器。

OFNP-300 在与主甲板水平的平台上设有一个小型室内(非安全级)柴油发电机,可为非必需负载提供电力,例如生活区或工厂平衡点(BOP),以防外部电力丧失。需要注意的是,OFNP-300 所有安全级系统都是非能动的,不需要任何交流电源。在平台上有一个乏燃料池(SFP)用以在电站寿期内储存燃料,配备有一个专门的非能动的衰变散热系统用以将热量排放至海洋。

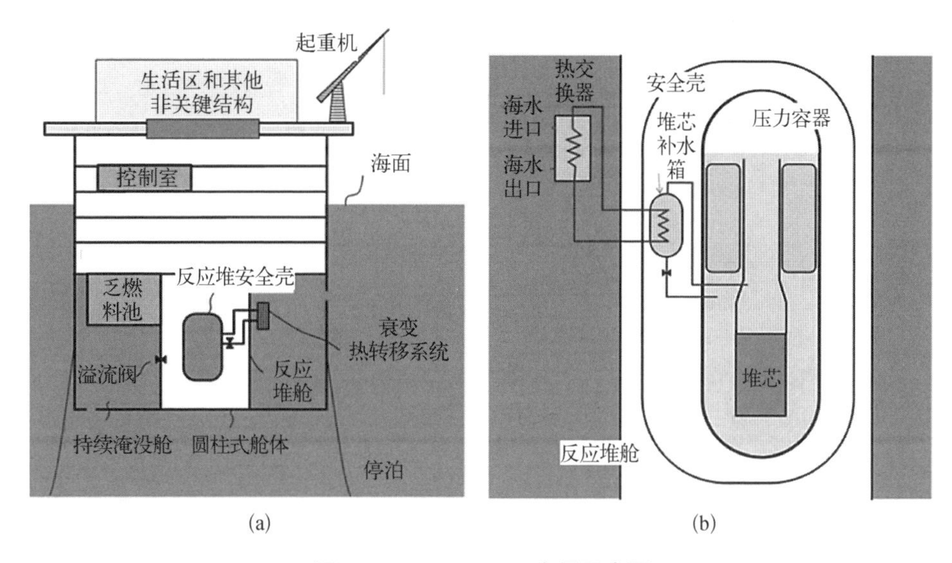

(a)　　　　　　　　(b)

图2-8　OFNP-300布置示意图

(a) OFNP-300平台;(b) OFNP-300反应堆直接辅助冷却系统(DRACS)

2.1.3　法国海上核电站研发

法国正在开发的FLEXBLUE海上核电站是一种基于压水堆的小型模块化反应堆。FLEXBLUE是位于海底的完全可运输的核模块(见图2-9),其功率输出为160 MW,并通过海底电缆发送到电网。该模块锚固在距离岸边几千米的海床上,浸没深度为50～100 m,外观上是一个长为150 m、直径为

图2-9　服役中的FLEXBLUE

14 m的水平圆柱体。一个FLEXBLUE场地可以放置几个核模块，该模块由陆上控制中心进行远程操控(见图2-10)。模块上没有长期工作人员，工作人员只是偶尔进行简单维护。FLEXBLUE模块不是潜艇，它是非自推进的，不使用任何军事装置而只使用民用技术。设计目的是为了向电网提供电力。

图2-10 FLEXBLUE的陆上控制中心

反应堆一旦在海床上建立，将开始40个月的生产周期，然后停止发电并重新装料。停止发电的该模块会由一艘船移走并运送到乏燃料池所在的沿海支援设施。装料后运回现场，开始新的循环。每十年(每三个燃料循环)进行一次大型检修。FLEXBLUE的生命周期如图2-11所示，主要参数如表2-6所示。

表2-6 FLEXBLUE的主要参数

参　数	数　值
单个装置额定功率/MW	160
长度/m	150
直径/m	14
排水量/t	16 000～20 000

（续表）

参　　数	数　　值
潜水深度/m	100
循环周期/月	40
寿期/年	60

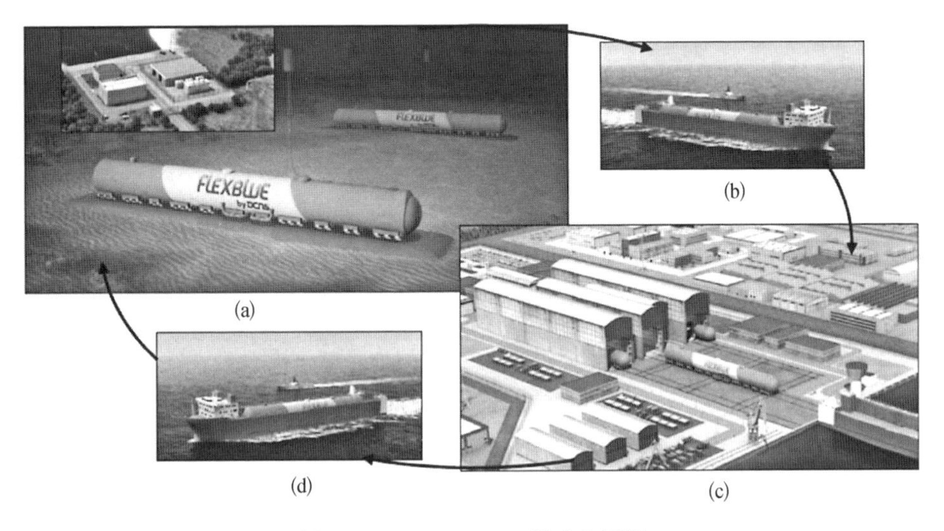

图 2-11　FLEXBLUE 的生命周期

(a) 海底生产现场和陆上控制中心；(b) 船舶运输；(c) 加油和维护设施；(d) 运输到生产现场

该设计概念的一个主要优点是浸入 100 m 的水中可保证反应堆具有无限热阱，并能防止大多数外部危害。通过调整其压载舱的压载水重量（高压空气排水），FLEXBLUE 与海床可快速脱离，即使是地震也能实现对反应堆的高度保护。通过工业化批量生产的规模和效益，法国舰艇建造局（DCNS）预计 20 多年内 FLEXBLUE 的市场将达到 200 台。

影响 FLEXBLUE 成本的因素如下：

（1）选址。当同一地点建有几个模块时，由于大量工作被共享（地质研究、现场许可过程、公众接受、电网连接），可使成本降低。

（2）模块化设计。模块化设计和模块化结构有助于降低核设备的成本。

（3）系列效应。由于其输出的电量少且较灵活，预定小型模块化反应堆（small modular reactor, SMR）的数量很多。由于连续制作会有“学习效应”，故随着制作数量的增长,每一个单独的 SMR 单元成本将会降低。

(4) 共享的设施。SMR 将使成本效益更高的支持功能的互动成为可能。在 FLEXBLUE 概念中,控制中心运营整个场地。支持设施(装料、废物管理、维护)由几个模块甚至几个场地共享。

(5) 没有土木工程。这是 FLEXBLUE 所特有的优势。该模块不需要任何昂贵和耗时的大型混凝土建筑物。

通过考虑这些因素的有益作用,SMR 可以与通常的大型核电厂竞争。

2.1.3.1 电站布置

首先,FLEXBLUE 反应堆的设计来自核动力潜艇反应堆,但反应堆燃料是标准的 17×17 民用燃料。其次,在 FLEXBLUE 的模块中,涡轮和交流发电机部分是分开并隔断的。最后,FLEXBLUE 反应堆将沉浸并固定在海底,此外,FLEXBLUE 反应堆是压水堆,将保留压力容器和蒸汽发生器。

主系统和所有主流体的辅助和安全系统都位于 FLEXBLUE 模块的反应堆舱内,如图 2-12 所示。这个隔间形成了反应堆的第三道屏障(第一道是燃料包层,第二道是主回路压力边界)。其他舱室包含着涡轮发电机、车载控制室、仪表和控制面板、过程辅助设备和工人的临时起居区。

图 2-12 FLEXBLUE 的侧面图[2]

2.1.3.2 反应堆装置

FLEXBLUE 压水堆是双回路反应堆,带有压力容器和两台水平循环蒸汽发生器(SGS),两台罐装冷却泵和稳压器(见图 2-13)。通过主回路的设计来减弱自然循环,FLEXBLUE 反应堆特征如表 2-7 所示。

表 2-7 FLEXBLUE 反应堆的特点

参　　数	数值或描述
热功率/MW	530
反应堆堆芯	77 个燃料组件

（续表）

参　　数	数值或描述
燃料组件	17×17 方形组件，高 2.15 m
富集度/%	<5
平均功率密度/(kW/L)	70
反应堆冷却剂压力/MPa	15.5
堆芯进出口温差 ΔT /℃	30
蒸汽发生器	2 个循环系统
蒸汽发生器压力(饱和压力)/MPa	6.2

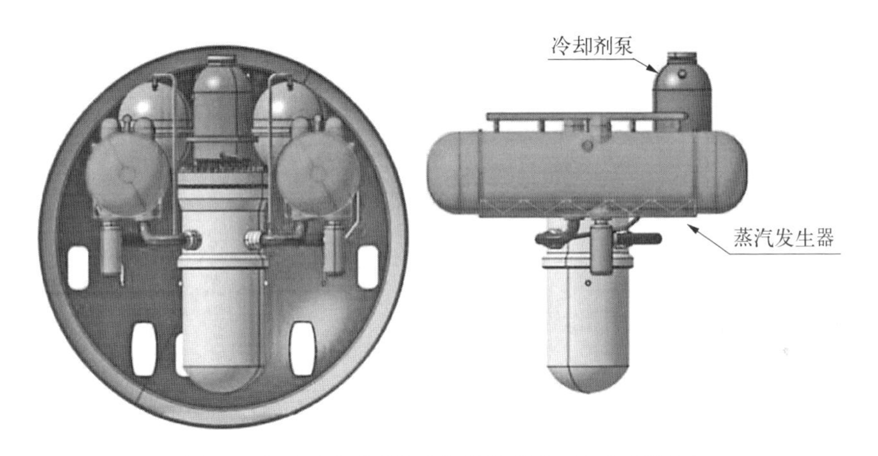

图 2-13　FLEXBLUE 反应堆的横截面图和侧视图

2.1.3.3　安全设施

FLEXBLUE 基于完全非能动和无限期散热的独特安全理念。模块周围的海洋在瞬变事故发生时可成为非能动散热系统的无限热阱。根据国际原子能机构非能动的定义，安全系统设计为非能动的操作系统。即所有安全功能都可以满足的条件下，无须任何操作员操作和外部电源输入。启动和监控的瞬间所需的少量能量由船上冗余应急电池提供。

此外，陆上控制中心还提供应急发电机，在发生瞬变的异常情况下，可通过海底电缆为模块提供主动系统，但并不是与安全相关的，核安全由位于模块中的非能动设备完全保证。

如果发生事故，设计用于正常/停机状态下的堆芯冷却或控制冷却剂的主动系统，在交流电可用时使用。此外，当达到紧急设定点时，非能动安全系统将自动启动。FLEXBLUE的应急堆芯冷却系统可以在没有外部电源的情况下使用。在失水事故(loss of coolant accident，LOCA)状况下(见图2-14)，堆芯后备水箱内的水、蓄水箱内的水和安全水罐内的水将分别在高压力、中等压力、由重力引起的低压力下注入主回路。事故释放的蒸汽将在安全壳内壁冷凝。当重力注入罐的水用完后，再循环水池中的冷凝水将被驱动到安全罐中。这个系统不需要泵，并且热量最终会通过安全壳壳壁疏散到海水中。在非LOCA情况下(见图2-15)，主回路和二次侧回路用来带出衰变热。在一次侧，热交换器浸没在安全罐中，而二次侧的热交换器直接进入海水中并连接到蒸汽发生器上。

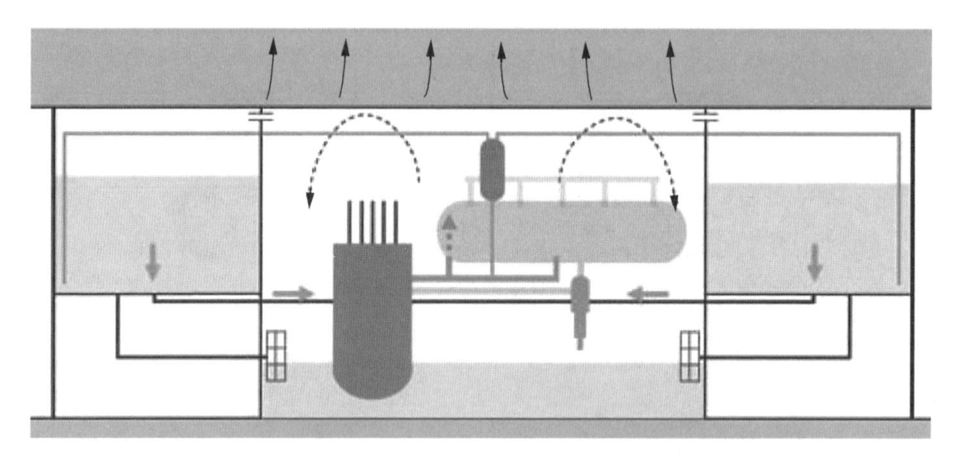

图2-14　LOCA情况下重力驱动的非能动应急堆芯冷却过程

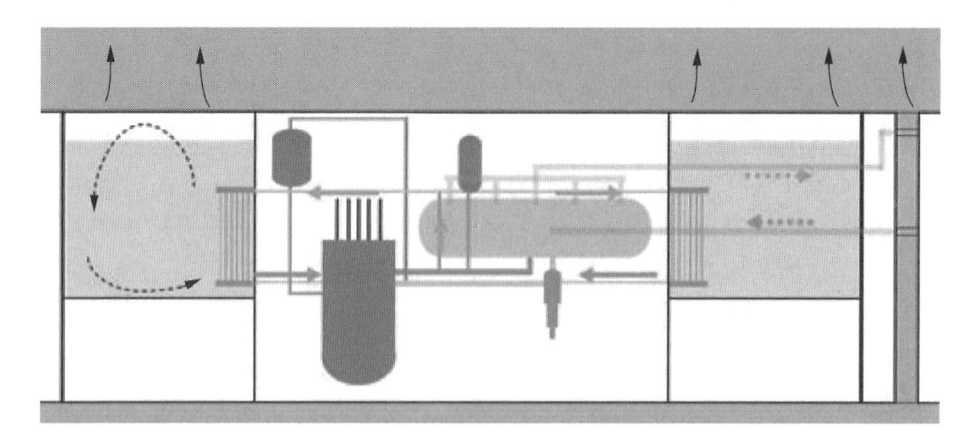

图2-15　非LOCA情况下的非能动应急堆芯冷却自然循环过程

安全功能既是为了避免堆芯损坏，也是为了在严重事故下包容熔化的堆芯而设计的。因此，FLEXBLUE 的安全壳设计能够承受非预期事故下的严重状况。放射性物质滞留压力容器内部，辅以外部非能动堆芯冷却是 FLEXBLUE 的缓解策略。如果在灾难性事故中放射性物质被释放到了海水中，FLEXBLUE 短期内不需要采取应急措施，安全地重新密封和挽回整个核电站是可行的。

2.1.3.4　安全法规

FLEXBLUE 安全概念符合最新的国际安全标准（第三代+），包括国际原子能机构标准和指南、西方核监管机构协会和法国安全管理局技术准则要求。

2.1.4　韩国海上核电站研发

韩国海上核电站（ONPP）是在韩国水利水电公司开发的 APR1400 陆上核电站基础上研发的大型海上核电站。APR1400 陆上核电站的设计作为最新的核电站设计，通过了韩国核电监管机构的认证，正在多个地点开工建设。

韩国海上核电站研发团队提出了一种将重力式平台结构（GBS）用于 ONPP 的设计。这种 GBS 型 ONPP 的设计理念是，GBS 作为 ONPP 的载体并为核电厂模块（NPP）提供支撑和保护。

GBS 和 NPP 均采用模块化建造并组装成 ONPP 后，拖船将 ONPP 拖至 ONPP 系泊站点，使用压载系统使 ONPP“坐”在海底地基上。最后采用钢筋、钢索和混凝土等将 ONPP 的 GBS 模块与海底地基刚性连接起来。

2.1.4.1　韩国 ONPP 的建造步骤

韩国 GBS 型 ONPP 建造分为四个步骤，如图 2－16 所示。

第一步：GBS 模块建造，即在干船坞内建造非核部分的重力式平台结构；同时在海中锚泊地进行海底地基的施工。

第二步：在干船坞内将 NPP 组件（核电厂模块）组装在 GBS 上形成 ONPP，并且在安装之前需要对模块化的设施进行相应的检查和测试。

第三步：拖驳将 ONPP 拖往相应的海上锚泊点。ONPP 通过压载系统“坐”于海底地基上，并使用钢筋、钢索和混凝土等将 ONPP 的 GBS 模块与海底地基刚性连接起来。

第四步：刚性固定的 ONPP 完成核燃料安装并启堆试运行，完成所有调试检测工作后的 GBS 型 ONPP 将为陆地提供电力。

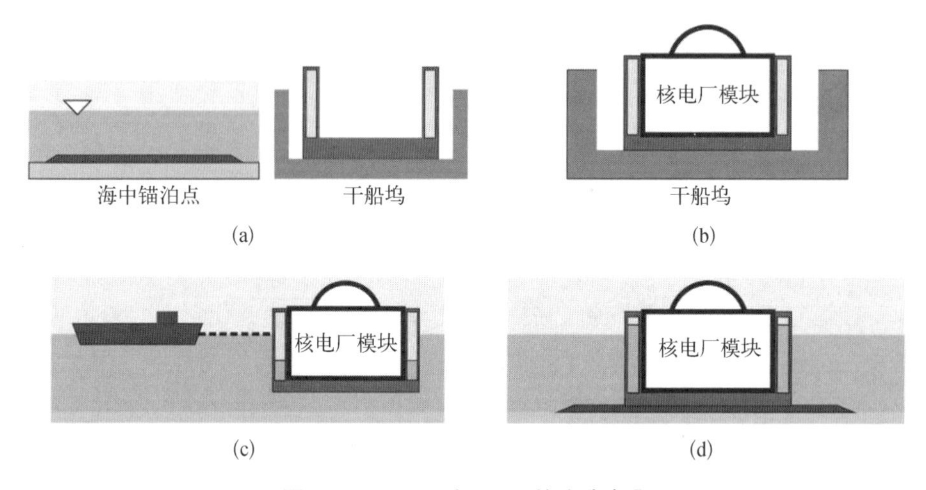

图 2-16　GBS 型 ONPP 的建造步骤

(a) 第一步;(b) 第二步;(c) 第三步;(d) 第四步

2.1.4.2　电站布置及设计要求、参数

ONPP 的概念已经扩展到 GBS 型 SMR,SMR 采用由韩国研究和工业集团最新研发和授权的小型模块化反应堆(SMART)堆型,它的热功率为 330 MW,可输出 90～100 MW 的电功率,每天可淡化 4 万吨海水。

GBS 根据其搭载 SMART 堆型的数量及整体尺寸大小,可分为三种型号:单模块式(single GBS)、双模块式(doubie GBSs)及三模块式(triple GBSs),如图 2-17 所示。ONPP 的布置分区如表 2-8 所示。

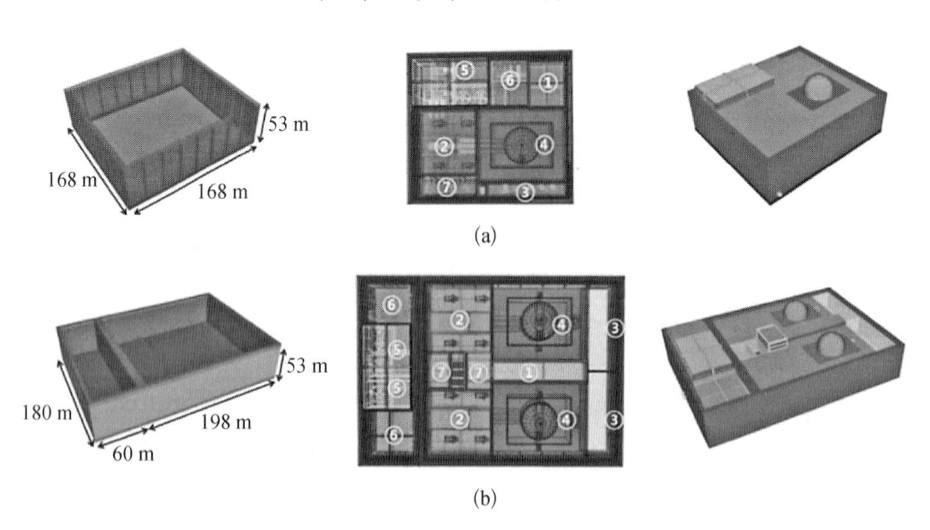

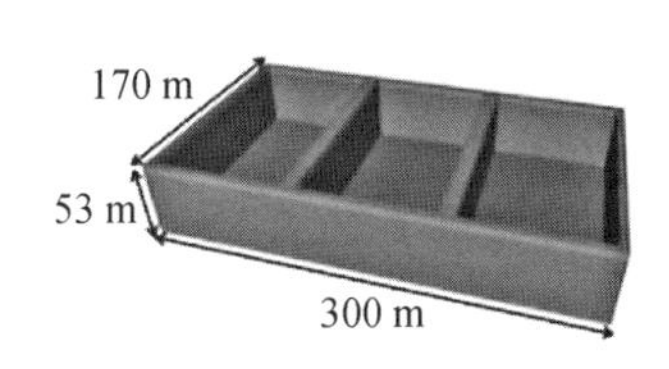

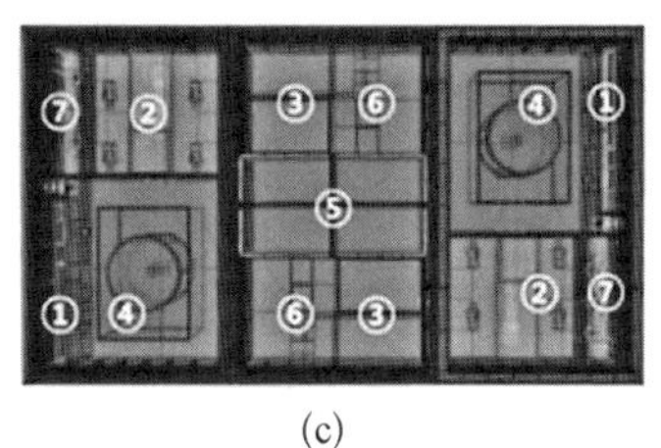

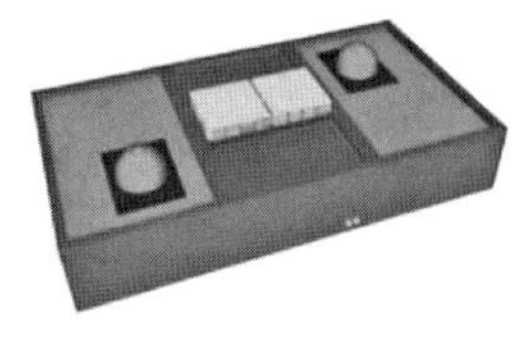

(c)

图 2-17　三种型号的 GBS 舱室布置图

(a) 单模块式舱室布置;(b) 双模块式舱室布置;(c) 三模块式舱室布置

表 2-8　ONPP 的布置分区

组别	设备和建筑物
1	AAC D/G 厂房 辅助锅炉燃料储油罐 淡水储存
2	汽轮机厂房 主变压器 机组辅助变压器 待机辅助变压器 备用主变压器 备用辅助装置变压器 其他备用变压器
3	反应堆补水箱 滞留体积罐 硼酸储罐 EDG 厂房 二氧化碳储存罐 其他物体储存罐
4	反应堆厂房 辅助厂房 复合厂房
5	办公室 警卫室 居住室 主控室 避难处 消防泵和水 污水处理建筑和设施
6	ESW/CW 进水装置 氯化厂房 CCW HX 厂房 排水塘及其设施
7	氮气、氢气储存罐区

2.1.4.3　陆上核电站与海上核电站设计要点

陆上核电站(APR1400)与海上核电站(ONPP)设计要点如表 2-9 所示。

表 2-9 APR1400 与 ONPP 设计要点

类　别	需　求	设 计 要 点
APR1400	辐射防护； 安全要求(内部)	核/无核区；堆芯损坏频率，安全壳失效频率；承受辐射照射；汽轮机叶片抛射损坏区域
	外部事件(安全)； 项目建设期、基础建设期	地震、海啸、风暴、撞机；模块化
ONPP	核电模块的可移动和可运输性	GBS 船体设计；拖航方案，压载系统
	辅助平台和海上换料；海底安装	远洋运输(船、直升机)；海底条件，平衡的重量分布，海底地基设计
	紧凑的总体布置	核岛(核装置设备系统)的外形尺寸及重量；常规岛与核岛的过渡及隔离
	海洋环境条件及海上作业的要求	现有海上设施，水深，风浪流，船舶碰撞，防腐蚀，甲板上浪等

2.1.4.4 安全系统

韩国 ONPP 推荐使用应急非能动安全壳冷却系统(EPCCS)和应急非能动反应堆内壳冷却系统(EPRVCS)，以增强 GBS 型 ONPP 的完整性和安全特性。EPCCS 的使用目的是冷却安全壳和降低安全壳内压力，防止整个包容系统的结构性遭到破坏。尽管 EPCCS 可以有效冷却安全壳，但不能阻止反应堆内壳发生事故。如果堆芯严重损坏会导致发生超设计基准事故，如三哩岛事故和福岛核电站事故。为了在发生严重事故后保护反应堆内壳，防止其被破坏，韩国提出 EPRVCS，该系统可以直接使用压载水或者海水来冷却堆芯，如图 2-18 所示。

最近，针对 SMART 堆型 ONPP，韩国科学技术院(KAIST)提出了一体化非能动安全系统(IPSS)的设计概念(见图 2-19)，该新增加的安全系统所提出的新型施工方式与这些类型核电站的独特位置相结合，具有可以消除出现类似福岛核电站事故可能性的潜力。

SMART 堆型 ONPP 采用的 IPSS，其一体化非能动安全罐(IPST)代替了现存的应急冷却罐(ETC)。IPST 的作用是提供水源并作为一个热阱。压载

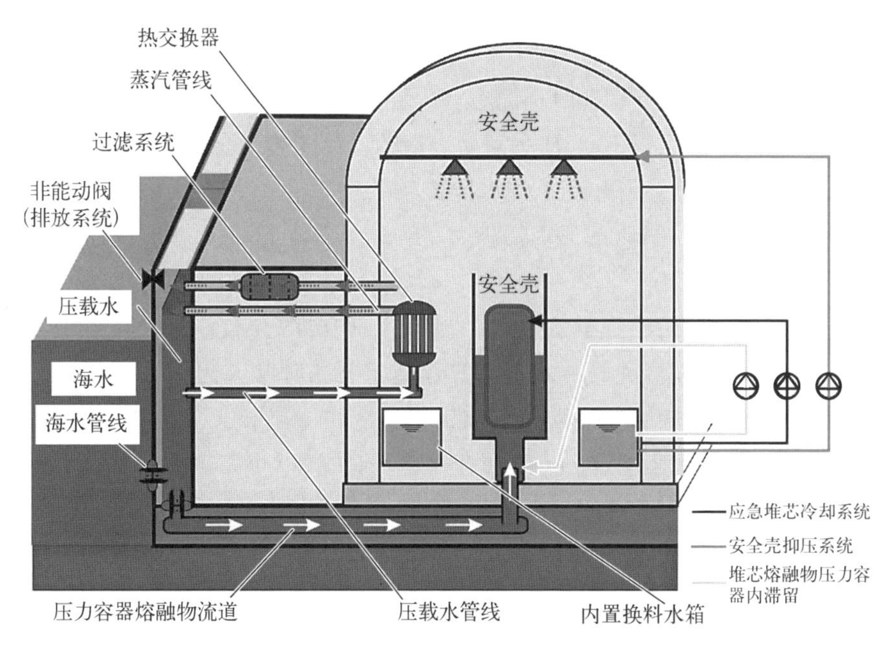

图 2－18　ONPP 应急非能动安全壳冷却系统和应急非能动反应堆内壳冷却系统

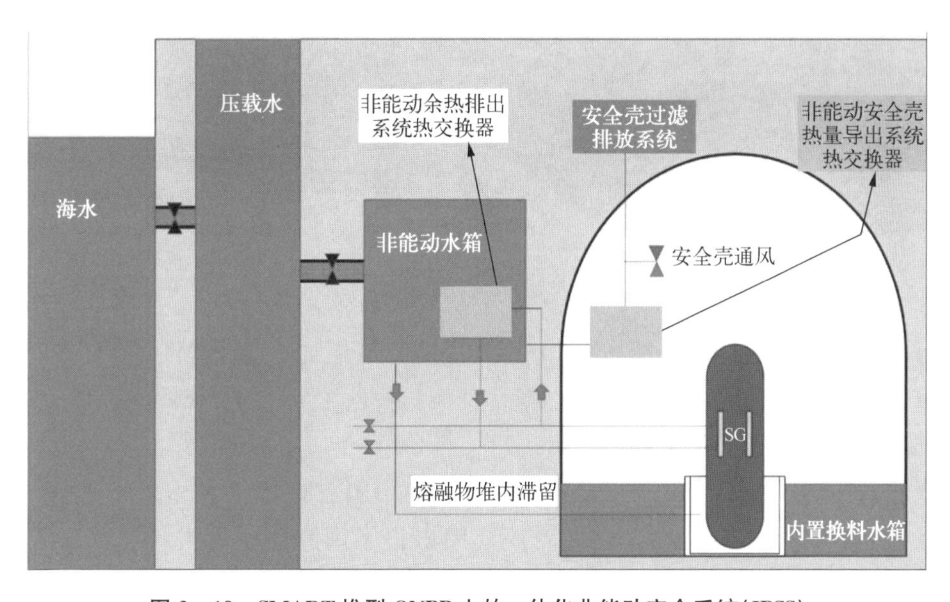

图 2－19　SMART 堆型 ONPP 上的一体化非能动安全系统(IPSS)

水舱和海水作为额外的水源。当 IPST 中的水大量减少时，可以注入压载水。当耗尽压载水舱中的水时，将向 IPST 内注入海水。

采用 IPSS 的 ONPP 有两个优势：一是实现反应堆长期连续的冷却是可能的，二是在 ONPP 中安装 IPSS 需要进行的设计变更最少。

2.2 国内浮动核电站发展现状

中国浮动核电站项目早已启动。2005 年，中国海洋石油总公司已针对渤海稠油开采、南海油气资源开发对能源等需求开始呼吁并组织实施核电站在海上应用的论证。中国的浮动核电站构想主要由中国核工业集团、中国广核集团、中国船舶重工集团这三大集团在推进，前两者以小型核反应堆技术研发为主，后者则以浮动核电站总体建造为主。

中国核工业集团已于 2010 年 6 月将海上浮动小型堆 ACP100S 列为重点科技专项，并且已于 2016 年由国家发改委正式纳入能源创新“十三五”规划，ACP100S 浮动核电站如图 2－20 所示。中国核工业集团已于 2021 年完成了该项目的设计和验证。

图 2－20　ACP100S 浮动核电站示意图[1]

中国广核集团积极推动海上小型反应堆 ACPR50S 试验堆项目，并且该项目已于 2015 年由国家发改委正式纳入能源科技创新“十三五”规划，ACPR50S 浮动核电站如图 2－21 所示。

中国船舶重工集团公司也在积极推动中国首座浮动核电站的建设。2015 年 12 月 30 日，中国船舶重工集团申报了国家能源重大科技创新工程——“国家海洋核动力示范工程项目”。2016 年 3 月中国船舶重工集团与中国广核集团签署合作协议，计划联手打造我国首座海洋核动力平

图 2-21 ACPR50S 浮动核电站示意图

台，为实现我国海洋核动力平台“零”的突破奠定基础，中国船舶重工第719研究所已完成海洋核动力平台技术方案的设计和实施进度计划的制订。

除了浮动核电站设计概念以外，国内设计单位结合海洋工程与核能技术的设计理念，推出了一些其他类型的海上核电站设计概念。

2.2.1 固定式海上核电站

固定式海上核电站[3-4]通过桩基与海底基岩连接，核岛厂房和常规岛厂房直接固定在桩基上，如图 2-22 所示。

海上核电站整体固定于海底基岩上，稳定性高，避免了风、浪、流等海洋环境条件对核反应堆的影响，安全性高。核反应堆布置于钢制安全壳内。钢制安全壳作为放射性包容，在核反应堆事故工况下能防止放射性泄漏。核岛厂房和部分常规岛厂房位于海平面以下，在发生事故时，海水进入核岛厂房和常规岛厂房作为最终热阱，即事故后海水能够完全覆盖核反应堆，从而能够起到更好的冷却效果，提高了核电站的安全性。

固定式海上核电站最大的优势就是稳定性好，不用担心平台的摇晃和翻沉，并且其整体结构简单，工程造价低。其缺点是发生极端事故时，平台难以撤离，亦无法有效避免强烈地震的影响。此外，厂址设置对水域深度有较高要求，平台底座由于受到海水腐蚀，寿命仅为20年，全寿命周期经济性较差。

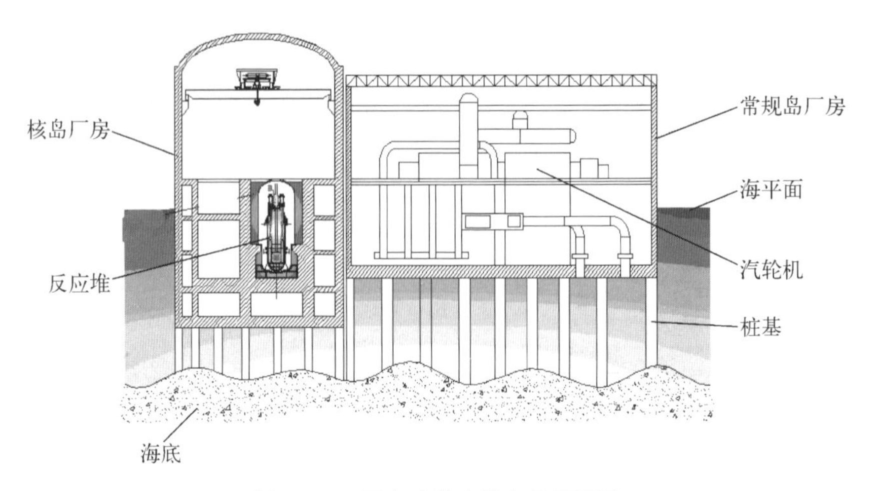

图 2-22 固定式海上核电站示意图

2.2.2 移动式海上核电站

固定式海上核电站因受海洋的恶劣环境和自身平台材料的耐腐蚀性能的限制，一般使用寿命只有 20 年，按照三代核电站设计寿命为 60 年，若浮动核电站按 20 年使用必然造成经济上的巨大浪费。据此研究者们推出一种移动平台式海上核电站[5-6]的设计理念。

如图 2-23 所示，将核岛模块与其载体平台单独建造后再进行组装，待载体平台到了使用年限后可将核岛模块拆离到其他载体上继续使用。

核岛模块与其载体平台的连接方式为设计难点，既需要实现核岛模块、常规岛厂房和核电厂配套设施(BOP)厂房与载体平台的可靠紧密连接，又需要保证发生事故时或极端海况时核岛模块能快速拆卸撤离。

由于受到恶劣海洋环境的影响，核岛及常规岛模块与载体平台的连接需要采用超大规格的紧固螺栓来实现。而常规的螺栓因过于笨重且不便拆装，设计单位设计了一种新型的螺栓结构[7-8](见图 2-24)，将其分解成多个小螺栓均匀分布在主螺母四周，减轻了主螺母的总重量，同时小螺栓与主螺栓采用不同的拧紧方向，加上多个小型弹性垫圈的作用，有效增加相互之间的摩擦力，大大降低了主螺栓松动的概率，从而提高了平台整体的连接可靠性。

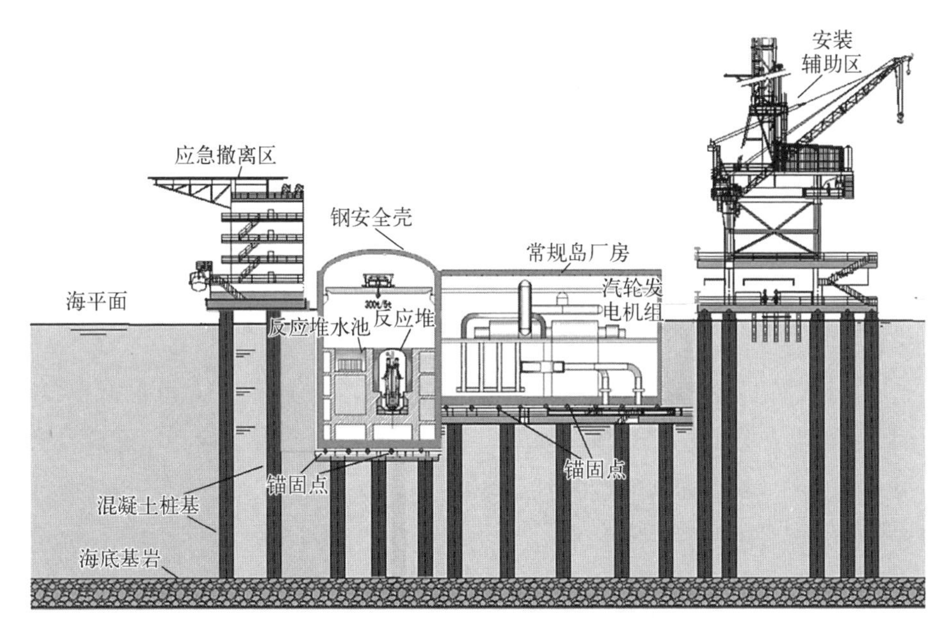

图 2-23　移动平台式海上核电站示意图

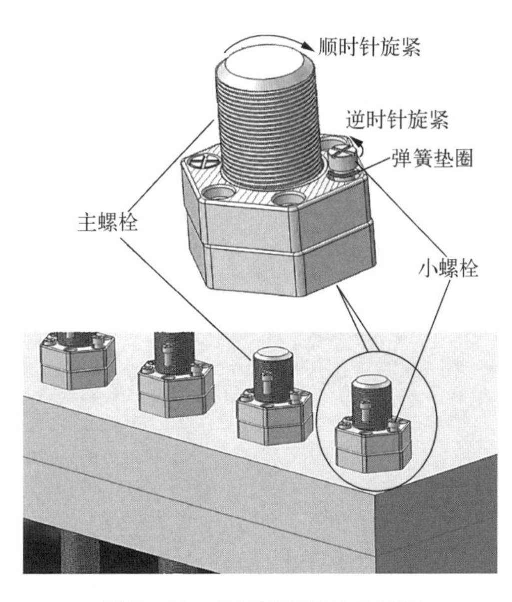

图 2-24　专用紧固螺栓效果图

移动式海上核电站最大问题是在发生地震时很难及时撤离核岛模块。此外,海上的高温、高盐、高湿的环境容易造成平台和螺栓的锈蚀变形,影响整体的安全性。

2.2.3 升降式海上核电站

海上核电站的主要工作区域靠近岛屿或岸边,为避免恶劣海况带来的影响,设计单位提出了一种升降式海上核电站[9]的设计理念来满足该需求。

升降式海上核电站适合于水深不超过 50 m、浪高不超过 10 m 的海域,载体平台中间设有压载水舱,核岛和常规岛厂房与载体平台铆接在一起。受到台风、海啸等极端海洋气候影响时,载体平台的压载水舱快速注水,核岛及常规岛模块与载体平台一起沉入海水中,利用海水作为最终热阱,确保反应堆安全。

正常作业运行时,核电站升出海平面,载体平台提供平稳运行的作业环境。若需要变更海上作业厂址,可以将载体平台浮起并与支架解脱后,海上拖航至新的作业地点(见图 2-25)。

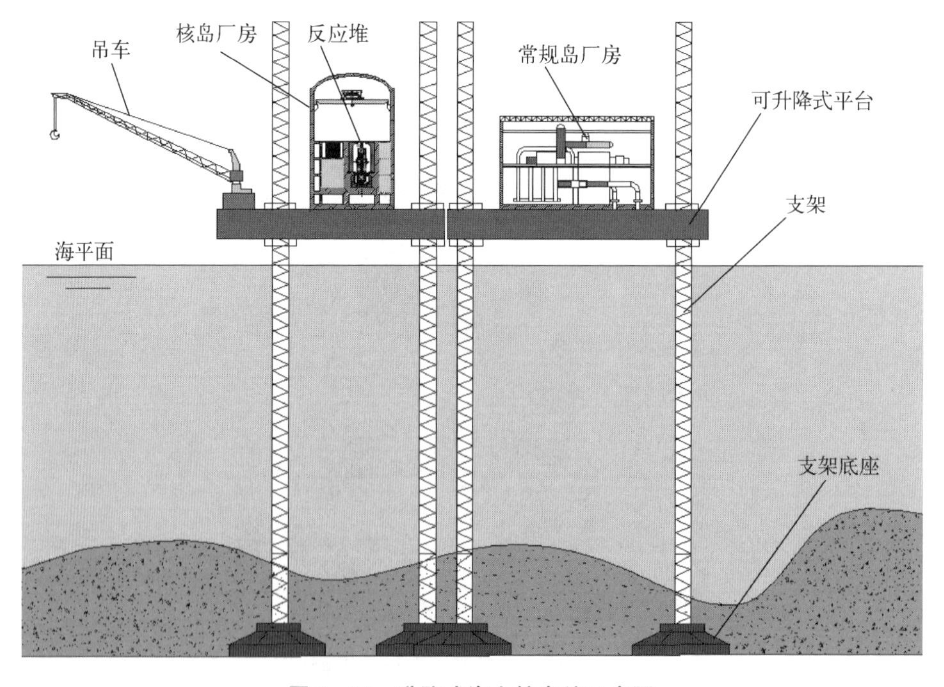

图 2-25 升降式海上核电站示意图

升降式海上核电站因自身结构和支架承重限制，对反应堆和常规厂房总重量和总体尺寸有要求，不适合功率大的反应堆。采用升降机构的载体平台造价较高，经济性较差。

2.2.4　半潜式海上核电站

半潜式海上核电站受椭圆形耐压壳体[10-11]包容并保护，布置于海平面50 m以下的位置并刚性连接在海底的桩基上，可以杜绝风、浪、冰等自然因素的影响，也能大幅度减小海流的影响，大大提高了海上核电站的安全性。半潜式海上核电站设有压载水舱，换料和大修时排出压载水上浮后可整体拖走（见图2-26）。

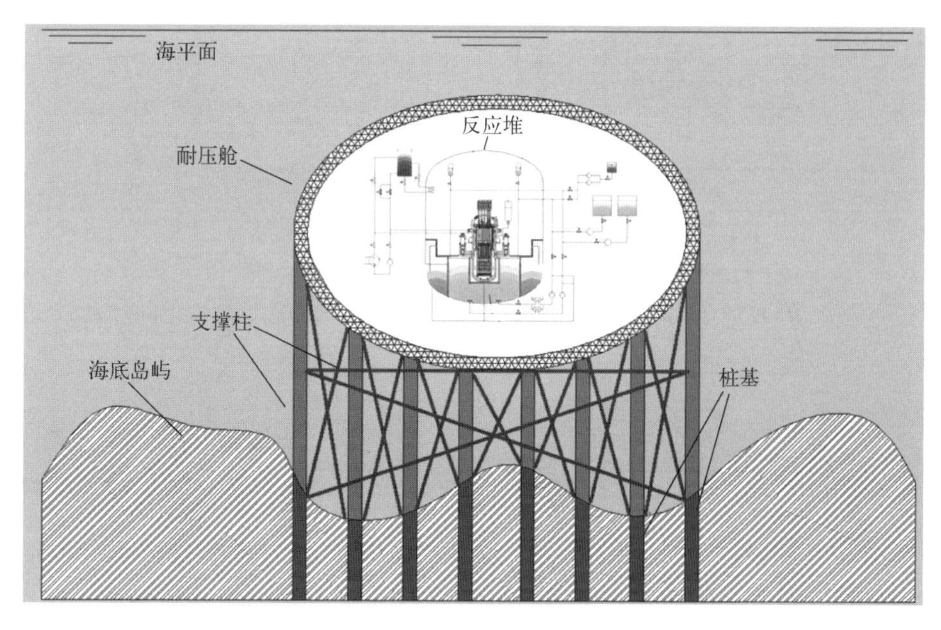

图2-26　半潜式海上核电站示意图

半潜式海上核电站的造价较高，对反应堆尺寸要求严格，适用于小功率的反应堆。

2.2.5　穿浪型船体式海上核电站

穿浪型船体具有造价低、经济性好、建造周期短、抗风浪能力强、便于维修和能及时拖离等优点。

穿浪型船体式海上核电站平台[12-13]的船体呈扁平状，船体两边均设置有V形浮体，该浮体与船体底部接触；船体底面位于两边的浮体之间的部分呈流线型。船体底面呈流线型，可以使不断涌过来的海浪顺势回流到海水里，减少海浪的冲击，有很好的耐波性，大大增加了浮动核电站船身的整体稳定性和平衡性。浮体纵截面的下半部分的宽度自上而下逐渐减小，形成V形，在海浪晃动时，随着下沉量的加大，浮力迅速增大，稳定性随浮力的增大而增强，浮体的这种结构进一步增强了海上核电站的稳定性(见图2-27)。

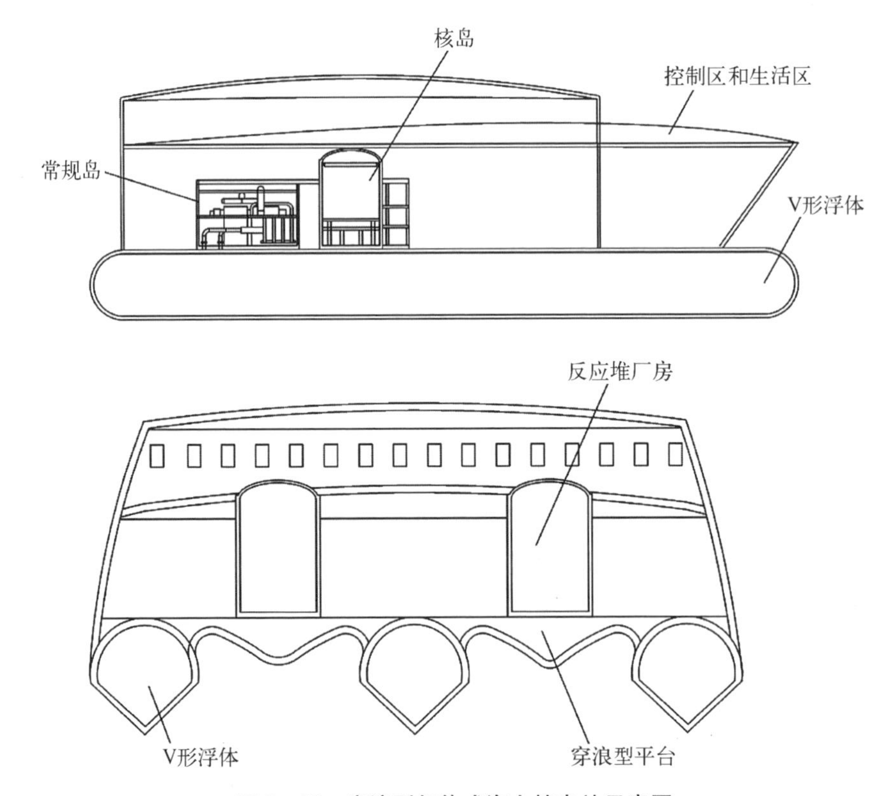

图2-27　穿浪型船体式海上核电站示意图

穿浪型船体式海上核电站配备了牵引动力船舶机构[14-15](见图2-28、图2-29)，该牵引船舶通过一种特殊的铰杆装置连接浮动平台，并具备核应急功能。

穿浪型船体式海上核电站的优点是能有效降低小幅度海浪和海流的影响，但缺点是对大风和巨浪的抵御能力还有待加强，并且其造价高于传统船舶型平台。

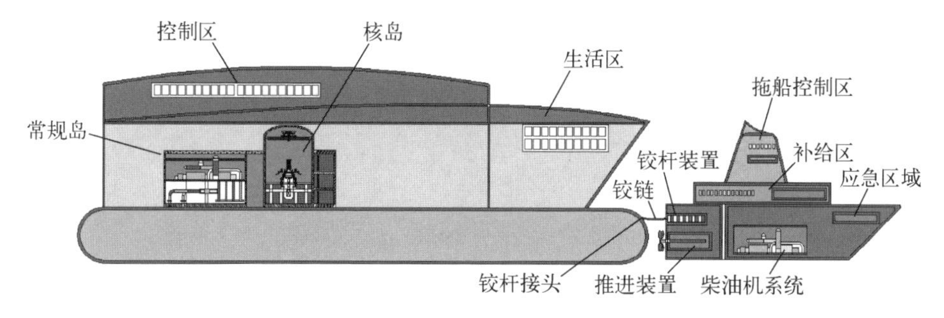

图 2－28　牵引动力船舶机构示意图

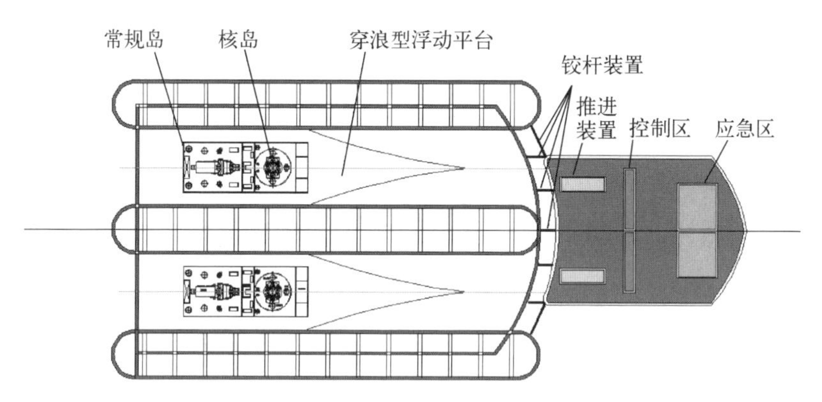

图 2－29　海上核电站与牵引船舶的连接示意图

2.2.6　圆柱形平台式海上核电站

圆柱形平台具有结构简单、易施工、建造成本低等优点。结合传统锚固和动力定位的优势，设计单位推出了一种圆柱形平台式海上核电站[16－17]（见图 2－30），该型平台利用圆柱形浮体的自转降低海流的影响，减少传统动平衡装置被动抵御海流所带来的能耗损失，降低了建造成本和运行成本，经济效益显著。

圆柱形平台设计了一种带旋转头的涡轮机结构，均匀布置在 X、Y、Z 三个方位，由计算机监测并按照来流的速度和方向控制涡轮机工作，根据前、后、左、右来流的速度，带动平台顺势旋转并调整姿态，将海流的冲击降至最小。

圆柱形平台下部中央设置锚链装置进行锚链收放，锚链下端通过钢钎固定在海底基岩里面，靠铁链的重力和钢钎锚力将平台固定在海域某个位置，在平台圆形底部四周均匀布置一系列带旋转头的小型推进器。平时根据海浪流动的速度，产生不同大小的推力，减少平台晃动，降低了平台自身能量的消耗。

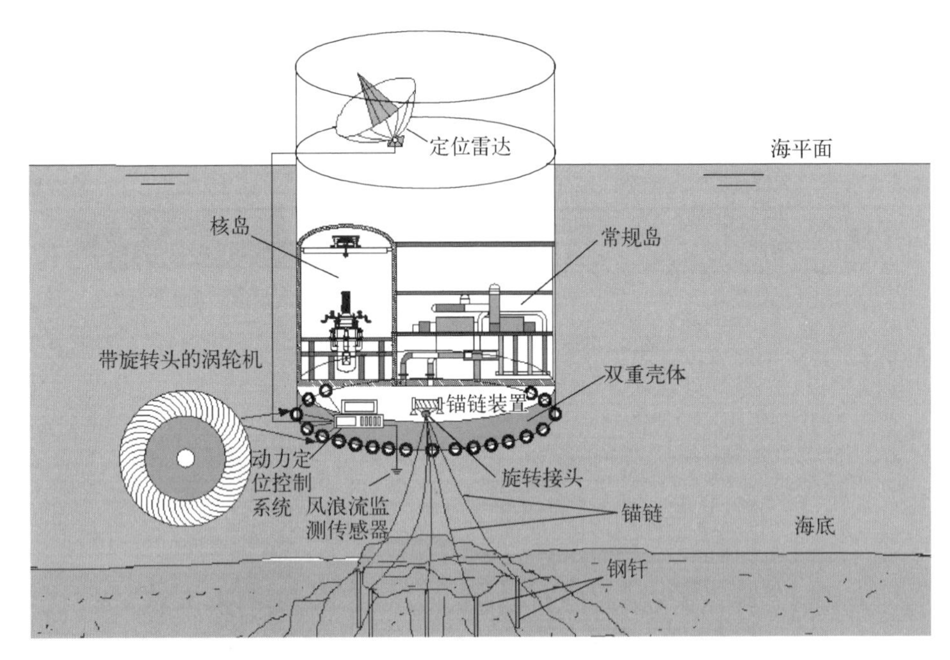

图 2-30　圆柱形平台式海上核电站布置定位示意图

良好海况时，仅启动少数推进器就可以实现浮动平台的精确定位。通过推进器带动圆柱形浮动平台自转，可以抵消掉部分海流冲击力，降低自身能耗。

参考文献

[1] 张延昌，景宝金，童波，等. 浮动核电站载体平台安全性设计初探[J]. 船舶，2017，28(3)：1-9.

[2] 宋丹戎，刘承敏. 多用途模块式小型核反应堆[M]. 北京：中国原子能出版社，2021.

[3] 中国核动力研究设计院. 固定平台式浮动核电站：201420265672.0[P]. 2014-09-10.

[4] 中国核动力研究设计院. 固定平台式浮动核电站及换料方法：201410219796.X[P]. 2014-05-23.

[5] 中国核动力研究设计院. 移动平台式浮动核电站及换料方法：201410219752.7[P]. 2014-05-23.

[6] 中国核动力研究设计院. 移动平台式浮动核电站：201420265666.5[P]. 2014-09-10.

[7] 中国核动力研究设计院. 一种适用于可移动式浮动核电站平台的紧固结构：201510019805.5[P]. 2015-06-10.

[8] 中国核动力研究设计院. 一种适用于可移动式浮动核电站平台的紧固结构：201520027030.1[P]. 2016-08-10.

[9] 中国核动力研究设计院. 一种浮动式核电站的升降式平台及其构成的核电站：

201420637257.3[P].2015-02-04.
[10] 中国核动力研究设计院.半潜式平台浮动核电站：201420265653.8[P].2014-09-10.
[11] 中国核动力研究设计院.半潜式平台浮动核电站及换料方法：201410219776.2[P].2014-05-23.
[12] 中国核动力研究设计院.穿浪型船体式浮动核电站：201420624893.2[P].2015-01-14.
[13] 中国核动力研究设计院.穿浪型船体式浮动核电站：201410580910.1[P].2014-10-27.
[14] 中国核动力研究设计院.适用于船体式浮动核电站的牵引机构：201420628307.1[P].2015-02-04.
[15] 中国核动力研究设计院.适用于船体式浮动核电站的牵引机构：201410585529.4[P].2016-11-09.
[16] 中国核动力研究设计院.圆柱形浮动平台平衡装置及其构成的平衡系统和平衡方法：201510019766.9[P].2017-01-25.
[17] 中国核动力研究设计院.圆柱形浮动平台平衡装置及其构成的平衡系统：201520026866.X[P].2015-05-20.

第3章
ACP100S 总体设计

为满足不同用户在用电、海域海况等方面的需求，中国核动力研究设计院基于多用途模块式小型核反应堆 ACP100 研发成果，根据船用核动力的特点，经过适应性设计改进，于 2012 年开发出满足三代核电安全标准和海上浮动平台入级规范的浮动核电站型号 ACP100S。ACP100S 反应堆采用一体化设计，反应堆单堆热功率为 385 MW，单堆最大电功率为 125 MW，可快速跟踪负荷运行，反应堆设计寿命为 60 年，换料周期为 24 个月。ACP100S 浮动核电站能很好地满足海岛区域、海上采油平台、极地或偏远地区对核能供热、电、水、冷、汽等多样性需求。ACP100S 采用完全一体化的一回路布置，每座反应堆由一个小型钢制安全壳包容，形成一个独立的核蒸汽供应系统模块。配置相应核蒸汽供应系统模块，采用能动＋非能动的安全设施，可实现反应堆模块化设计、制造和现场整体安装，从而降低建造和运行成本。

3.1 ACP100S设计研发历程

ACP100S 的研发主要针对较大规模的海上能源需求，如远洋综合浮动补给基地、大型石油开采平台等。在研制过程中，ACP100S 陆续获得了国家能源局、国防科技工业局等国家部委的科研经费支持。2019 年，基于 ACP100S 型号的“中核烟台浮动式核能示范项目”已完成初步可行性研究及 ACP100S 方案设计，核岛总体技术方案基本固化。其陆上原型堆 ACP100 多用途模块化小堆科技示范工程已于 2021 年 7 月在海南完成核岛反应堆厂房第一罐混凝土(FCD)浇筑，为 ACP100S 浮动堆示范应用奠定了坚实的基础。目前，正在开展烟台示范项目初步设计，具备很好的工程示范应用条件。ACP100S 主要研发历程如下：

2009年中核集团开展多用途模块化小型堆专项ACP100。

2010年启动ACP100S研发工作，开始需求调研并完成顶层设计。

2011年联合中海油完成渤海湾油田核能发电预可行性初步研究。

2012年开展总体方案优化论证，开展关键技术研究。

2013年形成总体方案，完成了稠油热采论证及关键技术攻关。

2015年12月30日，国家发改委办公厅发布《国家发改委办公厅关于设立海洋核动力平台国家能源科技重大示范工程的复函》(发改办能源〔2018〕3477号)，明确将中核集团ACP100S纳入国家能源科技创新"十三五"规划，在条件成熟时可启动示范项目建设。

2016年ACP100S原型堆ACP100通过环境保护部核与辐射安全中心联合评估；同年，通过国际原子能机构(IAEA)安全审查，成为全球首个通过反应堆通用设计审查(GRSR)的小堆技术。

2018年11月，中国核动力研究设计院组织中核工程公司、中集来福士，牵头完成烟台浮动核能示范项目初步可行性研究阶段堆船技术方案设计。2018年11月13日，初步可行性研究通过专家评审。2018年，基于ACP100S堆型的中核烟台浮动核能示范项目已完成初步可行性研究及ACP100S浮动堆总体技术方案设计。

2019年年初，中国核动力研究设计院已完成ACP100S方案设计，核岛总体技术方案基本固化。2019年5月，中国核动力研究设计院与中核台海签署开展烟台浮动核能示范项目的反应堆及冷却剂系统初步设计合同，开展示范项目初步设计。

3.2 ACP100S总体方案

海上浮动核电站既要保证浮动平台免受灾难性破坏，建立并保持对放射性危害的有效防御，同时要求海上浮动核电站在任何可能遇到的正常和异常情况下都不会释放出可能危害人员和环境的放射性物质，以保护人员、社会和环境免受危害。因此，在海洋环境下海上浮动核电站应同时满足核安全目标和浮动平台的工业安全目标。

1) 海洋环境引入的挑战

海上浮动核电站设计中，应充分考虑倾斜、摇摆、加速度、振动和冲击等海洋条件，以及风、浪、流、冰、雪、盐雾、霉菌等特殊海洋环境和海情、气象、水文等因素的作用。包括燃料元件、反应堆堆芯、反应堆一回路、专设安全设施、二回路系统管道、系统和设备等在内，所有核岛相关舱室、系统、管道、设备的设计应充分考虑海上浮动核电站受海洋环境的影响，必须使它们能在倾斜、摇摆、加速度、振动和冲击等特殊使用条件下承受在预期运行工况下的动、静载荷，保证海洋条件下所需系统和设备功能的实现。

2）设计原则

海上浮动核电站设计中应主要满足以下原则[1]：

（1）满足现行核安全法规要求：遵照中国核安全法规（满足 HAF 102—2016《核动力厂设计安全规定》等）、导则和标准，以 IAEA 和国外核电先进国家的规范标准作为补充和参考。

（2）应满足三代核电安全要求和目标。

（3）设计寿命为 40 年。

（4）可承受 5 000 t 船舶以 2 m/s 碰撞速度的撞击。

（5）基本负荷运行，具有一定的负荷跟踪能力。

（6）在倾覆时，反应堆能安全停堆。

（7）满足核安全局发布的《浮动核电站外部事件设计基准》和《小型压水堆核动力厂安全审评原则》（试行）的相关要求。

3）技术特征

浮动核电站包括船体系统（亦称浮动平台）、反应堆装置、汽轮发电机及热力转换系统、控制室及生活区、供电供水等辅助设施、电站外部安全防护设施等。ACP100S 浮动核电站总体布置如图 3－1 所示。

（1）船体系统。浮动平台作为核反应装置、汽轮发电机等的载体平台，采用类似 FPSO 的设计理念，为单船体型，钢质、双壳、双底、局部双层甲板，码头系泊。该船可适应浅水渤海湾海域，采取适当的防风浪措施亦可适应于南海海域，能够抵御五百年一遇的极端海洋环境条件。

船舶总长为 228.0 m，型宽为 36.0 m，工作吃水为 10.0 m，作业排水量约为 74 600 t，拖航吃水为 7.0 m。

船体按功能分为三个部分：核岛区、常规岛区及生活区；其中两个核反应堆装置舱、两个汽轮发电机舱及“三废”处理舱布置于船中区域双层壳内；生活楼、备用柴油发电机舱、船舶系统设备、船舶系统集控室等布置于船舶尾部；船首部为压载舱、锚泊系统舱室等。该船还配置空调通风系统、压载水系统、通信系统、救生设备等。

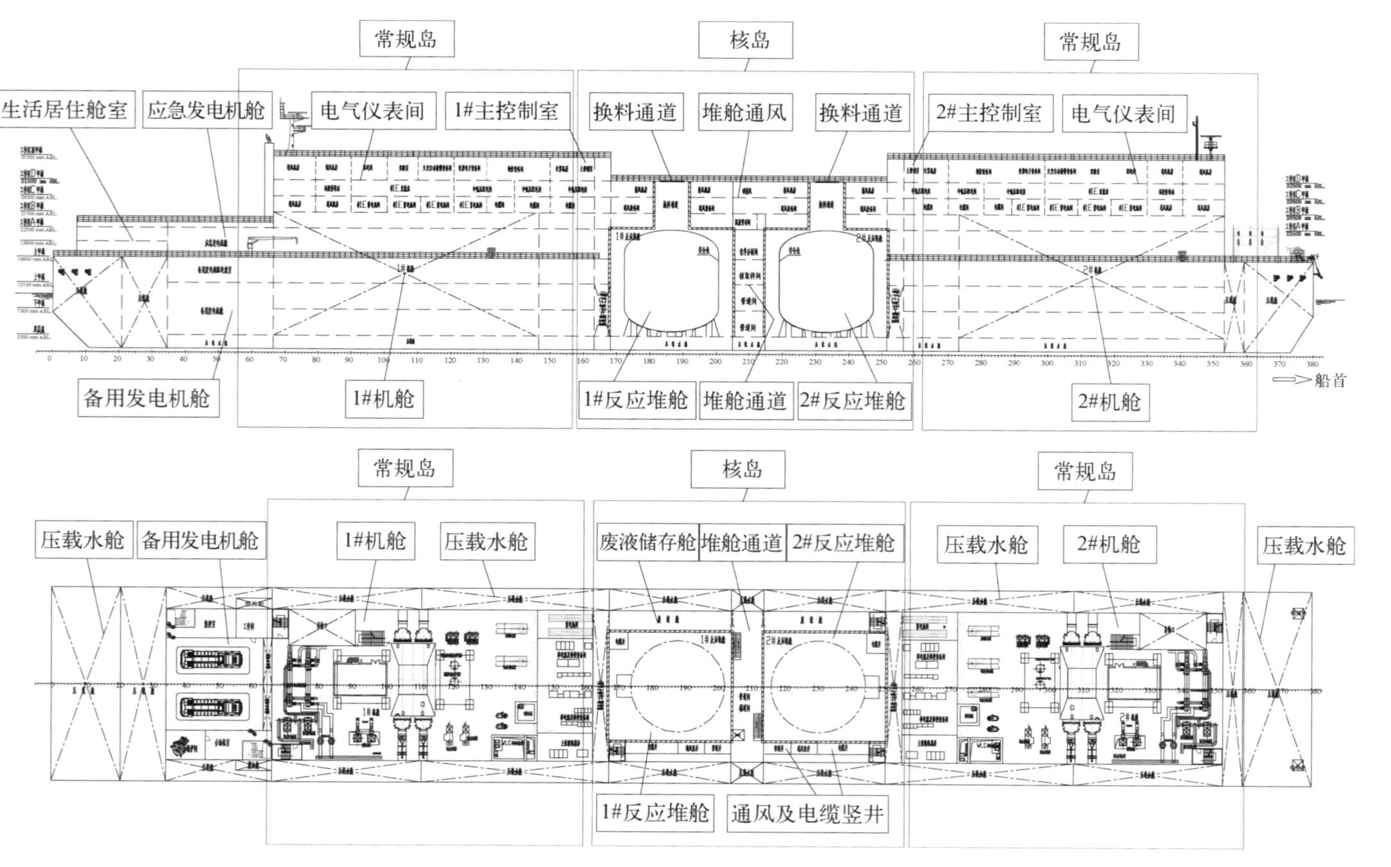

图 3-1　ACP100S 浮动核电站总体布置图

(2) 反应堆舱。本船在船中部区域设置两个反应堆舱,反应堆舱内设置安全壳。

浮动核电站的反应堆舱(反应堆厂房)是一个密封防火的钢制结构,钢制安全壳作为放射性包容布置于反应堆舱中。

反应堆舱位于船体中部双底双壳的保护屏障内,保护屏障包括堆舱的横向舷边舱、双层底、上层建筑的多层顶板、船尾墙、船首汽轮机岛和上层配电间等结构。这些保护屏障形成反应堆舱的外部保护系统,使其能够承受外来物剧烈冲击,包括飞机坠毁等。

(3) 汽轮发电机舱。本船设置两个汽轮发电机舱。汽轮发电机舱与堆舱相邻,汽轮发电装置及非电联供装置布置在汽轮机舱部分。汽轮机舱布置有汽轮发电机、汽水分离器、除氧器、凝汽器、低压加热器及给水泵等辅机设备、电气设备及就地控制室、供热供水设施等。

(4) "三废"处理舱段。本船在两个反应堆舱之间设置了一个废固处理舱段。反应堆舱的两侧边舱设置了废液处理舱,反应堆舱上部的废气处理舱室可将放射性废气处理后达标排放。废固处理舱可将放射性废固处理、打包及储存。

(5) 船体外围配套设施。为实现浮动核电站电力、水外输功能,设置有船体配套设施,同时保障浮动核电站安全运行,配备安全保障系统。这些设施包括以下部分。

电力外输设施:甲板上配置配电室,连接岸边的外输配电站,变电后由电缆输送到用户。

热水/汽外输设施:由热交换器产生的高温高压热水/汽,通过舷侧外输装置与管道相连进行输送。

全船安保系统:同时保证浮动核电站正常安全运行,预防水下蛙人、航行器,以及水面舰船舶、漂浮物和空中飞行物的干扰与破坏,配备由目标探测子系统、数据处理与监控子系统、目标处置子系统组成的全船安保系统,分区域、分范围对浮动核电站进行安全保护。

3.3　ACP100S主要技术参数

ACP100S主要技术参数如表3-1所示。

表 3-1　ACP100S 主要技术参数

项　目	参　数	数值或描述	备　注
设计安全目标和性能指标	反应堆类型	一体化压水堆	具备负荷跟踪能力
	电厂电功率/MW	125	
	电厂设计寿命/年	40	
	电厂可利用率/%	>90	
	建设周期/月	36	
	电厂运行方式	A 模式	
	堆芯损坏频率/(堆·年)$^{-1}$	$<10^{-6}$	
	大量放射性物质释放频率/(堆·年)$^{-1}$	$<10^{-7}$	
	职业辐照剂量/[(人·希沃特)/(堆·年)]	<0.8	
	最大冲击载荷/(kg·m/s)	10^{7}	
	作业极端海况	100 年一遇海况	
	生存极端海况	500 年一遇海况	
电站总参数(双堆双机)	堆芯额定热功率/MW	2×385	1.6 MPa，260 ℃
	运行工况 1(最大发电)/MW	2×125	
	运行工况 2(最大供汽)/(t/h)	2×580(暂定)	
	换料周期/月	24	
	船体总长/m	约 228.0	
	船宽/m	36.0	
	型深/m	16.9	
	作业吃水/m	10.0	
	拖航吃水/m	7.0	
	排水量/t	74 600	

（续表）

项　目	参　数	数值或描述	备　注
堆芯设计和燃料	堆芯活性段高度/mm	约 2 150	
	燃料组件数/组	57	
	燃料组件型号	截短型 CF3 组件	
	燃料棒排列方式	17×17	
	控制棒组件数/组	20	
	热工设计体积流量/(m^3/h)	9 550	
反应堆冷却剂系统	最佳估算体积流量/(m^3/h)	10 000	
	堆芯入口温度/℃	285.8	
	堆芯出口温度/℃	321.2	
	堆芯平均温度/℃	303.5	
	系统运行压力(绝对压力)/MPa	15.0	
反应堆压力容器	材料(母材)	16 MnD5	
	总高/mm	10 783.5	
	堆芯段筒体内径/mm	3 350	
	反应堆压力容器总质量/t	279	
直流蒸汽发生器	类型	单元式套管直流	
	单元数/组	16	
	传热管材料	钛合金	
反应堆冷却剂泵	类型	立式屏蔽电机泵	
	数量/台	4	
	名义流量/(m^3/h)	2 500	
	设计扬程(以 H_2O 计)/m	27.9	

(续表)

项　目	参　数	数值或描述	备　注
稳压器	类型	立式蒸汽稳压	
	设计温度/℃	360	
	总容积(冷态最小)/m^3	12	
安全壳	结构	小型钢制安全壳(圆柱形筒体和椭圆形上下封头)	不含支撑
	安全壳设计压力(绝对压力)/MPa	0.8	
	安全壳设计温度/℃	170	
	安全壳直径(内径)/m	17	
	安全壳高度/m	19	
汽轮发电机	机组额定功率/MW	2×125	
汽轮机	额定工况主蒸汽压力(绝对压力)/MPa	4.5	
	额定工况主蒸汽温度/℃	294	
	主蒸汽流量/(t/h)	596.8	
	转速/(r/min)	3 000	

3.4　ACP100S 纵深防御设计

核安全法规 HAF 102—2004[2]中明确规定了纵深防御概念。纵深防御概念须贯彻于核电站安全有关的全部活动,包括与组织、人员行为或设计有关的方面,以保证这些活动均置于重叠措施的防御之下,即使有一种故障发生,它将由适当的措施探测、补偿或纠正。

在核电站整个设计、建造和运行过程中贯彻纵深防御,以便对由厂内设备故障或人员活动及厂外事件等引起的各种瞬变、预期运行事件及事故提供多层次的保护,以实现控制反应性、排出堆芯热量、包容放射性物质和控制运行排放，以及限制事故释放三项基本安全功能，确保核电站安全。

海上浮动核电站设计必须采用纵深防御措施，以提高多层次防御（固有特性、设备及规程）能力。为避免可能对人员和环境产生的有害影响，应贯彻预防和缓解平衡的安全理念，以保证在防护失效的情况下可以通过采取适当的缓解措施减轻事故后果以保护人员和环境。每一独立有效层次的防御都是核电站纵深防御的基本组成部分，必须确保与安全相关的活动能够被纳入独立的纵深防御层次。纵深防御的五个层次介绍如下。

第一层次防御的目的是防止偏离正常运行及防止系统失效。这一层次要求按照恰当的质量水平和工程实践，例如多重性、独立性及多样性的应用，正确并保守地设计、建造、维修和运行模块式小型压水堆浮动核电站。为此，应选择恰当的设计规范和材料，并控制部件的制造和海上浮动核电站的施工。更有利于减少内部灾害的可能、减轻特定假设始发事件的后果或减少事故序列之后可能的释放源项的设计措施均在这一层次的防御中起作用。还应重视涉及设计、制造、建造、在役检查、维修和试验的过程，以及进行这些活动时良好的可达性、电站运行方式和运行经验的利用等方面。整个过程以确定海上浮动核电站运行和维修要求的详细分析为基础。

第二层次防御的目的是检测和纠正偏离正常运行状态，以防止预期运行事件升级为事故工况。尽管已注意预防，但海上浮动核电站在其寿期内仍然可能发生某些假设始发事件。这一层次要求设置在安全分析中确定的专用系统，并制定运行规程以防止或尽量减小这些假设始发事件所造成的损害。

第三层次防御的目的是将事故后果控制在设计基准范围内，使核电站在事故后达到安全的停堆状态，并且至少维持一道包容放射性物质的屏障。设计基准事故是可预测的，并且必须通过固有安全特性、故障安全设计、附加的设备和规程来控制这些事件的后果，使海上浮动核电站在这些事件后达到稳定的、可接受的状态。

第四层次防御的目的是针对超设计基准事故（包括严重事故）保证放射性释放保持在尽可能低的水平。这一层次最重要的目的是实现保护包容功能。除了事故管理规程外，可以由防止事故进展的补充措施和规程及减轻选定的超设计基准事故后果的措施来达到，由包容提供的保护可用最佳估算方法来验证。

第五层次，即最后层次防御的目的是减轻可能由事故工况引起的潜在的放射性物质释放造成的放射性后果[3]。这方面要求有适当装备的应急控制中心及应急响应计划。

实施纵深防御概念的另一个重要方面是在设计中设置一系列的实体屏障，将放射性物质限制包容在确定的范围内。在海上浮动核电站设计中，必须设置四层屏障，包括燃料基体、燃料包壳、反应堆冷却剂系统压力边界、安全壳。所需要的实体屏障的数量取决于内部及外部灾害和故障的可能后果。

海上浮动核电站纵深防御各层次设置的合理性应该通过完整的安全评价加以论证，ACP100S 在设计中遵循了纵深防御的设计理念，由于 ACP100S 安全壳置于反应堆舱内，实现了 5 层屏障设计，在放射性包容方面优于陆上核电站。

3.5　ACP100S 安全和许可策略

浮动核电站安全管理需要满足船舶海洋工程和核能工程安全管理要求。所有从事安全重要活动的单位都有责任保证将安全事务放在最优先的位置。国家对船舶海洋工程和核能工程已建立一套安全管理条例，在设计过程中应严格遵循。浮动核电站是船舶海洋工程和核能工程的有机结合，在设计过程中，平台上所有系统和设备均需要接受国家船检部门的监督管理，涉及核安全的系统和设备应接受国家核安全部门的监督管理。浮动核电站设计管理必须同时满足船舶海洋工程设计管理要求和核安全设计管理要求。

我国尚未有浮动核电站的工程应用，其监管策略也处于探讨阶段，关于海上小型反应堆位于浮动平台的监管，目前国内形成的初步技术意见[4]为海上浮动核电站的监管由国家核安全局及国家海事局联合监管。具体的监管界面建议如下：国家核安全局对海上小型堆（主要指反应堆相关核设施）安全实施统一监督，独立行使核安全监督权；国家海事局对浮动平台（主要指船体结构及其系统）的安全实施监管；国家海事局针对浮动平台编写《海上浮动核电站平台安全规则》，该规范将作为海事局对浮动平台实施监管的依据（核安全局针对浮动平台提出《小型堆对浮动平台的安全要求》作为补充规定）。

考虑到浮动核电站项目批量化的特点，从工程实施角度希望未来对海上浮动核电站的许可证管理实行“一步法”程序。类似于美国核电站审评方法，将“厂址批准”与“设计许可证”分离，申请与颁发联合运行许可证，在颁发“设计许可证”阶段，主要审查申请者编写的标准设计文件。在对海上浮动核电站的设计方案进行安全审评后，颁发“设计许可证”，今后该堆型批量化建造，可能处于不同海域，不需要再针对堆型的设计方案逐个进行审评，只需要备案即可。其次，采用该监管方法，省去首次装载核燃料许可证的申请与颁发，更符合浮动核电站小容量的特点。

浮动核电站运行于水面上，国家安全部门对反应堆的安全监管方式需要酌情调整，宜简化监督检查模式及报告制度，以适用于海上浮动核电站。如可以取消日常检查，浮动核电站因设计方案及小容量特点，其安全性远高于陆上大型反应堆，并且位于海洋平台，对公众、环境的影响也远小于陆上大型反应堆，在监督检查的模式上，建议结合海洋条件研究并选用适合海上浮动核电站的监督模式。在报告制度方面，因海上浮动核电站不涉及土建结构，宜取消建造阶段的定期报告制度，将运行阶段月报告制度和年报告制度合并为运行阶段季度报告制度。核事故应急报告制度可以结合海事部门的事故预警、处理机制进行简化。

3.6　ACP100S试验及验证

ACP100S浮动核电站的核反应堆采用一体化模块式压水堆技术，该技术以中核集团自主研发的模块式小型堆ACP100技术为基础，考虑船用和海洋环境特点进行若干适应性改进形成。针对ACP100S试验及验证可分为ACP100试验验证和针对浮动核电站特点进行的试验。

3.6.1　ACP100试验及验证

ACP100S的主要系统参数与其陆上版ACP100基本保持一致，因此ACP100S的热工、主要系统设备试验均可以直接利用ACP100的试验成果，以下是ACP100开展的主要试验验证情况。

1）低流速临界热流密度试验[3]

通过5×5全长棒束均匀和非均匀加热临界热流密度试验（CHF），整理出ACP100燃料组件相应的临界热流密度关系式，试验装置如图3-2所示。主要试验包括燃料组件典型栅元均匀加热临界热流密度试验，燃料组件典型栅元非均匀加热临界热流密度试验和燃料组件非典型栅元非均匀加热临界热流密度试验。

通过开展燃料组件典型栅元均匀加热、典型栅元非均匀加热、非典型栅元非均匀加热临界热流密度试验研究，获得燃料组件临界热流密度试验数据，掌握燃料组件临界热流密度随热工参数的变化规律；获得了一套精度较高的适用于ACP100燃料组件的临界热流密度预测关系式，为其安全评审提供了依据，达到了试验研究目标。在试验期间，通过对加热元件进行维修，掌握了均

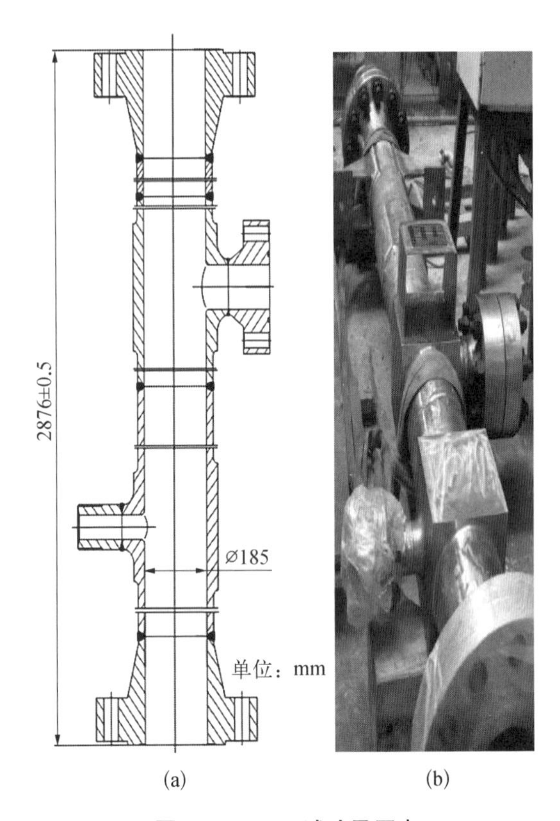

图 3-2 CHF 试验承压壳

(a) 结构示意图;(b) 实物照片

匀加热元件设计和制造技术,实现了均匀加热元件的国产化。

2) 堆内构件流致振动试验[3]

通过 ACP100 堆内构件模型流致振动试验,了解堆内构件的流致振动行为,证实在典型的运行工况下流体引起的振动与预期的振动类似,不会造成未曾估计到的流体引起的大幅度振动或导致结构损坏的振动,确保 ACP100 堆内构件的结构完整性,并且为 ACP100 堆内构件的流致振动评价提供依据,对设计定型和可能的修改提供参考意见,为安全分析提供必需的试验数据资料。主要试验内容包括振动特性试验、流致振动试验。ACP100 堆内构件流致振动试验装置如图 3-3 所示。

堆内构件振动特性试验主要测量堆内构件在空气及静水中的固有频率、振型、阻尼比;并采用有限元方法进行对比分析验证。

堆内构件流致振动试验主要包括流致振动响应试验、流致振动响应分析

图 3-3　ACP100 堆内构件流致振动试验装置

及耐振考验试验。其中，流致振动响应试验测量 ACP100 堆内构件模型各主要部件在动水中的振动响应，并根据测量结果对关键部位进行疲劳寿命评估。流致振动响应分析采用有限元方法模拟堆内构件在正常运行工况下的流体力，然后将获得的流体力作用于堆内构件，计算得到各部件的流致振动响应；利用试验测得的启泵过程的流体脉动压力作用于堆内构件，计算得到各部件在启泵过程中的流致振动响应。耐振考验试验在 100%额定流量的正常运行工况下进行堆内构件结构完整性的耐振考验试验。

堆内构件流致振动试验表明：ACP100 堆内构件结构完整，无明显形变；紧固件连接、过盈配合连接状况良好，无松动；堆内构件表面、法兰面和各配合面等未见划痕，无明显磨损；密封环和压紧弹簧组件轴向高度在试验前后变化很小；主泵机械振动的情况下，主泵接管的最大应力仍远小于材料疲劳许用应力。验证了 ACP100 反应堆堆内构件的设计满足流致振动相关规范的要求。

3) 非能动应急堆芯冷却系统综合试验研究[3]

通过开展非能动应急堆芯冷却系统试验研究，验证非能动安全系统的冷却能力和系统特性，掌握事故过程中非能动应急堆芯冷却系统和非能动余热排出系统的行为，为非能动安全系统的优化设计和完善系统程序分析提供有力的基础试验数据和技术支撑。ACP100 非能动应急堆芯冷却系统综合模拟试验装置现场如图 3-4 所示。

图 3-4 ACP100 非能动应急堆芯冷却系统综合模拟试验装置现场图

试验主要通过 LOCA 工况下非能动应急堆芯冷却系统自然循环冷却特性的试验研究，研究和验证小 LOCA 工况下非能动应急堆芯冷却系统的自然循环冷却能力，基本掌握非能动应急堆芯冷却系统的运行特性。试验内容包括非能动安全注射系统试验及非能动余热排出系统试验。

非能动安全注射系统试验模拟小 LOCA 工况等失水事故工况、研究和验证堆芯补水箱(CMT)的开启特性,以及安全注射过程中一回路系统和非能动应急冷却系统的运行特性。非能动余热排出系统试验模拟全厂断电事故瞬态过程,试验研究非能动余热排出系统的运行特性,研究余热排出冷却器在事故下的换热能力。

ACP100非能动安全系统综合模拟试验装置选用能兼顾多个系统的"多级双向"比例分析方法,获得了单相自然循环、两相自然循环、自动降压、非能动安全注射等重要物理现象的模拟准则。

ACP100非能动应急堆芯冷却系统综合模拟试验短期性能试验研究了不同破口位置[压力容器直接(DVI)管和波动管]、不同破口尺寸下的失水事故。失水事故过程中堆芯补水箱可以依靠重位差和流体密度差在破口发生初期对堆芯进行有效补水。DVI管和波动管双端剪切失水事故中,非能动安全注射系统可以往堆芯进行有效注水,温度快速下降,反应堆处于安全状态。

全厂断电事故瞬态过程中,非能动余热排出系统和CMT注入系统的启动运行对堆芯模拟件温度产生了明显的加速降温效果。整个事故过程中,堆芯模拟件温度始终低于稳态初始工况值,堆芯模拟件和一回路系统始终处于安全状态。

依据已完成的试验工况和数据分析,结果表明依靠ACP100非能动安全系统的现行设计能够带走失水事故、全厂断电事故等设计基准事故工况后反应堆的堆芯衰变余热,保证了堆芯的安全。

4) 堆芯补水箱及非能动余排系统试验研究[3]

通过开展堆芯补水箱试验,研究CMT及其运行参数对非能动应急堆芯冷却系统的影响,验证非能动应急堆芯冷却系统的设计技术及计算程序的分析结果,为非能动应急堆芯冷却系统的设计及论证提供试验数据,并为非能动应急堆芯冷却系统的工程应用积累经验。试验装置的三维布置如图3-5所示。

通过开展非能动余热排出系统试验,验证在全厂断电事故下非能动余热排出系统能否带走堆芯衰变热和反应堆系统显热,验证全厂断电事故下非能动余热排出系统的自然循环能力和余热排出冷却器的换热能力能否达到设计要求,为非能动余热排出系统的方案验证和系统分析程序的完善提供试验数据支撑。

主要试验内容包括CMT试验及非能动余热排出系统试验。

CMT试验研究全厂断电事故CMT安全注射时水-水循环对重力排水的影响,发生LOCA时降压过程中在不同的压力条件下对CMT注水行为的影

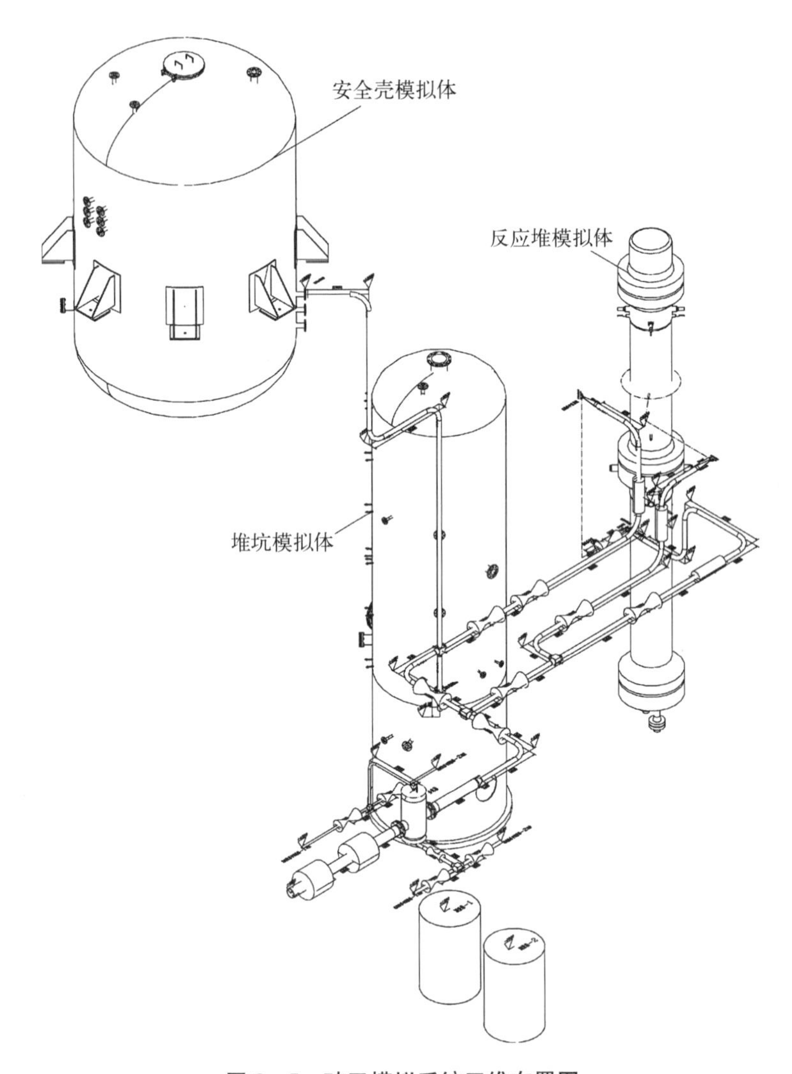

图 3-5 破口模拟系统三维布置图

响,CMT 注入流量与注入管线阻力的关系。非能动余热排出系统试验研究非能动余热排出冷却器系统配置对该系统自然循环能力及排热能力的影响,系统运行方式(包括启动时间等)对系统自然循环能力及排热能力的影响,以及在全厂断电工况下反应堆冷却剂系统与非能动余热排出系统运行特性。堆芯补水箱试验包括在全厂断电条件下安全注射循环试验和 LOCA 工况下堆芯补水箱的注入行为,水-水循环和汽-水循环对堆芯补水箱运行的影响,堆芯补水箱水位及温度的变化等。

试验研究了破口工况下和全厂断电条件下堆芯补水箱的注入特性，获得了在不同破口位置和尺寸条件下，以及全厂断电过程中堆芯补水箱的注入流量。通过开展全厂断电条件下的非能动余热排出系统试验，获得了不同运行条件下非能动余热排出系统的换热能力和自然循环能力，验证了全厂断电 72 h 内非能动余热排出系统导出堆芯热量实现安全停堆的能力。

5) 直流蒸汽发生器试验验证

直流蒸汽发生器试验主要包括钛合金物理化学性能试验、钛合金力学性能试验、钛合金材料腐蚀试验、钛合金材料耐辐照性能试验、直流蒸汽发生器综合性能试验、直流蒸汽发生器热工水力及流动不稳定性试验和传热管流致振动试验。

(1) 钛合金物理化学性能试验。物理化学性能试验包括化学成分与组织、物理性能、常温/高温拉伸性能、冲击韧性、维氏硬度等。

(2) 钛合金力学性能试验。力学性能试验包括疲劳性能、蠕变性能和持久性能等。

(3) 钛合金材料腐蚀试验。对钛合金材料腐蚀性能进行了高压釜静水腐蚀试验和动水腐蚀试验。动水腐蚀试验包括均匀腐蚀、间隙腐蚀、应力腐蚀和腐蚀吸氢性能试验。试验结果表明：传热管材料及其配套焊材在工作介质中的抗腐蚀性能优异，与常用的不锈钢和镍基合金传热管材料相比，其腐蚀产物释放速率极低。

(4) 钛合金材料耐辐照性能试验。耐辐照性能试验结果表明，钛合金材料具有良好的抗辐照性能。

(5) 直流蒸汽发生器综合性能试验。直流蒸汽发生器综合性能试验采用研制的材料，制造了 1∶1 的整台试验样机，开展了热疲劳试验、水压疲劳试验、冲击试验。试验结果表明，直流蒸汽发生器具有很高的可靠性。

(6) 直流蒸汽发生器热工水力及流动不稳定性试验。若直流蒸汽发生器在其不稳定区运行，不但影响其热工水力等运行特性，而且对蒸汽发生器各部件产生疲劳损坏缩短其寿命。因此，在直流蒸汽发生器的设计过程中，必须对其水力稳定性进行分析及试验，以确定直流蒸汽发生器在各种运行工况下的最低稳定运行功率，避免在流动不稳定区运行。

(7) 传热管流致振动试验。传热管流致振动试验结果表明，流致振动未产生不可接受的影响。

6）给水调节阀研制及试验

ACP100 给水调节站设置在给水母管上，由并联安装的主给水调节阀和旁路调节阀组成，以调节进入蒸汽发生器的给水流量。流量控制由两个互补的通道来保证：

（1）一个控制通道在启停系统运行期间低负荷（小于 20%满功率）时运行，并使旁路调节阀动作。在这种情况下，主给水调节阀保持关闭状态。

（2）一个控制通道在高负荷（从 20%满功率到 100%满功率）时运行，并使主给水调节阀动作。在这种情况下，旁路调节阀保持关闭状态。

通过开展给水调节阀研制及调节特性试验，获得了满足主给水系统要求的给水调节阀技术方案。主给水调节阀和旁路调节阀能在最高压力和流量下保证 5 s 内或更短的时间内关闭。试验装置如图 3-6 所示。

图 3-6　ACP100 主给水调节阀和旁路调节阀样机

7）反应堆压力容器（RPV）主泵接管研制及试验

RPV 主泵接管研制及试验委托一重集团于“十二五”规划期间完成。通过主泵接管及分流板研制及试验验证设计的合理性、验证制造的可行性，掌握制造加工技术及工艺。RPV 主泵接管研制采用 16MnD5 锻件，试制了 1∶1 的样件，主泵接管样机如图 3-7 所示。

图 3-7　RPV 主泵接管样机

8）非能动堆芯冷却再循环阀和低压差止回阀的研制及试验

ACP100 非能动堆芯冷却再循环阀采用 220 V 直流电机球阀，安全等级为 SC-3、质保等级为 QA2、抗震为Ⅰ类、电气部件为 K1 类、绝缘等级为 H 级，接口尺寸为∅141 mm×6.55 mm。该特殊阀及低压差止回阀于“十二五”规划期间开展了样机的研制及试验。非能动堆芯冷却再循环阀样机如图 3-8 所示。

图 3-8　ACP100 非能动堆芯冷却再循环阀样机

3.6.2　ACP100S 浮动核电站试验及验证

ACP100S 在海上长期运行，需要面临独特的海洋环境：长期锚定漂浮于某个海域，其在风、浪、流、潮汐等自然环境的影响下不断地发生受迫运动，可预测的极端恶劣天气下需要主动提前撤离，也可能面对周围其他失控浮体的偶然碰撞。海洋条件的特殊性给浮动核电站核动力装置的设计与力学性能评价带来了新的挑战，目前 ACP100S 已开展了控制棒驱动线试验、海洋条件下堆芯补水箱热工水力特性试验、小型钢制安全壳缩比试验、小型钢制安全壳抑压特性试验等试验工作。

1）控制棒驱动线试验验证

通过控制棒驱动线试验研究，获得控制棒驱动线在冷热态不同运行条件下的运行特性和落棒特性，获得摇摆条件下驱动线的运行性能及落棒性能数据，考验驱动线在高温、高压环境条件下的综合运行特性；考验导向结构的合理性及可靠性；为浮动堆控制棒驱动线的设计定型、制造工艺固化及安全分析提供试验依据。控制棒驱动线试验研究包括驱动线冷态试验研究和驱动线热态试验研究。

控制棒驱动线冷态试验研究内容如下：驱动线偏心量变化对控制棒驱动线落棒特性的影响研究；轴向流变化对控制棒驱动线落棒特性的影响研究；驱动线倾斜角度变化对控制棒驱动线落棒特性的影响研究；摇摆周期变化对控制棒驱动线落棒特性的影响研究。

控制棒驱动线热态试验研究内容如下：控制棒驱动线在反应堆运行环境条件下的落棒试验研究；驱动机构堆外寿命考验；驱动线各部件结构完整性热态试验验证。

2）海洋条件堆芯补水箱热工水力特性试验研究

针对海洋条件下堆芯补水箱瞬态过程中涉及的关键物理现象，开展热工水力特性试验研究，获取试验数据。试验围绕海洋条件下的关键物理现象，设计不同的试验工况，以识别影响物理现象的关键因素。

主要试验内容包括静态条件下堆芯补水箱安全注射特性试验及海洋条件下堆芯补水箱安全注射特性试验。

静态条件下堆芯补水箱安全注射特性试验通过蒸汽替换排水过程模拟研究堆芯补水箱（CMT）安全注射初始特性和 CMT 内部冷凝造成的热分层现象，采用自然循环之后的蒸汽注入排放模拟 CMT 自然循环阶段。

图 3-9　海洋条件堆芯补水箱热工水力特性试验台架

海洋条件下堆芯补水箱安全注射特性试验（试验台架见图 3-9）采用六自由度运动平台模拟典型的三种海洋条件（摇摆、倾斜、垂荡）设计试验工况（倾斜和摇摆的旋转轴垂直于回路平面)的堆芯补水箱热工水力特性。

3) 小型钢制安全壳缩比试验

结合安全壳结构设计方案,开展安全壳结构缩比试验研究。根据相似性准则,建造安全壳缩比模型;通过对缩比模型的试验,对结构的强度、柔度、稳定性进行考核的同时,验证分析计算的准确性;通过对缩比模型的综合性能考核(海洋环境条件)验证安全壳结构设计方案的合理性,并根据缩比模型的应力及变形分布,寻找薄弱环节,确定安全壳设计优化方向,并探索安全壳承载极限。

主要试验内容包括安全壳设备在内压和外压下的结构安全性验证、安全壳设备在动载(倾斜摇摆、冲击等)下的设备承载性能验证、安全壳极限承载能力探索试验,最终验证小型钢制安全壳结构满足安全要求。

4) 小型钢制安全壳抑压特性试验

开展不同破口事故及安全壳初始压力工况下的安全壳抑压系统性能研究和安全壳内蒸汽和压力、温度的分布特性研究。研究关键设备和主要运行参数对安全壳抑压系统运行和抑压能力的影响,掌握安全壳抑压系统的运行特性。

主要试验内容包括小型安全壳抑压机理试验及特性试验。

抑压机理试验采用定流量排入抑压水池和通过模拟安全壳容器向抑压水池排放,测量安全壳空间温度压力、抑压水池内温度分布、抑压水池气空间温度、压力、排放管道混合气体质量流量等参数,研究抑压系统的抑压效果,探究安全壳抑压过程中抑压水池内的流动和传热特性,验证安全壳响应分析程序中的相关模型。

小型安全壳抑压特性试验(钢制试验台架见图3-10)针对一回路最大的冷、热段破口,模拟破口事故发生后的安全壳响应过程及抑压水池和喷淋系统运行状态。

试验过程中需要针对不同的抑压水池参数,不同的质能释放参数、喷淋系统参数组合开展相关试验。模拟安全壳内的破口喷放,监测安全壳内部的压力、温度、气体浓度变化,当压力上升至喷淋系统动作压力时,启动喷淋系统。每个工况需要持续至喷淋系统可有效导出安全壳内热量,安全壳压力和温度呈现持续下降趋势。试验过程中需要测量下列参数随时间变化曲线:

(1) 安全壳压力、抑压水池气空间压力,以及安全壳及抑压水池气空间的氧气等气体浓度。

图 3-10　小型钢制安全壳抑压特性试验台架

（2）安全壳轴向和径向大气温度分布、安全壳外部环境温度、安全壳外壁面温度、安全壳地坑水温度、安全壳喷淋水温度、抑压水池气/水空间轴向和径向温度分布。

（3）安全壳地坑水位、抑压水池水位。

（4）试验过程中对抑压水池造成的冲击载荷。

参考文献

[1] 李庆，宋丹戎，曾未，等. ACP100S 浮动核电站总体设计及验证[J]. 核动力工程，2020，41(5)：189-192.

[2] 国家核安全局. 核动力厂设计安全规定：HAF 102—2004[S]. 北京：国家核安全局，2004.

[3] 宋丹戎，刘承敏. 多用途模块式小型核反应堆[M]. 北京：中国原子能出版社，2021.

[4] 万蕾，李桂勇，芮旻，等. 海上小型堆浮动核电站监管模式探究[M]//中国核学会. 中国核科学技术进展报告：第五卷. 北京：中国原子能出版社，2017：58-64.

第4章

ACP100S 堆芯设计

ACP100S 反应堆堆芯由燃料组件排列构成，所有的燃料组件为 CF3S 型，它们在机械设计上是相同的，只是燃料富集度不同，换料燃料富集度不超过5%。本章从堆芯核设计、热工水力设计、燃料组件及相关组件设计几个方面进行介绍。

4.1 堆芯概述

ACP100S 反应堆用轻水冷却和慢化堆芯，反应堆冷却剂系统的压力为15.0 MPa。冷却剂中含有吸收中子毒物——硼，根据控制包括燃料燃耗效应在内的慢反应性变化的要求，冷却剂中的硼浓度是变化的。所有循环堆芯均设置有载钆燃料棒，与冷却剂中的硼一起确立初始反应性，并使堆芯保持负的慢化剂温度系数。

264 根燃料棒以正方形阵列(17×17)形式机械连接成燃料组件。燃料棒沿其长度方向每隔一定距离支承在定位格架上，使各燃料棒在其设计寿期内保持一定的横向间距。定位格架由锆合金制成。格架由纵横交叉排列的条带组成。条带上有弹簧夹和刚性凸起，以支承燃料棒，条带上还有冷却剂搅混翼。燃料棒的构成是在 N36 包壳管中装入低富集度的烧结圆柱形二氧化铀(UO_2)芯块(或 $UO_2-Gd_2O_3$ 芯块)，在包壳管的端部装上端塞，进行密封焊接，以封闭燃料。封焊前整个燃料棒内以氦预充压，以减少应力和应变，并增加疲劳寿命。

燃料组件的中心位置设置一根仪表管，用于堆内测量，其余的 24 个位置放置导向管，导向管与定位格架、上管座和下管座相连接。根据燃料组件在堆芯的位置，这些导向管用于放置控制棒组件(RCCA)或中子源组件。除上述用途外，其余导向管将装上阻流塞装置，以限制旁通流量。

下管座为凳形结构，为燃料组件的下部结构件，并为流向燃料组件的冷却剂进行流量分配。

上管座的功能是作为燃料组件的上部结构件，另外，它为 RCCA 和其他相关组件提供了一个局部保护腔。

每个 RCCA 都由一组单根的中子吸收棒组成，这些吸收棒上端固定在共用星形架部件上，装着全长的吸收体材料，以控制在正常运行工况下堆芯的反应性和执行紧急停堆功能。

核设计分析计算的目的是确定控制棒、载钆燃料棒的实际位置，确定诸如堆芯装载、燃料富集度和冷却剂中硼浓度一类的物理参数。核设计计算还能确定反应堆堆芯的固有特性，与反应堆控制系统和保护系统一起提供适当的反应性控制，即使反应性价值最高的一个棒束控制组件完全卡在堆芯之外，也能提供足够的反应性控制，确保反应堆安全。

核设计分析计算要确保堆芯固有稳定性，防止径向和方位角的功率振荡及控制棒抽插诱发的轴向功率振荡。

热工水力设计分析计算是为了确定冷却剂的热工-水力学参数，这些参数的合理设置保证燃料包壳和冷却剂之间提供充分的传热。热工设计考虑了结构尺寸、发热量、流量分布和搅混的局部变化。定位格架上的搅混翼使燃料组件各流道之间和相邻燃料组件之间引起附加的流动搅混。在堆芯内部和外部设置测量仪表，以监视反应堆的核、热工水力和机械特性，并为自动控制功能提供输入数据。

表 4-1 列出了反应堆的核、热工水力和机械设计基本参数，表 4-2 列出了堆芯设计使用的分析方法。

表 4-1　反应堆设计参数

项　目	参　数	数值或描述
热工水力	堆芯热功率/MW	385
	燃料中发热份额/%	97.4
	额定系统压力/MPa	15.0
	最小稳态系统压力/MPa	14.8

（续表）

项　　目	参　　数	数值或描述
热工水力	额定工况下最小偏离泡核沸腾比（DNBR）（不考虑不确定性）	2.94
	设计瞬态最小 DNBR	≥1.4
	偏离泡核沸腾（DNB）关系式	FC－2000
冷却剂流量	总的热工设计流量/(m^3/h)	9 550
	堆芯旁流份额/%	5.0
	用于热交换的有效流通面积/m^2	1.4
	沿燃料棒长度上的平均流速/(m/s)	1.9
平均质量流量/[g/(cm^2 · s)]		149.2
冷却剂温度	额定工况入口温度（热工设计流量下）/℃	285.8
	压力容器内平均温升（热工设计流量下）/℃	34.4
	堆芯内平均温升（热工设计流量下）/℃	35.4
	堆芯内平均温度（热工设计流量下）/℃	303.5
	压力容器内平均温度（热工设计流量下）/℃	303.0
传热	堆芯传热表面积/m^2	965.6
	平均热流密度/(W/cm^2)	38.8
	额定工况最大热流密度/(W/cm^2)	100.9
	平均线功率密度/(W/cm)	115.9
	额定工况下峰值线功率密度/(W/cm)	301.4
	由超功率瞬态/操纵员误操作造成的峰值线功率密度（假定最大功率为 118%）/(W/cm)	590.0
	防止燃料中心熔化的峰值功率密度/(W/cm)	700.0
	体积功率密度/(kW/L)	67.9
	比功率（以铀计）/(kW/kg)	25.05

（续表）

项　　目	参　　数	数值或描述
燃料中心温度	在峰值线功率下防止燃料中心熔化的峰值温度/℃	2 590
压降	堆芯压降(最佳估算流量下)/kPa	23.6
	压力容器压降(最佳估算流量下)/kPa	199.1
堆芯机械设计参数	燃料组件设计类型	CF3S(燃料棒 17×17 排列)
	燃料组件数目	57
	每个组件的 UO_2 棒数	264
	燃料棒中心距/cm	1.259 5
	燃料组件外轮廓截面尺寸/cm	21.4×21.4
	每个组件燃料芯块质量/kg	306.5
	每个组件定位格架数	8(5+3 个跨间搅混格架)
	定位格架(条带)材料	锆-4 合金
弹簧材料		GH4169
燃料棒	数目	15 048
	燃料棒外径/cm	0.95
	直径间隙/cm	0.017
	包壳管厚度/cm	0.057
	包壳材料	N36
燃料芯块	材料	烧结的 UO_2、$UO_2-Gd_2O_3$
	理论密度的百分比/%	95
	直径/cm	0.819 2
	高度/cm	1.35

（续表）

项　　目	参　　数	数值或描述
棒束控制组件	中子吸收材料	Ag-In-Cd
	包壳材料	冷加工 316 型渗氮不锈钢
	包壳壁厚/cm	0.047
	总的控制棒束组件数	49
	每个组件中的吸收棒数	24
堆芯结构	吊篮内(外)径/cm	219.6(227.6)
堆芯结构特征参数	堆芯等效直径/cm	183
	堆芯高度(冷态)/cm	215
反射层厚度和组成	顶部厚度(水＋钢)/cm	25.4
	底部厚度(水＋钢)/cm	25.4
	侧部厚度(水＋钢)/cm	66.5
	H_2O/U 体积比(冷态)，燃料栅元	3.43
燃料富集度	第一区质量分数/%	1.90
	第二区质量分数/%	3.10
	后续循环换料燃料质量分数/%	<5

注：1. DNBR—偏离泡核沸腾比。
　　2. DNB—偏离泡核沸腾。

表 4-2　反应堆堆芯设计分析方法

分析项目	分 析 内 容	分 析 方 法
燃料棒设计	燃料棒性能特性(温度、内压、包壳应力等)	新一代燃料性能分析程序，具有经验的或理论的物理模型；能够模拟燃料、包壳和两者间隙在辐照期间的各种行为
核设计	截面	微观数据； 堆芯各区均匀化宏观常数带自屏控制棒群常数

（续表）

分析项目	分析内容	分析方法
核设计	三维功率分布，三维燃耗分布，燃料燃耗，临界硼浓度，氙分布，反应性系数	三维二群扩散理论
	一维轴向功率分布、控制棒价值和氙分布	一维二群扩散理论
热工水力设计	稳态	棒束中局部流动条件下的子通道分析，包括内部和横向流动阻力，在所有网点上的各热工水力变量的计算，确定有关临界热流密度现象的裕量
	偏离泡核沸腾的瞬变分析	棒束中局部流动条件下的瞬态子通道分析，用计算出的热工水力变量进行临界热流密度的计算

4.2 堆芯核设计

ACP100S反应堆作为海上浮动电站用堆型，需要考虑海上特殊使用场景的特点。对于堆芯设计而言，有纯棒控堆芯和调硼堆芯的差异，这两种对海上浮动核电站均有一定的适用性。本书以棒控堆芯为例进行说明。

ACP100S采用低富集度的二氧化铀燃料，反应堆的输出热功率为385 MW。反应堆运行压力为15.0 MPa，反应堆冷却剂总体积流量（最佳估算）为10 000 m^3/h。第一循环堆芯燃料按^{235}U富集度分两区装载，富集度为1.9%和3.1%的燃料组件数分别为9和48。高富集度的组件置于堆芯外区，低富集度的组件排列在堆芯内区。所有循环堆芯均采用载钆燃料棒补偿部分剩余反应性。可燃毒物材料为装载在载钆燃料棒中的Gd_2O_3，第8、9循环达到24个月平衡循环。

1）设计依据和设计准则

堆芯核设计的依据及设计准则包括以下几个方面：

（1）反应堆热功率为385 MW（不包括主泵产生的热量）。

（2）平衡循环平均批卸料燃耗及最大卸料组件燃耗应满足相应设计要求，最大卸料组件燃耗（以铀计）应不大于52 000 MW·d/t。

(3) 堆芯热点处(总功率峰因子 F_Q所在的位置)的线功率密度必须小于设计值(590 W/cm),而这一设计限值又必须低于由燃料完整性要求所施加的限值(约 700 W/cm)。

(4) 正常运行期间,最大相对功率分布不得超过设计的限值,该限值是轴向位置的函数。

(5) 反应堆在各种功率水平下运行时,慢化剂反应性温度系数必须为负值或零,使反应堆具有负反馈特性。

(6) 堆芯的装载和反应性控制设计要确保当反应性价值最大的一束棒卡在堆芯外,反应堆在任一功率水平运行时,仅用控制棒就能实现热停堆,并有足够的停堆深度,保证主蒸汽管道发生破裂或出现不可控的硼稀释等事故时反应堆的安全性。

2) 堆芯方案

堆芯由 57 个截短型 CF3 燃料组件(CF3S)组成。每个组件呈 17×17 方阵。每方阵排列 264 根燃料棒、24 个可放置控制棒或中子源的导向管和 1 个测量管。冷态时堆芯燃料活性段高度为 215.00 cm,等效直径为 183.19 cm,高径比约为 1.17。

燃料棒由堆积在 N36 合金管内的二氧化铀芯块组成,该包壳管用端塞塞住并经密封焊接以便将燃料封装起来。控制棒导向管和仪表管的材料为锆合金。

综合考虑堆芯的能量输出、循环长度和功率分布特性后:从首循环到平衡循环,堆芯共装载 1.9%、3.1%、3.9%、4.95%四种富集度的不载钆燃料棒;载钆燃料棒的燃料富集度始终为 2.0%,Gd_2O_3 在燃料芯块中的质量百分比包括 10%和 7%两种;每个燃料组件在某一轴向高度内,可能包含 0、8、12、16、20 或 24 根载钆燃料棒,不同轴向高度的燃料富集度或载钆燃料棒数目可能不同,但同一燃料组件只使用一种质量百分比的可燃毒物。

反应堆共布置 49 束控制棒,每束含 24 根控制棒吸收体。吸收体材料为 Ag-In-Cd 合金,合金元素的质量分数分别为 80%、15%和 5%,包壳管材料为一种新型不锈钢。

控制棒组件按功能分成两类,即控制棒组和停堆棒组。停堆棒组 S 的功能是确保反应堆停堆所必需的负反应性。S 棒组以外的棒组均属控制棒组,分为燃耗补偿棒组和调节棒组:燃耗补偿棒组补偿燃料燃耗引起的反应性变化，调节棒组用于调节堆芯平均温度，补偿反应性的细微变化和控制轴向功率偏差，并补偿负荷变化时的反应性变化。为了展平功率分布，不同循环、不同燃耗阶段的调节棒组不相同，调节棒组以外的控制棒组为燃耗补偿棒组。堆芯控制棒布置如图 4-1 所示。

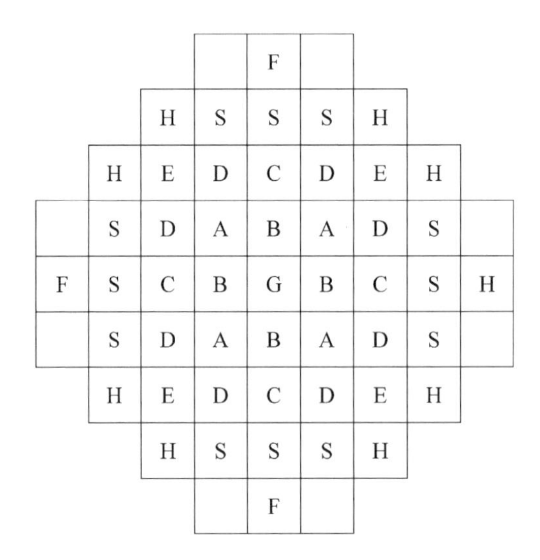

图 4-1　堆芯控制棒布置

3）燃料装载

堆芯采用约 1/3 倒料策略，经过第 2 至第 7 循环过渡，至第 8、9 循环起达到周期性平衡：第 10、第 12 循环的倒料策略与第 8 循环一致，堆芯核设计结果与第 8 循环几乎一致，第 11、第 13 循环的倒料策略与第 9 循环一致，堆芯核设计结果与第 9 循环几乎一致。

自第 2 循环起，装入堆内的新燃料组件均包含固体可燃毒物 Gd_2O_3。每个偶数平衡循环装入 20 盒 4.95%富集度的载钆新燃料组件和 4 盒 3.9%富集度的载钆新燃料组件；每个奇数平衡循环装入 20 盒 4.95%富集度的载钆新燃料组件和 1 盒 3.1%富集度的载钆新燃料组件。

4）设计结果

(1) 循环长度和燃耗结果：按照指定的提棒程序进行各循环燃耗过程模拟，第 1 至平衡循环的循环长度、组件平均卸料燃耗深度如表 4-3 所示。首循环堆芯的循环长度为 660 等效满功率天数(EFPD)，平衡循环堆芯的循环长度为 660EFPD，满足循环长度要求。

表 4-3　燃料管理主要结果

批号	组件类型	平均卸料燃耗(以铀计)/(MW·d/t)								
		第 1 循环	第 2 循环	第 3 循环	第 4 循环	第 5 循环	第 6 循环	第 7 循环	第 8 循环	第 9 循环
1a	31G08	32 138								
1b	31G08	39 175								
1c	31G16	26 256								
1d	31G08	19 470								
1e	31G16	29 979								
1f	31G16	26 839								
2	31G16	19 194								
3	19000	11 991								
4a	495G24		34 927							
4b	495G12		42 066							
4c	495G16		34 819							
5a	495G24			34 459						
5b	495G12			44 536						
5c	495G16			45 032						
6a	495G16				50 892					
6b	495G12				41 707					
6c	495G16				39 161					
7	31G16					37 013				
8a	495G16					49 151				
8b	495G1216					41 316				
8c	495G1624					39 569				
9	39G20						36 792			

（续表）

批号	组件类型	平均卸料燃耗(以铀计)/(MW·d/t)								
		第1循环	第2循环	第3循环	第4循环	第5循环	第6循环	第7循环	第8循环	第9循环
10a	495G16						50 603			
10b	495G12						44 901			
10c	495G16						36 887			
11	31G16							36 198		
12a	495G16							48 643		
12b	495G12							41 677		
12c	495G16							39 096		
13	39G20								37 013	
14a	495G16								50 804	
14b	495G12								45 186	
14c	495G1624								37 485	
15	31G16									—
16a	495G16									—
16b	495G12									—
16c	495G1624									—
循环长度(EFPD)		660.0	449.8	660.0	660.0	660.0	660.0	653.0	660.0	660.0
循环长度(以铀计)(MW·d/t)		16 558	11 312	16 614	16 623	16 609	16 605	16 430	16 603	16 602

首循环至平衡循环，燃料组件最大卸料燃耗为 51 917 MW·d/t。平衡循环 4.95%富集度燃料组件的平均卸料燃耗(以铀计)为 42 634 MW·d/t，最大卸料铀燃耗为 50 804 MW·d/t；3.9%富集度燃料组件的平均铀卸料燃耗为 37 013 MW·d/t，最大铀卸料燃耗为 37 013 MW·d/t；3.1%富集度燃料组件

的平均卸料燃耗为36 293 MW·d/t,最大卸料燃耗为36 387 MW·d/t。

首循环堆芯燃耗过程中的临界棒位、后备反应性、焓升因子($F_{\Delta H}$)总功率峰因子(F_Q)等主要信息如表4-4所示。

表4-4　首循环主要燃耗结果

燃　耗		$F_{\Delta H}$	F_Q	临界棒位(提出步)						
EFPD	MW·d/t			A	B	C	D	E	F	G/H/S
0	0	1.585 6	2.579 4	130	0	40	0	130	60	130
2	50	1.466 5	2.628 0	130	0	40	45	130	130	130
10	251	1.461 9	2.552 9	130	0	40	53	130	130	130
30	753	1.453 8	2.448 3	130	0	40	63	130	130	130
50	1 254	1.447 8	2.458 8	130	0	40	63	130	130	130
70	1 756	1.438 4	2.386 8	130	0	40	67	130	130	130
100	2 509	1.425 1	2.321 1	130	0	40	72	130	130	130
130	3 261	1.412 3	2.310 7	130	0	40	76	130	130	130
160	4 014	1.407 7	2.384 0	130	0	40	78	130	130	130
190	4 767	1.403 2	2.552 4	130	0	40	78	130	130	130
220	5 519	1.400 1	2.667 3	130	0	40	78	130	130	130
250	6 272	1.404 2	2.538 8	130	0	42	80	130	130	130
280	7 025	1.393 7	2.449 9	130	0	50	80	130	130	130
310	7 777	1.381 5	2.420 3	130	0	60	80	130	130	130
340	8 530	1.373 9	2.439 8	130	0	70	80	130	130	130
370	9 283	1.389 8	2.304 5	130	0	90	80	130	130	130
400	10 035	1.422 5	2.053 5	130	1	130	81	130	130	130
430	10 788	1.413 5	2.047 9	130	6	130	86	130	130	130
460	11 540	1.402 8	2.217 8	130	13	130	93	130	130	130

(续表)

燃耗		$F_{\Delta H}$	F_Q	临界棒位(提出步)						
EFPD	MW·d/t			A	B	C	D	E	F	G/H/S
490	12 293	1.392 1	2.321 8	130	19	130	99	130	130	130
520	13 046	1.388 7	2.385 2	130	25	130	105	130	130	130
550	13 798	1.405 8	2.452 3	130	33	130	113	130	130	130
580	14 551	1.426 1	2.506 1	130	41	130	121	130	130	130
610	15 304	1.459 3	2.062 6	130	70	130	130	130	130	130
640	16 056	1.503 1	2.212 2	130	93	130	130	130	130	130
660	16 558	1.530 9	2.457 3	130	103	130	130	130	130	130

注：表中数据未考虑计算不确定性，下同。

(2) 停堆深度：首循环冷态零功率(CZP)、寿期初(BOL)、控制棒全插(ARI)状态堆芯有效增殖因子(k_{eff})为0.951 3，停堆深度为5 120 pcm①，热态零功率(HZP)、BOL、ARI堆芯k_{eff}为0.829 3，停堆深度为20 582 pcm。

偶数平衡循环(第8循环)CZP、BOL、ARI状态堆芯k_{eff}为0.931 9，停堆深度为7 306 pcm，HZP、BOL、ARI堆芯k_{eff}为0.828 1，停堆深度为20 753 pcm。

奇数平衡循环(第9循环)CZP、BOL、ARI状态堆芯k_{eff}为0.935 1，停堆深度为6 939 pcm，HZP、BOL、ARI堆芯k_{eff}为0.829 0，停堆深度为20 635 pcm。

(3) 功率分布：首循环至平衡循环，最大堆芯$F_{\Delta H}$出现在第2循环310 EFPD，为1.671(不包含计算不确定性，下同)，对应F_Q为2.203(不包含计算不确定性，下同)；最大堆芯F_Q出现在第三循环250 EFPD，为2.674，对应$F_{\Delta H}$为1.402；此外，第二循环160 EFPD，堆芯$F_{\Delta H}$为1.640，对应F_Q为2.526，其$F_{\Delta H}$和F_Q均较大。

4.3 热工水力设计

反应堆热工水力设计的任务是提供一组与堆芯功率分布一致的热传输参

① 业内通常用pcm，即反应性单位来表述停堆深度，1 pcm=1×10^{-5}=0.01‰。

数，使之满足设计准则并能充分地导出堆芯热量。因此，热工水力设计应确定反应堆热工水力特性参数和反应堆额定运行点。

热工水力设计确定的上述特性参数将在保证限制放射性产物释放的三道屏障能满足各类工况的安全要求前提下，使核电厂具有良好的经济性。

1）设计基准

在正常运行、运行瞬态和中等频率事故工况（即Ⅰ类工况和Ⅱ类工况）下，堆芯最热元件表面，在95％的置信水平上，至少有95％的概率不发生偏离泡核沸腾（DNB）现象。

在Ⅰ类工况和Ⅱ类工况下，堆芯具有峰值线功率密度的燃料棒，在95％的置信水平上，至少有95％的概率不发生燃料中心熔化。预防燃料熔化可消除熔化了的二氧化铀（UO_2）对棒包壳的不利影响，以保持棒的几何形状。

设计必须保证正常运行时堆芯燃料组件和需要冷却的其他构件能得到充分的冷却，保证在事故工况下有足够多的冷却剂排出堆芯余热。

反应堆热工水力设计应采用热工设计流量（最小流量）。反应堆总旁通流量应小于设计限值。它包括堆芯围板和吊篮间及围板与外围组件间的旁流、堆内分流板与吊篮及主泵之间的漏流、导向管旁流等。

在Ⅰ类工况和Ⅱ类工况下，必须保证堆芯不发生水力学流动不稳定。

2）设计限值

本项目设计暂采用FC关系式，采用确定论法计算DNBR设计限值。对于确定论法，得到的DNBR限值为1.15，在此基础上再考虑燃料棒弯曲和海洋条件带来的DNBR亏损后，得到DNBR设计限值（FC关系式）：① 满流量时为1.39；② 失流时为1.40。

在Ⅰ类工况和Ⅱ类工况下，堆芯具有峰值线功率密度的燃料棒的中心温度，在95％的置信水平上，至少有95％的概率低于规定燃耗下的燃料熔点。

未辐照的UO_2的熔点为2 804 ℃。UO_2的实际熔点与多种因素有关，其中辐照影响最大。每燃耗10 000 MW·d/t，UO_2熔点下降32 ℃。设计中使用的限值为2 590 ℃。

反应堆热工水力设计应采用热工设计流量。根据经验，取热工设计流量的5％作为堆芯总旁通流量的设计限值。该旁通流量限值必须通过反应堆水力学计算及结构设计加以保证。

本项目的热工设计总体积流量定为9 550 m^3/h。

3) 设计结果

根据上述各章节的设计描述，可得出设计结果如下：

(1) 反应堆采用功率分布为轴向峰值因子 1.70 的截尾余弦、焓升因子为 1.60 的包络功率分布。在该分布下，稳态工况的堆芯最小 DNBR 为 2.94，满足限制准则的要求，并且为Ⅰ、Ⅱ类工况留有适当的安全裕量。

(2) 反应堆堆芯在Ⅰ、Ⅱ类工况下不会发生水力不稳定。

(3) 反应堆总阻力损失约为 200 kPa，反应堆总旁通流量最大值比其设计限值小 5.0%。

综上所述，反应堆热工水力设计满足设计准则和预期的总体设计要求，设计是成功可靠的。

4.4 燃料组件及相关组件

CF 系列燃料组件是依托中核集团燃料元件研制重大专项，由中国核动力研究设计院牵头研发的具有自主知识产权、综合性能优良的燃料组件。为适应 ACP100S 反应堆及堆芯长寿期、经济性和小型化等需求，以及海洋环境条件等对反应堆和系统的影响，ACP100S 燃料组件(CF3S)在国产 CF 燃料组件的基础上进行了相关设计改进，保留了 CF 燃料组件的主要设计特征，燃料组件设计目标燃耗为 52 000 MW·d/t，活性段高度为 2 150 mm。

1) 燃料组件结构

ACP100S 燃料组件由燃料骨架及 264 根燃料棒组成。燃料骨架由 24 根导向管、1 根仪表管、定位格架、上管座、下管座和相应的连接件组成。燃料组件如图 4-2 所示。

仪表管位于燃料组件中心，用于容纳堆芯测量仪表的插入。导向管用于容纳控制棒及其他燃料相关组件棒的插入。燃料棒被定位格架夹持，使其保持相互间的横向间隙及与上、下管座间的轴向间隙。

(1) 燃料棒。将 UO_2 芯块或 $UO_2-Gd_2O_3$ 芯块及压紧弹簧装入国产新型高性能 N36 锆合金包壳内，在包壳两端加端塞封焊从而形成燃料棒。芯块与包壳内壁间留有适当的径向间隙，棒上端留有气腔，用于容纳预充氦气和释放的裂变气体。气腔内装有不锈钢压紧弹簧，以防止辐照前装卸及运输过程中芯块的窜动。燃料棒端塞上加工有环形槽，便于在燃料组件的组装和维修时用专门的工具抓取燃料棒。

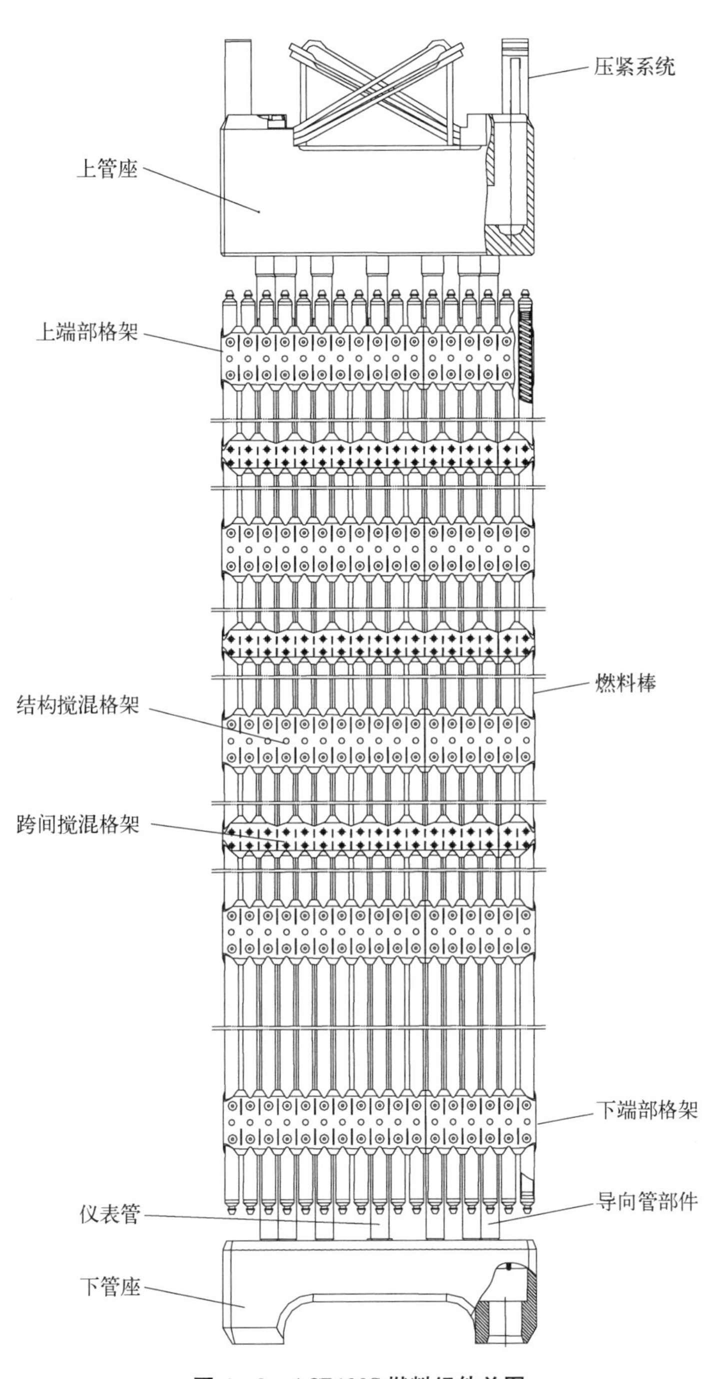

图 4－2　ACP100S 燃料组件总图

对载钆燃料棒，除所装芯块为 $UO_2-Gd_2O_3$ 芯块外，其结构上与二氧化铀燃料棒相同。

(2) 芯块。$UO_2-Gd_2O_3$ 芯块与 UO_2 芯块均为实心圆柱体，两种芯块结构尺寸相同。芯块由低富集度 UO_2 粉末或 UO_2 粉末与 Gd_2O_3 粉末经混合、压制、烧结、磨削等工序制成。芯块制造工艺必须稳定，以保证成品芯块的化学成分、密度、尺寸、热稳定性及显微组织等满足要求。

(3) 上管座部件。上管座部件由上管座、压紧板弹簧及板弹簧压紧螺钉等组成。

上管座是一个盒式结构件，它作为燃料组件的上部构件，除了为控制棒组件和固定式相关组件提供保护空腔外，还是冷却剂出口。它由一块顶板、一块连接板和围板焊接成一个整体。四组压紧板弹簧用螺钉分别固定在顶板顶部四边上。连接板上开导向管连接孔和许多流水孔，冷却剂流经这些孔后进入上管座空腔经混合后流出上管座。所开流水孔与燃料棒位置错开以防止燃料棒向上窜出上管座。连接板中心开有通孔，为堆芯测量仪表的插入提供接口。

四组板弹簧给燃料组件提供足够的压紧力以轴向压紧燃料组件。每组板弹簧组件最上一片弹簧带有一钩杆，它将其余两片弹簧串连并钩在顶板钩槽内，确保即使板弹簧发生断裂也不会阻碍控制棒组件运动。

(4) 下管座部件。下管座为正方形板凳式结构，包括了连接板、围板和支腿三个主要部分。在两个位置相对的支腿上开有定位销孔，通过与下堆芯板定位销配合使燃料组件在堆内横向定位。作为燃料组件的底部结构件，下管座将燃料组件所受到的横向载荷及轴向载荷传递到下堆芯板上，并分配流入燃料组件的冷却剂流量。

导向管与下管座采用可拆连接，即导向管下端焊有一个带内螺纹的端塞，再用一个带裙边的轴肩螺钉将它固定在下管座上使其定位，然后用专用工具将轴肩螺钉的裙边胀到下管座结构件相应的凹坑内，以防止螺钉松动。轴肩螺钉开有轴向通孔，冷却剂由此进入冷却控制棒或其他燃料相关组件棒。

(5) 导向管和仪表管。导向管和仪表管都采用再结晶 Zr-4 合金。24 根导向管与下管座用轴肩螺钉机械连接，1 根仪表管含在下管座中心的阶梯孔中，导向管和仪表管与格架点焊焊接，每个导向管上端胀接上一个螺纹套管。

导向管是燃料组件骨架的主要结构部件，它承受燃料组件上部和下部受到的载荷，容纳相关组件棒的插入。

仪表管用于容纳堆芯测量仪表，为等壁厚直管。

(6) 格架。燃料组件中含有端部格架、结构搅混格架及跨间搅混格架。结构搅混格架与跨间搅混格架带有搅混翼,可加强冷却剂的搅混以提高燃料组件的热工水力性能;端部格架位于燃料组件骨架的两端,不带搅混翼。格架弹簧由GH4169合金制成,条带由再结晶Zr-4合金制成。

格架是维持燃料棒横向和轴向位置的主要支承结构,通过栅元中的刚凸和弹簧来维持燃料棒的横向和轴向位置。格架中有264个栅元用于容纳燃料棒,栅元内燃料棒靠六点支撑(四个刚性支点和两个弹性支点),合理地设计弹簧夹持力,以保证在整个寿期中夹持燃料棒的功能。另外的25个位置用于容纳导向管和仪表管,这25个位置上的条带上方有焊舌,通过焊接将格架与导向管和仪表管连接起来。

格架四个角设计成流线型圆角,并且格架外条带每个栅元处均设有导向翼,以消除或缓解燃料组件的勾挂。

2) 结构创新点及优点

ACP100S燃料组件结构具有以下创新点及优点:

(1) 燃料棒采用国产新型高性能N36锆合金作为包壳材料,具有完全的自主知识产权,堆内外性能优良。此外,合理设计的气腔长度和内压,使得燃料棒能满足高燃耗的要求。

(2) 上管座采用优化设计的流水孔形状,采用八分之一对称的圆形、长方形流水孔设计,从而使得流通面积增大,流量和载荷分配更均匀。

(3) 下管座采用全新设计的空间曲面结构,一体化设计,结构完整性更好,过滤效果更佳。

(4) 导向管采用分段式管中管设计,同时加大直径壁厚,强化了燃料组件的抗冲击能力。

(5) 格架外条带导向翼采用连续布置,格架沿燃料组件轴向布置更为合理,从而提高了格架的防勾挂性能和热工水力性能。

CF3S燃料组件的研制具有完全自主知识产权,在定位格架、上管座、下管座、导向管等关键部件上共申请5项专利并获得授权,摆脱了国外燃料的专利限制,在国内外将拥有广阔的应用前景。

3) 控制棒组件及固定式相关组件

控制棒组件的功能是实现反应堆的启动、停堆、功率调节和保护反应堆。固定式相关组件包括一次中子源组件、二次中子源组件和阻流塞组件。一次中子源组件设计寿命为一个运行循环,二次中子源组件及阻流塞组件的设计寿命为15年。

(1) 控制棒组件。控制棒组件由星形架部件和24根Ag－In－Cd控制棒连接而成。

星形架部件由通过中心筒、翼板和指杆钎焊形成的星形架、星形架弹簧、弹簧座、拉紧螺杆构成。

16个翼板各带一个或两个指杆，指杆中攻内螺纹用来连接控制棒。装配时将控制棒拧入指杆，然后从指杆外表面进行配钻，装销钉打入配钻孔，最后点焊防松。

控制棒将Ag－In－Cd细棒装在渗氮不锈钢包壳管内，上端用压缩螺旋弹簧压紧，两端用端塞密封焊接而成。

控制棒上端塞的上部有螺纹，用于与指杆的内螺纹连接且将其固定在星形架上。

(2) 固定式相关组件。固定式相关组件包括一次中子源组件、二次中子源组件和阻流塞组件。一次中子源组件设计寿命为一个运行循环，二次中子源组件及阻流塞组件的设计寿命为15年。

固定式相关组件都由压紧部件悬挂相关的棒构成。

压紧部件由一组弹簧(内弹簧、外弹簧)、中心筒、压紧杆和连接板等零件组成。连接板与中心筒下端焊接成一体，弹簧下端坐在连接板上，上端被压紧杆压住。压紧杆套在中心筒上，压紧杆上焊有销钉，销钉里端嵌在中心筒所开导向槽内，使压紧杆可上、下运动。

连接板上开有24个小孔，用来安装中子源棒或阻流塞棒。另外还开有多个大的流水孔，以方便冷却剂通过。

一次中子源组件的功能是在反应堆首次启动时提高堆芯中子通量至一定水平，使核测仪器能以较好的统计特性测出启动时中子通量的迅速变化，以保证反应堆的安全启动。

含有一次中子源棒的相关组件称为一次中子源组件，它含有1根一次中子源棒、1根二次中子源棒和22根阻流塞棒。将这些棒通过螺母连接到压紧部件上构成了一次中子源组件。

一次中子源棒内装有锎-252中子源，每根中子源棒在反应堆启动时中子发射率应不小于$6\times10^{8}\ s^{-1}$。锎-252中子源是一种自发裂变源，半衰期为2.64年。

二次中子源组件的功能是在反应堆再次启动时提高堆芯中子通量至一定

水平，使核测仪器能以较好的统计特性测出启动时中子通量的迅速变化，以保证反应堆的安全启动。

将锑-铍芯块装入不锈钢包壳，充氦后用上、下端塞封焊构成二次中子源棒。只含有二次中子源棒和阻流塞棒的相关组件称为二次中子源组件。锑-123吸收中子后生成锑-124，锑-124发出γ射线，γ射线与铍发生(γ,n)反应产生中子。锑-124的半衰期为60天。

压紧部件上悬挂由24根阻流塞棒组成的相关组件称为阻流塞组件。阻流塞组件的功能是限制堆芯冷却剂旁通流量[1]。

参考文献

[1] 宋丹戎，刘承敏. 多用途模块式小型核反应堆[M]. 北京：中国原子能出版社，2021.

第5章
ACP100S 反应堆及其主要设备设计

与陆上核电站相比，海上浮动核电站运行在海洋环境下，反应堆本体及其主设备的运行由相对“平静”的陆上状态变化为受海洋条件影响的长期“非平静”状态，给设计研发及运行维护带来了较大挑战。

1）设计研发的挑战

在陆上核电站中，反应堆本体及其主设备主要受相关静载荷、运行载荷和地震载荷等影响。在海上浮动核电站中，核岛及常规岛安装于浮动平台上，虽然减少了地震载荷，但也引入了倾斜、摇摆、垂荡、振动和船舶碰撞冲击等具有海洋环境属性的载荷。此外，浮动核电站运行于海洋上，应考虑盐雾、霉菌等特殊海洋环境影响，特别是对控制棒驱动机构、主泵等具有电气的一类设备的影响。因此，在设计研发过程中应充分考虑上述作用于反应堆的载荷和环境因素，还要考虑结构设计、力学校核和试验验证等诸多环节，特别是反应堆本体及其主设备方案的可行性和安全性的影响。

2）运行维护的挑战

海上浮动核电站的核岛相对于陆上核电站体型较小，采用小型钢制安全壳方案，反应堆本体及其主设备安装于较小空间内，使设备的安装、在役检查、维修更换等均较为困难。因此，海上浮动核电站一方面对设备的可靠性提出了较高要求，另一方面在设计阶段也应充分考虑运行维护的需求。

海上浮动核电站因空间受限，取消了核岛内的内置换料水箱，不具备采用陆上核电站“湿式换料”方案的条件，同时考虑到海洋环境引入的倾斜摇摆等因素，浮动核电站换料维修也增加了挑战。

ACP100S 反应堆本体具有以下设计技术特征：

（1）采用堆内一体化的反应堆结构设计，将直流蒸汽发生器置于反应堆压力容器内，反应堆冷却剂泵置于反应堆压力容器主泵接管上，消除了大

LOCA 事故隐患，简化了系统结构，提高了反应堆的固有安全性。

(2) 堆芯采用 57 组 17×17 排列的方形燃料组件，冷态时堆芯燃料活性段高度为 2 150 mm。

(3) 反应堆压力容器采用球形顶盖和椭球形底封头，在筒体上设置了 4 个主泵接管，在底封头上设置了 4 个径向支承块以实现对吊篮组件的径向限位和在假想吊篮断裂时对堆芯部件的二次支承。

(4) 堆内构件采用全新设计的“吊篮下挂分体式堆内构件”结构形式，便于制造、运输和吊装，并能够有效实现堆内流道的密封；采用全程导向的控制棒导向组件对控制棒进行全行程的导向和保护；设置了驱动杆保护管，为一体化堆超长的驱动杆提供保护，以避免冷却剂横向流冲击和外部冲击时产生过大的横向位移。

(5) 在主泵接管处的反应堆压力容器内侧设置了环状的分流板，分流板与吊篮筒体外壁的凸台相配合，实现堆内流道的分隔。另外，在主泵接管竖直段设置了直插式套管，以实现反应堆冷却剂泵出/入口流体的分隔。

(6) 控制棒驱动机构采用耐高温的步进式磁力提升型驱动机构，取消堆顶通风，具有拆装方便、运行可靠、寿命长等特点。

(7) 堆内测量探测器从反应堆压力容器顶部集束引入，反应堆压力容器底封头不开孔，提高了反应堆的固有安全性。

(8) 集成式堆顶结构采用模块化设计，简化了结构，反应堆换料时能够实现快速拆装吊运。

5.1 反应堆本体

ACP100S 反应堆本体采用一体化设计，结构如图 5-1 所示。在反应堆压力容器内布置有 57 组燃料组件、20 组控制棒组件、20 组控制棒驱动机构和 16 台直流蒸汽发生器；4 台反应堆冷却剂泵直接安装在反应堆压力容器的主泵接管上；堆内测量探测器通过 6 套堆内测量密封结构从反应

图 5-1 ACP100S 反应堆本体结构

堆压力容器顶部集束引入；集成式堆顶结构将堆顶吊具、围筒组件、抗冲击支承组件、控制棒驱动机构、保温层等与反应堆压力容器顶盖集成为一体，可实现整体吊装。

反应堆冷却剂由反应堆冷却剂泵驱动，从反应堆压力容器主泵接管出口通道流出后向下进入反应堆下降环腔。冷却剂流至反应堆压力容器下腔室后，折向向上流动，流经流量分配罩、堆芯下板后进入堆芯，带走堆芯燃料组件核反应放出的热量。从堆芯流出的冷却剂，再经由堆芯上板进入压紧组件内，然后继续向上流动，进入压紧筒组件内，并通过压紧筒组件筒体上的若干开孔进入直流蒸汽发生器，在与二次侧水进行热交换后，经直流蒸汽发生器下端压力容器支承环上的开孔进入主泵接管入口通道，形成完整的回路[1]。

ACP100S 反应堆本体主要设计参数如表 5-1 所示。

表 5-1　反应堆本体设计参数

参　　数	数 值 或 描 述
反应堆类型	一体化压水型反应堆
反应堆额定热功率/MW	385
机组名义电功率/MW	约 125
设计寿命/年	60
反应堆设计温度/℃	343
反应堆平均温度/℃	303
反应堆设计压力(绝对压力)/MPa	17.2
反应堆运行压力(绝对压力)/MPa	15.0
堆芯冷却剂机械设计体积流量/(m^3/h)	约 10 000
反应堆总高/m	约 15.0
反应堆水平截面最大尺寸	约 5.8 m×5.8 m(径向∅7 744 mm)
反应堆压力容器总高/m	约 10.7 m
反应堆压力容器堆芯筒体外径/mm	3 814
反应堆总干质量/t	约 830

(续表)

参　数	数值或描述
反应堆总湿质量/t	约 1 040
控制棒驱动机构数量/组	20
蒸汽发生器数量/台	16
反应堆冷却剂泵数量/台	4
反应堆堆内测量密封结构（反应堆压力容器顶部引入）/套	6
燃料组件数量/组	57
堆芯活性段高度/mm	2 150
换料周期/月	24

5.2 反应堆压力容器

ACP100S 反应堆压力容器(RPV)是反应堆冷却剂的压力边界，是封闭放射性物质和屏蔽核辐射的主要屏障之一。反应堆压力容器装容、固定并支承堆内构件、堆芯部件和蒸汽发生器，同时为堆内构件定位和驱动线的对中提供支承。另外，它固定并支承主泵、控制棒驱动机构和集成式堆顶结构。反应堆压力容器和堆内构件一起构成反应堆冷却剂的流道，使反应堆冷却剂能顺利通过堆芯和蒸汽发生器。ACP100S 反应堆压力容器具有部分主蒸汽管道的功能，能通过与容器法兰焊接的蒸汽腔接管将反应堆核反应释放的热量以蒸汽形式导出。

1) 设备分级

反应堆压力容器的安全等级为安全 1 级，抗冲击类别为抗冲击 I 类，规范等级为 RCC-M 1 级，质保等级为 QA1。

2) 主要设计参数

ACP100S 反应堆压力容器主要设计参数如下。

(1) 设计寿命：60 年；

(2) 设计压力(绝对压力)：17.2 MPa；

(3) 设计温度：343 ℃；

(4) 运行压力(绝对压力)：15.0 MPa；

(5) 反应堆冷却剂温度：286.5～319.5 ℃；

(6) 主泵接管数量：4 个；

(7) 控制棒驱动机构数量：20 个；

(8) 堆测管座数量：6 个；

(9) 堆芯筒体内径：3 360 mm；

(10) 堆芯筒体壁厚：220 mm；

(11) 堆焊层厚度：7 mm；

(12) 反应堆压力容器总高：约 10 748 mm；

(13) 反应堆压力容器总质量：约 303 t。

3) 结构描述

ACP100S 反应堆压力容器由顶盖组件、容器组件及紧固密封件等组成，结构如图 5-2 所示。

顶盖组件包括上封头和顶盖法兰。上封头为球冠形结构，上面设置有 20 个驱动机构安装通孔、6 个堆芯测量管座、1 个排气管管座。在上封头接近外边缘的位置均布有 12 个集成式堆顶结构支承台。此外，上封头上还设置有 3 个吊装吊耳。顶盖法兰上设置有 44 个主螺栓通孔，法兰下端面有 2 个放置密封环的沟槽。顶盖法兰内侧焊接 1 个压紧法兰环，形成反向法兰，用于压紧堆内构件。

图 5-2　ACP100S 反应堆压力容器

容器组件包括容器法兰、蒸汽腔接管、支承段筒体、主泵接管、堆芯筒体和下封头。容器法兰上端内侧有水平的密封面及安装检漏管的通孔。密封面的外侧均布有 44 个主螺栓螺纹孔。法兰外周设有换料密封支承台，用于连接堆腔密封水套。容器法兰内沿周向均布四个定位键，与堆内构件上的定位键槽配合，实现对堆内构件的定位和限位。容器法兰下部沿圆周方向均匀开设16个水平孔,用于安装和定位直流蒸汽发生器。法兰外周在各个水平孔的对应位置设置有与蒸汽腔接管焊接的凸台,用于与蒸汽腔接管的焊接。蒸汽腔接管一端与容器法兰外侧加工的凸台焊接,另一端为法兰,其上设置有直流蒸汽发生器维修所需的结构。蒸汽腔接管内壁上设置有两组焊接坡口,小径焊接坡口与蒸汽发生器的集管管接头焊接,大径焊接坡口则与蒸汽发生器的端盖焊接,两个焊缝之间形成蒸汽腔。接管在蒸汽腔的位置开设有竖直向上的蒸汽出口,用于引出蒸汽。蒸汽出口端部加工有凸台,用于与主蒸汽管道的焊接。支承段筒体上部焊接有支承环,用于安装和定位直流蒸汽发生器和支承堆内构件。支承段筒体外侧焊接有4个压力容器支承座。支承段筒体下部设置有4个主泵接管焊接凸台,与主泵接管采用全焊透焊缝焊接。另外还设置有1个波动管接管、1个非能动余热排出接管、1个正常余热排出接管、2个BPL接管和2个DVI接管。主泵接管为L形整体锻件,与支承段筒体焊接后再用隔板焊接,将其分隔成上下两个流道。主泵接管竖直段上端为法兰结构,与主泵用螺栓连接。接管内部开有1个直径为600 mm的圆孔,对应隔板上设置有通孔,主泵出口套管上端固定在接管上,下端与隔板上的通孔形成安装配合关系。冷却剂从主泵中流出,经套管内部和主泵接管下流道进入压力容器与堆内构件之间的环腔并流入堆芯。与蒸汽发生器热交换后的冷却剂通过主泵接管上流道进入主泵接管竖直段开孔与主泵出口套管的环腔进入主泵,构成循环回路。此外,主泵接管外侧设置了测温管座。堆芯筒体为一个等壁厚的圆柱形筒体。下封头为椭球形结构,内部焊接有4个径向支承块,用来限制堆内构件的周向和径向位移。

紧固密封件包括主螺栓、主螺母、球面垫圈、密封环及其附件等。顶盖法兰与容器法兰之间采用螺栓连接,并采用内、外两个C形密封环密封。

4) 材料选用与材料监督

ACP100S反应堆压力容器主体材料为16MnD5低合金钢,紧固螺栓材料为40 NCDV 7-03,螺母和垫圈的材料为40 NCD 7-03。

(1) 主体材料。ACP100S反应堆压力容器主体材料为16MnD5低合金钢;内表面堆焊了不锈钢耐蚀层,堆焊层材料为309L+308L,厚度为7 mm。

禁止使用容易敏化的不锈钢作为压力边界材料,可通过选择材料将其排除。

反应堆压力容器所用的铁素体材料应有足够的断裂韧性。对反应堆压力容器的所有低合金钢钢部件进行无延性转变温度(RTNDT)试验。对于堆芯区进行分析,以减少在役期间对辐照脆化的敏感性,要求初始 RTNDT 不超过 −25 ℃、上平台能量不小于 130 J。

对反应堆压力容器堆芯区的铁素体材料的杂质含量给予了限制,铜、磷、硫和镍的最大限值如表 5 - 2 所示。

表 5 - 2　压力容器材料杂质含量最大限值

元　素	质量分数(母材)/%	质量分数(熔敷金属)/%
铜	0.050	0.050
磷	0.006	0.010
硫	0.005	0.010
镍	0.500～0.800	0.600～0.850

(2) 紧固件材料。反应堆压力容器的紧固螺栓材料为 40 NCDV 7 - 03,螺母和垫圈的材料为 40 NCD 7 - 03。

换料程序要求在换料期间将紧固螺栓、螺母和垫圈从反应堆顶盖上拆下置于储存托架上。在反应堆顶盖移走及换料水池充水之前,将储存托架从换料水池中移走并存放在反应堆厂房操作平台上,因此,反应堆的紧固螺栓从不会与换料水池的含硼水接触。此外,为了防止螺栓咬伤和避免引起腐蚀的可能性,采用了表面磷化处理。

在反应堆顶盖移走之前,法兰上的螺栓孔都采用特制的密封塞加以密封,以防止含硼的换料水漏进螺栓孔中。

(3) 材料监督。在反应堆压力容器监督大纲中,辐照损伤的评价是根据夏比 V 形缺口冲击试样、拉伸试样、紧凑拉伸试样(CT)及弯曲试样的试验结果而得出的。大纲利用材料的无塑性转变温度和断裂力学的方法对反应堆压力容器母材的断裂韧性的影响直接做出评价。

反应堆压力容器监督大纲要求使用 8 根辐照监督管。其中 6 根监督管按照辐照监督计划放入安装在压力容器内壁上的上、中、下三个固定块内,并且直接面对堆芯的中心部位定位。当移走吊篮组件时,这些监督管便可以取出,剩下 2 根监督管为备用管。所有监督管均装有反应堆压力容器材料试样,包括堆芯区母材试样、焊缝金属试样、热影响区和参考材料。

辐照监督管的抽取计划将在反应堆压力容器监督大纲中给出。

5) 加工和制造的特殊要求

反应堆压力容器在加工和制造过程中有以下要求。

(1) 反应堆压力容器及其附件的加工、制造及无损检验应符合 RCC－M 规范的要求。

(2) 顶盖组件由上封头和顶盖法兰通过全焊透焊缝焊接而成。容器组件由容器法兰、支承段筒体、主泵接管、堆芯段筒体和下封头等锻件通过全焊透焊缝焊接而成，其中堆芯筒体采用整体锻造而成。反应堆压力容器主要采用单丝埋弧焊、单丝 TIG 焊和手工电弧焊焊接。

(3) 导向定位螺栓表面应进行镀铬处理，以防止咬伤和腐蚀。

(4) 对不锈钢堆焊层表面取样以确保其成分和 δ 铁素体含量符合要求。

(5) 低合金钢(16MnD5)表面的不锈钢堆焊工艺要通过专门的评定，以确保堆焊层下不产生裂纹。

(6) 对用于低合金钢材焊接的承压边界焊缝，其焊接时的最低预热要求如下：预热至少保持到焊缝后热处理或中间消应热处理。在前一情况下，焊接完成时，要进行至少 2 h 的低温(最低 200 ℃)焊缝后热处理，随后使焊缝冷却到环境温度。

(7) 所有需要进行在役检查的焊缝均应是可达的。

(8) 反应堆压力容器及其附件的无损检验在下述阶段进行：① 在制造期间和制造完工后；② 在最终消应力热处理之后[1]。

6) 包装、运输和储存

用容器起吊桁架吊装反应堆压力容器，使其水平或竖直安放在运输托架上运输。容器上的所有开孔都加以密封以防止湿气进入，并在容器内部放置足够数量的干燥剂袋。

顶盖也同样采用盖板和运输托架来运输，并设置罩壳以保护控制棒驱动机构密封壳及堆芯测量管座。所有封头上的开孔均应加以密封，以防止湿气进入，并在封头内部放置足够数量的干燥剂。为了顶盖的吊装，设有专用的提升架。

反应堆压力容器在出厂前，应按照反应堆压力容器清洁技术要求的规定进行清洗和清洁度的检查。

反应堆压力容器的包装、运输和储存均应按照反应堆压力容器包装、运输及储存技术要求的规定执行，保持其清洁度，并应防止损伤和污染。其储存区应满足 RCC－M F6630 中规定的Ⅱ级存放区要求。

5.3　控制棒驱动机构

ACP100S 控制棒驱动机构是反应堆控制和保护系统的伺服机构，它安装在压力容器顶盖上，能够按照指令带动控制棒组件在堆芯内上下运动、保持控制棒组件在指令高度和断电时释放控制棒组件并使其在重力作用下快速插入堆芯，完成反应堆的启动、调节功率、保持功率、正常停堆和事故停堆等功能。它的耐压壳是反应堆一回路系统压力边界的组成部分。

1）设备分级

控制棒驱动机构（耐压壳除外）的安全等级为 3 级，抗冲击类别为抗冲击Ⅰ类，质量保证等级为 QA1 级；控制棒驱动机构的耐压壳的安全等级为 1 级，规范等级为 RCC－M 规范 1 级，抗冲击类别为抗冲击Ⅰ类，质量保证等级为 QA1 级。

2）主要设计参数

ACP100S 控制棒驱动机构主要设计参数如下，结构如图 5－3 所示。

（1）设计压力（绝对压力）：17.2 MPa；

（2）设计温度：343 ℃；

（3）步长：15.875 mm；

（4）最大运行速度：1 143 mm/min（72 步/分钟）；

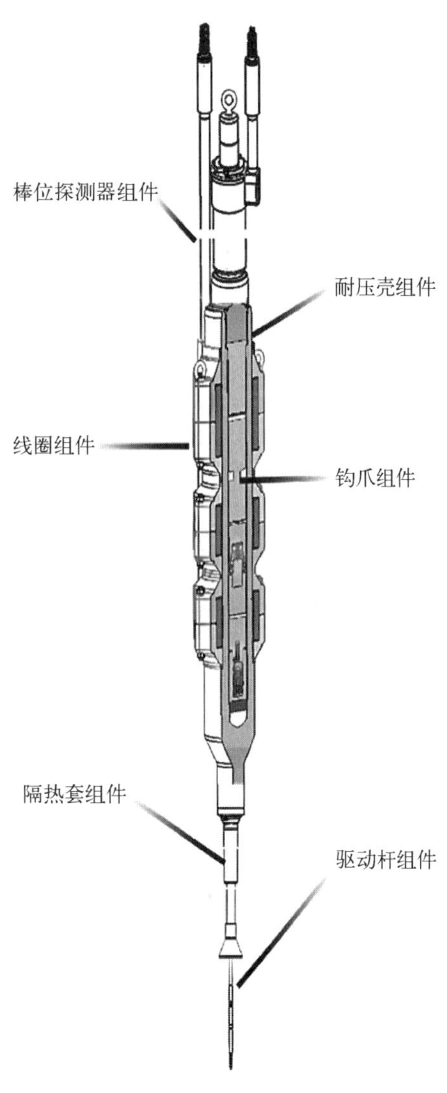

图 5－3　ACP100S 控制棒驱动机构

(5) 行程：2 126 mm；

(6) 等效静载荷：1 602 N；

(7) 机电延迟时间：≤150 ms；

(8) 水压试验压力(绝对压力)：26.8 MPa；

(9) 耐压壳设计寿命：60 年；

(10) 钩爪组件不检修的最小累计步数：6.0×10^{6}。

3) 结构描述

ACP100S 控制棒驱动机构为磁力提升型驱动机构。它由驱动杆组件、钩爪组件、耐压壳、线圈组件、棒位探测器组件及隔热套组件组成。驱动机构最大外形尺寸为 275 mm×275 mm×5 675.47 mm(未包括驱动杆组件的长度)。

驱动杆组件从钩爪组件套管轴内孔穿过，在驱动杆行程套管内上、下运动。它由驱动杆、可拆接头、拆卸杆等零件组成。驱动杆的外圆车有环形槽，以便与钩爪啮合；在环形槽的底部车有长为 40 mm 的环形宽槽，对驱动杆的提升上限进行机械限位。驱动杆组件通过可拆接头与控制棒组件连接。其连接和脱开操作可以在驱动杆组件顶部通过专用工具来实现。

钩爪组件安装在密封壳组件内，上端固定，下端径向定位，轴向无约束，以保证其在高温下能自由膨胀。它由套管轴、装配在套管轴上的两个钩爪次组件及其他零件组成，在电磁力的作用下，两个钩爪次组件与提升衔铁按照给定的时序相互配合带动驱动杆组件上下运动。为提高钩爪的耐磨性，单个钩爪设计有两个齿(即采用了双齿钩爪)，在控制棒驱动机构(CRDM)运行时，双齿钩爪的两个齿与驱动杆的两个环形槽啮合；在钩爪齿和钩爪销轴孔部位堆焊有耐磨性能极高的钴基合金。

耐压壳是反应堆冷却剂系统压力边界的组成部分，它由密封壳组件和驱动杆行程套管组件组成。密封壳组件与压力容器顶盖焊接在一起，组件内安装钩爪组件，并为钩爪组件和线圈组件提供机械支撑，同时也是反应堆冷却剂系统压力边界的组成部分。密封壳组件由密封壳、导磁环等零件组成。驱动杆行程套管组件的下端与密封壳组件的上端采用螺纹连接，并通过小 Ω 形密封环焊接密封。

线圈组件套在密封壳组件的外部，它是由 3 个电磁线圈、4 个线圈磁轭、引出线导管和接线盒等零件组成。电磁线圈和线圈磁轭通过密封壳组件上的导磁环，与钩爪组件上对应的磁极和衔铁一起，构成 3 个“电磁铁”。

棒位探测器组件安装在驱动杆行程套管组件外面，用于探测控制棒组件在堆芯内的实际位置，还可以用于测量控制棒组件的落棒时间。棒位探测器组件与棒位指示系统连接，可以直接显示控制棒组件在堆芯内的实际位置。

隔热套组件由隔热套和导向罩等零件组成。它安装在密封壳内钩爪组件的下部，其作用为减少反应堆热量向驱动机构传递；减小密封壳下部管壁的内外温差；在压力容器顶盖扣盖时，为驱动杆组件进入钩爪组件导向。

同时，为适合海洋环境使用，增加落棒储能结构，使驱动杆落棒初期获得额外作用力，保持在倾斜、摇摆等环境下实现快速落棒；增加自锁结构，使浮动平台在极端条件下倾覆时，将驱动杆及控制棒锁定在倾覆前的状态，保持控制棒插入堆芯。

4）材料选用与材料监督

ACP100S 控制棒驱动机构接触到反应堆冷却剂的材料，考虑到耐高温、耐腐蚀及耐辐照的要求，对非磁性材料，选用奥氏体不锈钢，如 00Cr18Ni10N、0Cr19Ni9、Inconel690 等；对磁性材料，选用马氏体不锈钢 1Cr13。

5）加工和制造的特殊要求

ACP100S 控制棒驱动机构安全 1 级部件的加工、制造及无损检验应符合 RCC－M 规范的要求。

ACP100S 控制棒驱动机构非承压零部件中，可拆接头按照 RCC－M 中的规定进行无损检验，钩爪及连杆钴基合金堆焊按照 RCC－M 中的规定执行。

不属于 RCC－M 要求的部件的焊缝及堆焊层尽可能按 RCC－M 中的规定进行检查。

6）包装、运输和储存

ACP100S 控制棒驱动机构应在清洁之后进行包装。包装工艺应满足 RCC－M 的规定。

ACP100S 控制棒驱动机构的运输应满足 RCC－M 的规定。

ACP100S 控制棒驱动机构应水平储存，并满足一定的温度和湿度要求。

5.4 反应堆堆内构件

ACP100S 属于一体化压水堆，ACP100S 反应堆堆内构件是指反应堆压力容器内除燃料组件及其相关组件、直流蒸汽发生器、堆内测量仪表、辐照样品监督管、驱动杆及隔热套组件以外的结构件。

反应堆堆内构件的主要功能如下：为燃料组件提供可靠的支承、约束和精确的定位；为控制棒组件提供保护和可靠的导向；为驱动杆提供横向流保护；为冷却剂提供流道，合理分配流量，减少冷却剂无效漏流；屏蔽中子和 γ 射线，减少压力容器的辐照损伤和热应力；为堆内测量仪表提供支承和导向；补偿压力容器和堆内相关设备部件的轴向制造公差和热膨胀差。

1) 设备分级

反应堆堆内构件的安全等级为 3 级，规范等级按照 RCC－M 标准 G 册，抗冲击类别为Ⅰ类，质量保证分级为 QA1 级。

2) 主要设计参数

ACP100S 反应堆堆内构件主要设计参数如下。

(1) 设计温度：343 ℃；

(2) 堆内构件设计压差：0.5 MPa；

(3) 堆内构件总高：9 701.5 mm；

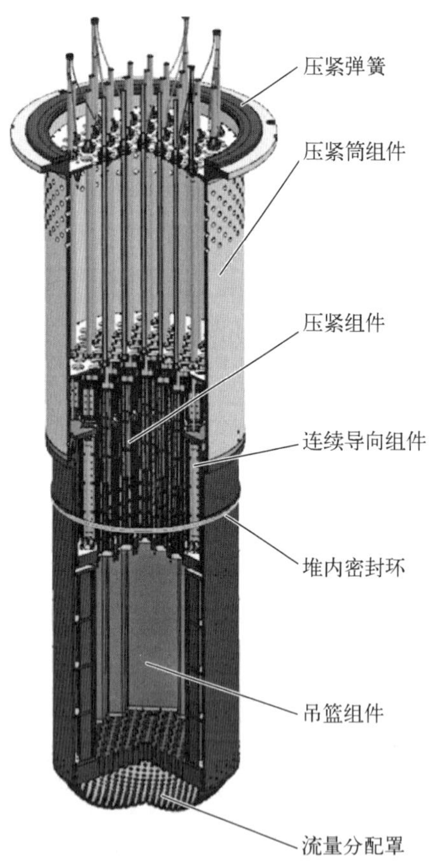

图 5－4　ACP100S 反应堆堆内构件

(4) 堆内构件最大外径：3 245 mm；

(5) 控制棒导向组件数量：20 组；

(6) 中子通量/温度测量导向结构数量：10 组；

(7) 水位测量导向结构数量：4 组；

(8) 反应堆出口温度测量导向结构：8 组。

3) 结构描述

ACP100S 反应堆堆内构件由压紧弹簧、压紧筒组件、压紧组件、控制棒导向组件、吊篮组件及堆内密封环等构成，结构如图 5－4 所示。堆内构件总高为 9 701.5 mm，最大直径为 3 245 mm，总质量约为 54 t。

吊篮组件、压紧组件支承吊挂在压力容器筒体中部的支承环上，压紧筒组件和压紧组件连接成一个整体，支承在吊篮组件法兰上，压紧弹簧支承在压紧筒组件的法兰上。压紧弹簧被压力容器顶盖压紧，产生的轴向压紧载荷通过压紧筒将压紧组件、吊篮组件和燃料组件压紧。堆内构件在压力容器内的定位通过键与键槽的相配实现：压紧筒组件、压紧组件和吊篮组件的法兰上均开有一大三小共四个键槽，与之相配的键固定在压力容器的内壁上，通过键与槽的配合，实现了堆内构件在压力容器内的定位和复位安装。吊篮底端的限位则通过焊接在压力容器底封头上的四个径向支承块实现。

压紧弹簧主要的功能是为堆芯部件提供足够的轴向压紧力，防止反应堆在正常运行及事故工况下堆芯部件发生轴向窜动，同时补偿堆内构件与压力容器轴向制造公差、安装误差和热态工况下不同材料之间的热胀差。压紧弹簧为圆环状Z形弹簧，由锻件整体加工而成，位于压紧筒组件的法兰上，由法兰台阶面为其提供支承和限位。

压紧筒组件为圆柱形结构，将压紧弹簧的压紧载荷传递给压紧组件来压紧吊篮组件和燃料组件。压紧筒组件由压紧筒、上格架板、下格架板、格架板托块、20根驱动杆保护管、6根堆芯测量支承柱组件、14套探测器导向柱组件、探测器导向柱连接板、10根热电偶保护套管、3个起吊旋入件、24根导向管、24根支承管、24套导向管固定组件、3套可拆式连接结构的上部结构和紧固连接件等组成。压紧筒上部周向均匀布置8层流水孔，经堆芯加热后的冷却剂由此处流出，进入蒸汽发生器环腔。压紧筒组件中设有驱动杆保护管和堆芯测量仪表导向结构。

压紧组件对燃料组件进行压紧限位，为控制棒导向组件提供定位和支承，并为堆内测量仪表提供导向和支承。压紧组件由压紧筒体、堆芯上板、支承板、14套探测器导向柱组件、114个燃料组件上定位销、3套可拆式连接结构的下部结构、3套起吊旋入件组件和紧固连接件等组成。

吊篮组件为燃料组件提供支承和定位，对流入堆芯的冷却剂进行流量分配，并为压力容器提供屏蔽保护。吊篮组件由吊篮筒体、堆芯下板、围筒组件、流量分配罩、114个燃料组件下定位销、3个起吊旋入件及紧固连接件等组成。

控制棒导向组件主要是为控制棒组件提供全行程导向和保护，全堆共布置20组，每组由90°双孔管、45°双孔管、C形管、半方管、固定法兰、定位座、固定板及紧固连接件等组成。

堆内密封环位于吊篮组件和分流板之间，高温下通过吊篮与压力容器的热胀差来轴向压紧，实现对主泵两侧冷却剂的隔离和密封。

4）材料选用与材料监督

反应堆堆内构件所选用的材料应具有足够的强度，一定的抗冲击性能、耐腐蚀性能、耐辐照性能、抗疲劳性能、良好的焊接和机械加工工艺性能。

(1) 结构材料选用。接触反应堆冷却剂的主要零部件的材料选用有如下情况：① 反应堆堆内构件主体材料选用 Z2CN19－10(控氮)奥氏体不锈钢；② 压紧弹簧材料选用 Z12CN13 马氏体不锈钢；③ 堆内密封环材料选用 NC19FeNb；④ 燃料组件定位销材料选用 Z2CND18－12(控氮)奥氏体不锈钢；⑤ 起吊旋入件材料选用 NC15FeTNbA 镍基合金。

(2) 钴含量。为降低辐射防护要求和保障人员健康，反应堆堆内构件结构材料应对钴含量进行限制，靠近堆芯的零部件材料的钴含量(质量分数，下同)不应超过 0.06%，主要包括以下零部件：① 堆芯上板及其紧固连接件；② 燃料组件上定位销；③ 堆芯围筒组件及其紧固连接件；④ 吊篮筒体；⑤ 堆芯下板及其紧固连接件；⑥ 燃料组件下定位销；⑦ 流量分配罩及其紧固连接件。

除此之外，堆内构件其他部分材料的钴含量应不超过 0.10%。

(3) 晶间腐蚀试验。反应堆堆内构件的主体材料需要进行固溶处理。原材料应进行加速晶间腐蚀试验，不应有晶间腐蚀倾向。

(4) 管材的要求。反应堆堆内构件用管材不需要进行水压试验。

(5) 焊接材料选用。反应堆堆内构件的焊接材料主要为不锈钢焊接材料，分为埋弧焊丝-焊剂组 308L 和实芯焊丝 ER308L。

5) 加工和制造的特殊要求

ACP100S 反应堆堆内构件的加工、制造及无损检验应符合 RCC－M 规范的要求。

对于奥氏体不锈钢零部件，在制造期间采取下列措施防止材料发生敏化：使用经合格评定的焊接工艺进行焊接，在焊接过程中，限制最高层间温度不超过 175 ℃。

为降低不锈钢焊缝对热裂纹的敏感性，对焊接材料和焊接试样的 δ 铁素体含量按以下要求进行控制：参照修订的 Schaeffler 图，δ 铁素体含量应在 5%～15%(力争不超过 12%)；在有疑问的情况下，进行直接磁性测量的附加试验，所获得结果的 δ 铁素体含量应在 3%～15%(力争在 3%～12%)。

反应堆堆内构件的防松焊应进行专门的焊工考核和焊接工艺评定，其焊缝应在焊接数据包中列出。

焊后热处理制度必须保证材质(包括焊缝和热影响区)的力学性能和耐晶间腐蚀性能，应通过相应的焊接工艺评定及焊接见证件考核。

当要求零件在机加工后必须具有尺寸稳定性时，可在精加工前对其进行尺寸稳定化热处理。热处理前，零件应彻底除油和仔细去除会损害设备耐腐蚀性的物质（如卤化物或碳化物）。热处理炉的炉氛应为弱氧化性。在任何情况下，入炉温度应不超过 120 ℃，同时，应按设备复杂程度选定入炉温度，以避免变形。在任何情况下，尺寸稳定化热处理的温度不应该超过 425 ℃。

对于螺纹紧固件的外螺纹和起吊旋入件，应进行镀铬处理，以提高表面硬度，防止螺栓咬死。

螺纹的啮合、防松、拧紧力矩和润滑应符合 RCC－M F7000 规定的要求。螺栓连接中的外螺纹和配合表面应用堆内构件专用润滑剂润滑。润滑剂为液态时，其氟化物、氯化物和硫化物的总质量分数不应超过 0.01%。

在制造过程中应防止环境、工夹具、磨料、冷却液等引起的污染。反应堆堆内构件的清洁度应满足 A22 级要求。

6）包装、运输和储存

反应堆堆内构件在出厂前，应按照 RCC－M F6000 的规定进行清洗和清洁度的检查。

反应堆堆内构件的包装、运输和储存均应按照 RCC－M F6600 的规定执行，保持其清洁度，并应防止损伤和污染。其储存区应满足 RCC－M F6630 中规定的Ⅰ级存放区要求。

反应堆堆内构件经最终清洗、出厂验收后应立即包装，堆内构件要进行减压充氮热封包装。

反应堆堆内构件在包装箱内应严格固定，防止运输过程中相互撞击、变形和移位。

反应堆堆内构件采用专用运输设备（运输托架及其翻转时和吊环的连接杆等辅助工具）进行运输。包装箱必须牢固地固定在运输工具上，防止运输期间移动或滑脱。在运输和吊装的过程中，必须安装加速度计以监测堆内构件所承受的等效静载荷。

5.5　反应堆堆顶结构

ACP100S 集成式堆顶结构位于反应堆上部，是反应堆的重要设备之一，将压力容器顶盖组件、控制棒驱动机构、压力容器顶盖保温层、堆内测量密封结构、围筒组件、抗冲击支承组件、电缆托架及电缆桥组件、堆顶电缆敷设和集成式堆顶吊具等多个独立部件集成为一个整体。该集成式设计实现了整体吊装，可以简化反应堆换料操作，缩短停堆换料周期，减少个人辐射剂量，同时减少了堆顶结构拆卸物项在安全壳内存放所需的空间。

集成式堆顶结构的主要功能如下：保证每组控制棒驱动机构工作线圈的温度能满足驱动机构的相关要求；外部冲击情况下限制控制棒驱动机构的过度变形以维持其正常功能，保证其在外部冲击情况下的功能完整性；对操作人员具有辐照防护作用，减少集成式堆顶结构人员操作区域内的辐射剂量；设置与反应堆厂房环吊连接的装置，以实现集成式堆顶结构的快速吊装；将堆顶电缆引到操作平台相应的接口位置/结构上，电缆的敷设和支承能够满足电缆敷设的要求；提供操作人员进行集成式堆顶结构维修/更换等操作的通道，并提供相应的保护措施；提供堆内测量密封结构相关操作所需的通道；在换料/维修期间，实现压力容器顶盖安全、快速、低辐射、低风险的拆卸和安装。

1）设备分级

集成式堆顶结构的安全等级为 3 级，规范等级按照 RCC－M H 册，抗冲击类别为Ⅰ类，质量保证分级为 QA2 级。

2）主要设计参数

集成式堆顶结构主要设计参数如下。

(1) 设计温度：5～55 ℃；

(2) 正常运行设计压力(绝对压力)：0.096～0.106 MPa；

(3) 围筒组件径向最大外径：3 060 mm；

(4) 轴向总高(含 RPV 顶盖等)：约 8 600 mm；

(5) 集成式堆顶结构总质量：约 20 t。

3）结构描述

ACP100S 集成式堆顶结构由围筒组件、抗冲击支承组件、电缆托架及电缆桥组件、集成式顶盖吊具等组成，结构如图 5－5 所示(不包括压力容器顶盖保温层、控制棒驱动机构等)。

围筒组件是整个集成式堆顶结构中的主体结构，堆顶大部分部件都是以它作为结构基础。压力容器顶盖上方的电缆支承件都固定在围筒组件上，以围筒组件作为支承的基座；围筒组件将压力容器顶盖上部围成一个封闭结构，一方面作为驱动机构冷却系统的冷却风道，另一方面也作为集成式堆顶结构的辐照屏蔽结构，同时围筒组件也作为控制棒驱动机构抗冲击系统的一个重要组成部分。围筒组件下端设有连接法兰和法兰加强筋板，连接法兰与压力容器顶盖上的支撑台通过螺栓连接，将围筒组件固定在压力容器顶盖上。

围筒组件主要由上、下部两段筒体构成，并通过法兰和螺栓连接固定。下部围筒上设有两层操作窗口，上层窗口用来对堆内测量密封结构进行操作，下层窗口作为管座焊缝进行检查的操作口。每个窗口有一个活页屏蔽门，在反应堆运行期间屏蔽门为关闭锁死状态。

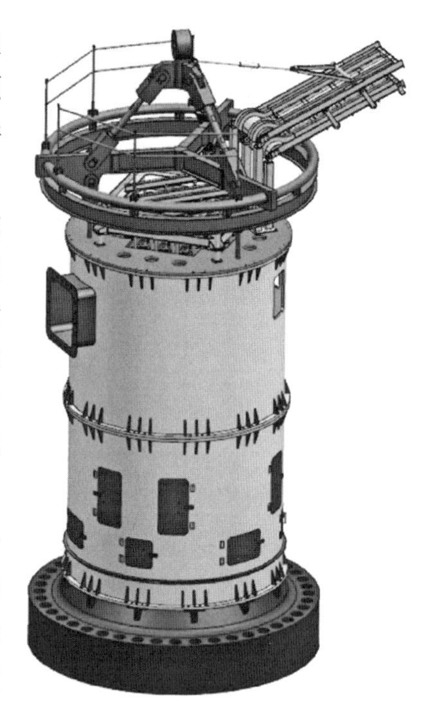

图 5-5　ACP100S 集成式堆顶结构

抗冲击支承组件由抗冲击板和抗冲击环组成。抗冲击板固定在控制棒驱动机构棒位探测器组件的上方，所有抗冲击板的结构尺寸相同，均为方形板。抗冲击环位于围筒的上端，与围筒上端的法兰连接。围筒组件和抗冲击支承组件构成了控制棒驱动机构抗冲击系统。在外部冲击情况下，控制棒驱动机构的横向载荷通过抗冲击板传递到抗冲击环上，再通过围筒组件传递到压力容器顶盖上。围筒组件限制了抗冲击环的横向过度位移，进而确保了控制棒驱动机构不会发生过度的横向变形，保证了控制棒驱动机构的正常工作状态。

电缆托架及电缆桥组件主要由上层电缆托架、下层电缆托架、上层电缆桥、下层电缆桥、支座和电缆敷设所需金属件构成。上、下层电缆托架通过支座固定于抗冲击环上，同时与电缆桥支座连接固定。电缆桥支座由方钢和底板焊接而成，用来支承和固定电缆托架及电缆桥。上、下层电缆桥结构类似，主要由桥架和底板等零部件组成，桥架由角钢焊接而成，底板通过焊接与角钢固定。同时，在桥架的边梁上焊接有四个连杆座，用来连接上、下层电缆桥。

集成式顶盖吊具是进行堆顶吊装的专用设备，主要由吊装头、上吊杆、下吊杆、星形架等组成，安装固定在压力容器顶盖吊耳上。反应堆运行或维护时堆顶吊具可不拆卸，反应堆换料检修时，吊具星形架上的环轨也可以作为螺栓拉伸机运行的轨道。

辅助结构主要包括可以保护操作人员在换料、检查和维修等时安全进出集成式堆顶结构的栏杆、梯子、平台和桥架等结构，这些结构大多是由型材焊接而成的框架结构。

4）材料选用与材料监督

集成式堆顶结构涉及的材料主要包括零部件的设备材料、焊接材料和油漆材料。

（1）设备材料。集成式堆顶结构中各零部件的材料类型主要包括板材、型材、管材和锻件等，材料主要有 Q345C、Q235C、06Cr19Ni10、35CrMo、42CrMo 等。设备中涉及的螺纹紧固件均选用不锈钢耐腐蚀材料，如 06Cr19Ni10 和 12Cr13 等。

这些材料均应满足 GB/T 706、GB/T 3274、GB/T 4237、JB/T 6396 等标准中的相关技术要求，同时紧固件应满足紧固件相关标准如 GB/T 5781 等中的相关技术要求。

（2）焊接材料。集成式堆顶结构使用的焊接材料主要包括 E5018－1M3、E4315－1、E309L、E308L 等，焊材的试验和验收应按照 RCC－M、GB/T 5117、GB/T 5118、GB/T 983 等法规标准中的相关规定执行。

（3）油漆材料。集成式堆顶结构属于反应堆厂房内设备，除特殊要求外，所有非不锈钢材料的非配合表面均应涂漆。集成式堆顶结构所用的油漆为 PIC100 I 油漆。具体所用油漆配套方案应具有较好的工程应用经验，推荐油漆配套方案如下：底漆采用 Centrepox N；面漆采用 Centrifugon EAP。

5）加工和制造的特殊要求

反应堆堆顶结构在加工和制造过程中有如下要求：

（1）集成式堆顶结构的加工、制造及无损检验应符合 RCC－M 规范的要求。

（2）集成式堆顶结构的产品焊接过程按照 RCC－M S 册的相关要求执行，所有焊缝焊接完成后应经过打磨，以保证焊缝表面光洁平整，并且不允许在产品、工件表面上引弧。

（3）集成式堆顶结构的产品焊缝除围筒与法兰的焊缝按 RCC－M H 册规定的 S1 级支承件的第 1 类焊缝的要求执行外，其余焊缝可按 S2 级支承件的第 1 类焊缝的要求执行。

（4）集成式堆顶结构产品制造完成后，其零部件的尺寸、公差及表面粗糙度等应满足设计图纸要求。

(5) 设备中所有非不锈钢零件的非配合表面都应涂漆，涂漆操作应按照相关技术文件的要求执行。

(6) 在制造和装配过程中，卖方应保证产品的清洁，清洁和防污染控制措施按 RCC－M F6000 中的相关规定执行，清洁度等级按照 RCC－M F6220 中的 C 级执行。

(7) 集成式堆顶结构的各零部件应在制造厂内安装(预装)调试完毕，以减少在核岛现场的安装调试时间[1]。

6) 包装、运输和储存

集成式堆顶结构在出厂前，应按照 RCC－M F6000 的规定进行清洗和清洁度的检查，清洁度等级按照 RCC－M F6220 中的 C 级执行。

集成式堆顶结构的包装、运输和储存均应按照 RCC－M F6600 的规定执行，以保持其清洁度，并应防止损伤和污染。其储存区应满足 RCC－M F6634.2 中规定的Ⅱ级存放区要求。

5.6　反应堆压力容器支承结构

反应堆压力容器支承及屏蔽结构的主要功能包括：① 用于支承反应堆本体及屏蔽结构的重量；② 承受反应堆各种运行工况下的载荷，并通过支承结构传递给安全壳壳体；③ 承受外部机械载荷，包括冲击等；④ 阻止和减弱来自反应堆堆芯及其组成部件活化所产生的各种辐射，使安全壳内的辐射水平保持在规定限值范围内。

1) 设备分级

反应堆压力容器支承结构为重要承力构件，其安全等级为安全 1 级，质保等级为 QA1 级，抗冲击类别为Ⅰ类。

2) 主要设计参数

ACP100S 压力容器支承结构主要设计参数如下：

(1) 反应堆压力容器支承台数量：4 个(互为 90°)。

(2) 反应堆压力容器支承最大径向尺寸：约为 8 600 mm。

3) 结构描述

反应堆压力容器支承结构如图 5－6 所示。

反应堆压力容器支承为座式板壳型框架支承结构，压力容器的 4 个容器支座放置在 4 个支承座的凹槽内，采取重复定位方式，它们既要限制反应堆压

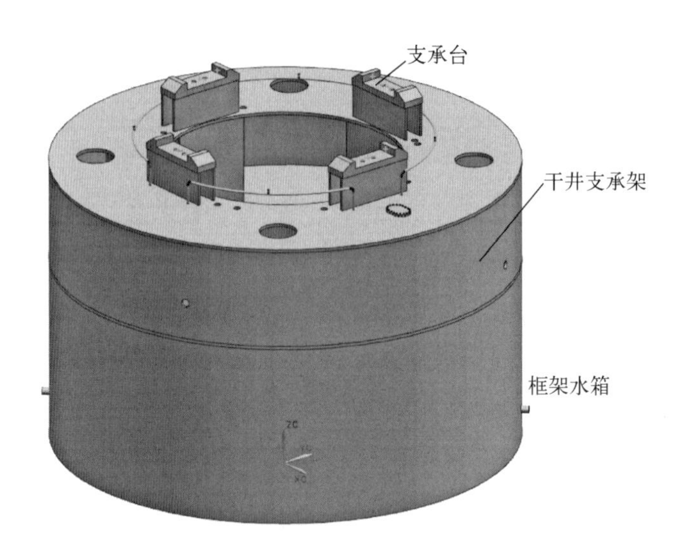

图 5-6　ACP100S 反应堆压力容器支承结构示意图

力容器的平动和转动，又要满足反应堆压力容器的径向热膨胀要求。

为防止船体摇晃、上下颠簸造成反应堆压力容器周向窜动，采用抗拉螺栓结构对其进行约束。

4）材料选用与材料监督

反应堆压力容器支承结构的主要结构材料优先选取低合金钢。抗拉螺栓采用 42CrMo 材料，螺母材料选择 35CrMo 材料。

5）加工和制造的特殊要求

所有材料均可采用机械加工、磨削或热切割方法下料。冷连轧下料应消除加工硬化区，热切割应先将材料预热。切割加工不应影响材料的力学性能，并不致使材料开裂。针对焊接坡口的硬度，应通过焊接工艺评定用试样来证实其最大硬度符合设计要求。

反应堆压力容器支承结构的焊接材料、焊接实施方法、与焊接有关的热处理和焊缝的无损检验等按 RCC-M 相关规定执行。

6）包装、运输和储存

反应堆压力容器支承结构在出厂前应按照 RCC-M F6000 的规定进行清洗和清洁度的检查。

反应堆压力容器支承结构的包装、运输和储存均应保持其清洁度，并应防止损伤和污染。其储存区应满足 RCC-M F6630 中规定的Ⅱ级存放区要求。

5.7　反应堆安装及换料设计

ACP100S 海上浮动核电站采用干式换料、分区倒换料工艺。平衡循环每次卸出 24 组乏燃料组件，补充等量的新燃料组件。采用换料机从堆芯卸出乏燃料组件后，经乏燃料转运容器转移至维保基地乏燃料水池中进行湿法密集储存。换料时换料机直接安装固定在反应堆压力容器法兰上，卸料需要使用临时换料操作间。

初次装堆时采用装料设备直接在堆上进行单组安装的方案，在堆舱及装料相关区域建立控制区开展燃料的首次装堆。

复装燃料则为湿式装料，使用换料机，在堆上进行逐组燃料安装。复装燃料需要使用临时的换料操作间，换料操作间平时存放在维保基地，使用时通过船坞码头桥吊吊至堆舱上方甲板与安全壳设备闸门口对接。安装时先将待装燃料运至临时的换料操作间内，再使用换料操作间吊车和换料机将复装燃料组件装入堆芯。

乏燃料组件使用换料机从堆芯取出后，随着换料机的屏蔽转运装置从反应堆上方的安全壳设备闸门口吊入换料操作间。乏燃料临时转运容器放置于换料操作间内，控制屏蔽转运装置将乏燃料送入乏燃料临时转运容器内部。将乏燃料临时转运容器转运至维保基地的乏燃料水池内。在水下打开乏燃料临时转运容器屏蔽门，使用专用工具从容器内取出乏燃料组件，再从水下转运至乏燃料储存格架内存放。

5.8　小型钢制安全壳

浮式核电站利用船体搭载反应堆系统，钢制安全壳是包容核反应堆系统的第三道屏障，是浮动核电站在“堆”“船”创新结合的最直接体现，安全壳占据的空间和自身重量都有限制，过大的安全壳将导致船体宽度、长度增加，直接导致船体吨位的增大。核电站安全外壳设计是满足核动力装置包容设计与电站总体布局的关键点。海洋环境对浮动核电站反应堆的影响需要通过安全壳及支撑来传递，安全壳的设计对于浮动核电站整体性能与安全至关重要。

世界各国陆上反应堆安全壳根据反应堆功率及建造材料的不同，主要结构形式包括扁平、半球和球形三种，采用混凝土结构。根据安全壳建筑材料的不同，又分为钢结构安全壳、多层安全壳、钢筋混凝土安全壳和预应力混凝土安全壳四种。其中，预应力钢筋混凝土是陆上核电站反应堆安全壳采用的主要设计形式。

对于 ACP100S 浮动核电站，安全壳被浮动核电站的舱室结构包容，是堆船结构上的直接结合部分，因而安全壳设计研发具有典型的“堆”“船”结合的属性[2]，与陆上大型核电站的预应力钢筋混凝土钢衬结构存在显著差异。受浮动核电站对空间、重量、安全壳设计压力及载荷等要求的影响，ACP100S 浮动核电站采用小型钢制安全壳设计，以减少船体的主尺度，进而降低船体整体吨位，提升整个电厂的经济性。

1）安全壳外形选择

核电站钢结构安全壳形状主要有圆柱形、方形两种方案，这两种方案有着各自的优势和不足，详见表 5－3。

表 5－3　安全壳结构形状优劣势对比

外　形	优　　势	劣　　势	工程应用
方形	整体空间利用率高	承压能力差，需要设置结构加强设计 整体质量较大	KLT－40S
圆柱形	承压能力好 结构设计简单 整体质量小	空间利用率低 安全壳设计压力较高，对设备等提出较高要求	AP1000 等

通过综合评价圆柱形、方形两种结构方案，结合两种方案下不同尺寸和对应安全壳设计压力，以及安全壳的承载能力、浮动平台经济性等，ACP100S 选用圆柱形钢制安全壳。

2）安全壳材料选择

安全壳（或钢衬里）多选用优质的低合金钢和碳素结构钢，如 A42AP、P265GH、C255 和 20G，但这些钢板厚度通常仅为 6～8 mm，难以单独形成安全壳，需要和预应力混凝土共同组合形成安全壳[3]，该类安全壳材料不适合应用于浮动核电站。

国内三代核电 AP1000 核电站采用了符合 ASME 标准生产的 SA－738Gr. B

钢作为安全壳的制造材料，并已实现工程应用。SA－738 Gr. B 材料强度高、韧性良好、配合焊接材料能形成总体性能优良的结构钢材料[4]，将 SA－738 Gr. B 用于 ACP100S 浮动核电站安全壳材料，有强度高、热处理简单、适用于船内堆舱复杂狭小空间，以及规范成熟、技术储备好等优势。

ACP100S 安全壳是一个独立的圆柱形钢制容器，包含有椭球形的上下两个封头，其主要功能包括如下两种：① 包容浮动核电站堆芯系统和内部系统与外部连接、相关设备，是核电站中核燃料包壳、一回路压力边界之后用于防止放射性物质外泄的第三道屏障，是核电站最重要的构筑物，承载内外部载荷并实现屏蔽包容；② 作为排出反应堆冷却系统放热、堆芯衰变热和事故源相关的衰变热的最终热阱。

1）设备分级

钢制安全壳的安全等级为 2 级，规范等级为 ASME B&PV Ⅲ－MC 级，抗冲击类别为Ⅰ类，质量保证分级为 QA1 级。

2）主要设计参数

ACP100S 钢制安全壳主要设计参数如下。

（1）内径：17 m；

（2）高度：19 m；

（3）封头厚度：44 mm；

（4）筒体壳厚度：44 mm；

（5）材料：SA－738 Gr. B；

（6）设计压力：在设计温度 170 ℃时为 0.8 MPa（绝对压力）；

（7）设计外压：在设计温度 20 ℃时为 0.3 MPa（绝对压力）；

（8）设计温度：170 ℃；

（9）设计寿命：60 年。

3）结构描述

钢制安全壳是一个包含标准椭球形上下封头的自立式圆柱形钢制压力容器，设置有 1 个人员设备闸门（侧面）和 1 个换料闸门（顶封头）及贯穿件套筒组件等，钢制安全壳结构如图 5－7 所示，钢制安全壳人员和设备闸门如图 5－8 所示。

钢制安全壳人员和设备闸门整体结构采用筒体结构，主要由外筒体组件、内筒体组件、密封门组件、中间筒体组件、传动组件、驱动组件、锁紧机构、通道底板组件、联锁机构、铰链组件、电控系统等组成。

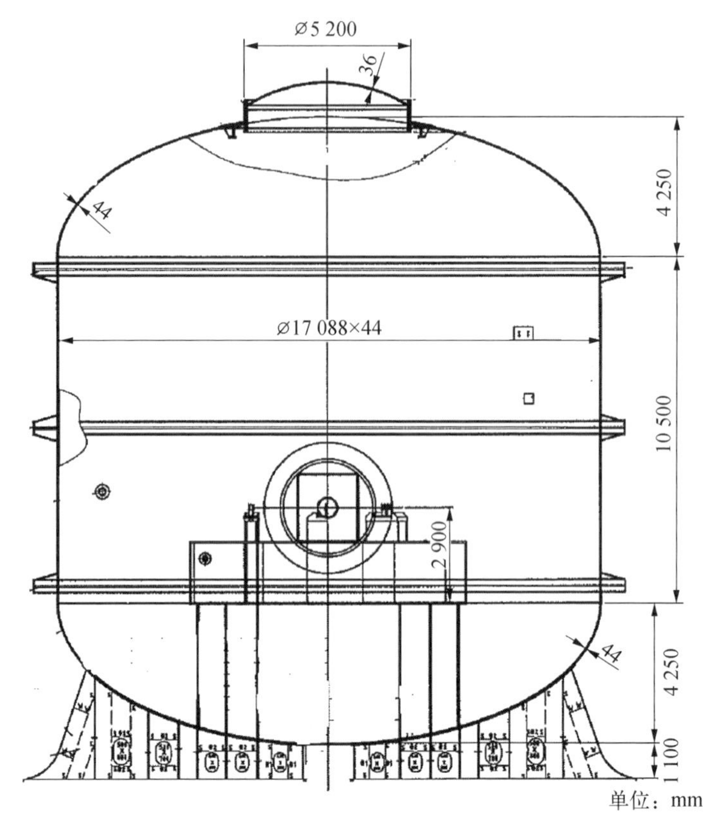

图 5-7　安全壳结构轮廓

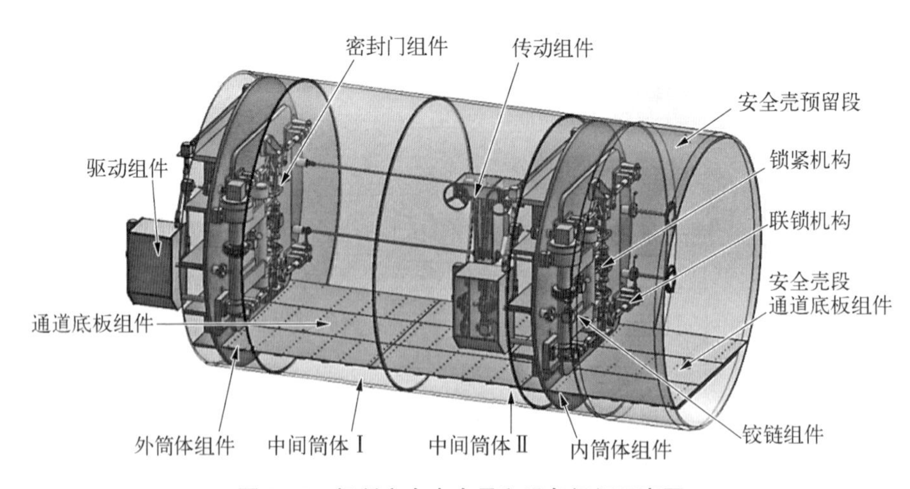

图 5-8　钢制安全壳人员和设备闸门示意图

4）材料选用与材料监督

安全壳承压边界内、换料闸门、人员设备闸门的材料为 SA－738 Gr. B。SA－738 Gr. B 钢板应满足 MC 核级部件要求，板材应按照 ASME 规范第Ⅱ卷 SA－738 Gr. B 的要求和 ASME 规范第Ⅲ卷 NE 分卷的要求进行。

安全壳贯穿件套管使用的碳钢锻件应满足规范 ASME SA－350 Gr. LF2 C1. 1 的要求，不锈钢锻件应满足规范 ASME SA－182 F304L 的要求；使用的碳钢套管应满足规范 ASME SA－333 Gr. 6 的要求，也可以用 SA－738 Gr. B 钢板卷制，非碳钢的贯穿件套管应符合 ASME SA312 TP304L 不锈钢管技术条件的要求。

碳钢螺栓应满足 ASME SA－194－B7 的要求，碳钢螺母满足 ASME SA－194－7 级的要求，核级碳钢螺栓和螺母材料应依据 ASME SA－320 的要求进行冲击试验。

以上碳钢材料应满足适用的 ASME 规范材料技术条件在低温下使用的要求。要求材料进行夏比 V 形缺口试验，试验应符合 ASME 规范第Ⅲ卷 NE－2300 的规定。

5）加工和制造的特殊要求

钢制安全壳在加工和制造过程中有以下要求。

（1）成形工艺要求。安全壳容器的制作和安装应满足 ASME 规范第Ⅲ卷 NE－4000 及下面所述附加要求。制造公差还应满足以下要求：① 任一截面最大与最小内径之差不应超过容器名义内径的 0.5%；② 任意截面的内径不应偏离名义内径的 0.25%；③ 考虑如上述所规定的截面不圆度的影响，在切线之间量得的非铅直度不应超过 0.25%。

（2）装配对中要求。采用焊接连接的部件，在施焊时可用芯棒、千斤顶、夹具、定位焊或临时性附件在相应的位置上进行装配、对中和定位，禁止强力组对。

截面的对中应使完工焊缝的最大错边量不大于 ASME 规范第Ⅲ卷表 NE－4232－1 所列的相应值；椭圆封头内的接头应满足 ASME 规范第Ⅲ卷表 NE－4232－1 中纵向接头的要求。

在规定的允许公差范围内的任何错边应修整成平滑过渡，在完工的焊接宽度范围内的斜度至少为 3∶1。

（3）焊接及热处理要求。安全壳的焊接应符合 ASME 规范第Ⅲ卷及第Ⅸ卷的规定，焊工资质应符合 HAF603 的规定。

安全壳容器壳体内所有的径向和环向焊接接头应采用全焊透的双面对接焊缝类型。所有属于ASME规范要求的附件上的接头及T形接头均应符合ASME规范第Ⅲ卷NE分卷规定。接管焊缝应符合ASME规范第Ⅲ卷NE分卷的规定。所有焊工、焊机操作工、焊接工艺应严格遵照并满足ASME规范第Ⅸ卷及规格书的要求。ASME规范中所有强制规定均应严格执行。

安全壳容器焊后热处理应满足ASME规范第Ⅲ卷NE分卷的要求，对于厚度大于44 mm的焊缝及连接贯穿件和壳体的焊缝应进行焊后热处理。根据焊缝所处位置的不同，应进行局部焊后热处理或炉内焊后热处理。

6) 包装、运输和储存

钢制安全壳在包装、运输和储存方面的要求包括以下几个方面。

(1) 清洗方法和清洁度要求。所有钢制安全壳金属部件在就位之前要满足D级清洁度验收准则。

对于已经喷漆的钢制安全壳金属部件也要满足D级清洁度验收准则，不允许表面有铁锈。钢安全壳的内侧和外侧表面都应满足上述的D级清洁度要求。

(2) 防护涂层要求。应对钢制安全壳部件已涂的油漆层进行保护，避免施工过程中造成涂层的损伤，如发生局部脱落等情况，应及时进行修补。

(3) 吊装、储存和运输。钢制安全壳容器根据现场吊装可行性及吊装能力可分解成子模块，每一个子模块由多块在工厂压制成形的钢板拼凑焊接而成，子模块的具体划分可根据实际情况确定。

钢制安全壳容器各子模块的拼装板在储存和运输过程中，应采取适当的措施以避免其发生锈蚀，并不得发生不可恢复的塑形变形。

钢制安全壳容器各子模块吊装中应保证其应力和变形在允许范围内。

7) 海洋条件下安全壳力学分析

不同于陆上反应堆及军用舰船反应堆，浮动核电站需要面临独特的海洋环境：长期锚定漂浮于某个海域，在风、浪、流、潮汐等自然环境的影响下不断地发生受迫运动，可预测的极端恶劣天气下需要主动策划撤离，也可能面对周围其他失控浮体的偶然碰撞。海洋条件的特殊性给浮动核电站核动力装置的设计与力学评价带来了新的挑战。

与传统的陆上安全壳相比，海洋环境条件下钢制安全壳所处的环境和承受的载荷有较大不同，海洋环境的复杂性导致安全壳所受的载荷更加复杂。由于承载钢制安全壳的浮式平台载体始终处于运动状态之中，因此对钢制安全壳的力学分析及评价需要转化为对平台载体的运动分析，以及由此对钢制安全壳产生的动载荷及其载荷的传递等，对反应堆力学评价主要通过安全壳在海洋条件下的运动分析响应来实现。这里简单介绍浮动核电站安全壳主要开展的力学分析：动力响应分析、应力分析、疲劳分析、稳定性分析、碰撞分析、极限承载分析。

(1) 动力响应分析方法。船体在海洋环境下的随机运动响应对核反应堆的结构安全会产生很大的影响，综合考虑海洋环境的复杂性、随机性和综合性等特点，分别针对不同的外部事件，在浮式核电站船体和安全壳整体分析模型施加对应的外部事件载荷，分析浮式核电站整体结构和钢制安全壳结构响应，进一步提取钢制安全壳支承位置处传递载荷时程，作为载荷边界条件施加于钢制安全壳精细化有限元分析模型，开展钢制安全壳结构精细化动力分析，获取钢制安全壳不同外部事件下结构应力和位移响应，对于海洋结构物的动力分析方法仍以有限分析为主。

(2) 应力分析方法。对于海上浮式核电站钢制安全壳结构强度校核，方法思路大致如下：① 从浮动堆安全壳的适应性要求出发，分析安全壳压力与船舶主尺度和重量之间的主要矛盾关系，设计一个浮动式核电站安全壳舱段结构；② 分析对安全壳安全构成较大威胁的事故工况、设计工况和载荷组合及力学计算时应设置的边界条件；③ 根据现有规范，评估结构应力许用值；④ 根据几何模型、材料参数建立有限元模型，依据计算工况及边界条件进行强度的直接计算；⑤ 得到结构的应力云图并进行结构强度校核。

因为存在核反应堆舱，浮动核电站中心区域的温度远高于传统船舶。但当前尚未有钢制安全壳应力分析研究将温度荷载内压和海洋环境载荷同时考虑进结构强度校核中。

(3) 疲劳分析方法。船舶在运营和作业时受到波浪载荷及其内部惯性力的作用，船舶结构件产生了交变应力，进而会发生疲劳损伤破坏。浮动核电站作为功能型平台，船体结构复杂，内部舱室较多，核反应堆舱的存在使多层甲板在这里断开，导致该处结构较薄弱。浮动核电站的疲劳评估与常规船舶在波浪载荷、结构特点、设计疲劳寿命、安全性等方面的要求不尽相同，因此对其疲劳强度展开评估尤为重要，当前研究对海上浮式核电站进行疲劳分析的思路如下：① 通过三维波浪载荷软件获得核电平台在波浪中拖航以及单点系泊状态下的载荷响应及运动响应，并考虑到核反应堆舱内因货物造成的内部压力；② 利用有限元分析软件对平台模型进行局部细化处理，在模型上施加不同浪向和频率下的波浪载荷;③ 通过大批量有限元分析处理获得应力的响应函数,应力范围的短期概率分布服从瑞利分布,长期分布应基于海浪散布图确定;④ 根据各短期疲劳损伤度线性叠加得到工作状态及拖航状态对应的疲劳损伤度;⑤ 依据时间分配系数得到总的疲劳损伤度。峰值应力只是在作为可能由它引起疲劳裂纹或脆性断裂时才有害,安全壳内压达到设计内压的次数是非常有限的,故因设计内压载荷引起的疲劳问题不需要校核。

(4) 稳定性分析方法。在《海上浮式装置入级规范(2014)》中,根据浮式装置所处的不同状态对浮式装置稳性有不同的要求。浮式装置的稳性可分为2种类型: ① 完整稳性;② 破损稳性。浮式装置的完整稳性系指漂浮着的浮式装置依靠倾斜后其自身的复原力矩来抵抗外加倾覆力矩的能力。浮式装置的破损稳性系指浮式装置在遭受外部破损或内部进水导致的浮力损失后,依靠其自身倾斜产生的复原力矩,在静水中可满足规范对浮态及稳性的最小要求,以及在规定的外加风力作用下仍能保持不再继续进水的能力。

除浮式装置抗倾覆的稳性外,还需分析钢制安全壳的结构稳定性失效情况。根据实尺度下的海洋环境工况及可能存在的组合情况,筛选在海洋极端载荷下可能发生结构稳定性失效的工况,并根据典型工况下的受力特性,考虑设计内压和外压,确定主导载荷,并确定安全壳及其支承结构与主浮动平台关联处的边界条件,通过结构有限元分析,分析安全壳结构的屈曲失稳。在《钢制海船入级规范(2018)》第9篇第1部分第5章中,给出了屈曲能力评估方法和屈曲的强度衡准。

(5) 碰撞分析方法。类似陆上核电站的地震事件,海上浮动核电站最显著的外部事件之一就是碰撞,当前针对海上浮式核电站碰撞事故的计算分析思路如下: ① 根据有关资料参数,建立船体有限元模型;② 设置船舶碰撞参数,模拟碰撞过程,得到船舶舷侧结构损伤情况;③ 对核反应堆包括压力容器进行有限元模型建立;④ 对冲击环境进行有限元分析,得到关键部位加速度时历曲线;⑤ 滤波后利用相关软件计算,得到对应的加速度谱、速度谱以及三折线设计谱等数据。

(6) 极限承载分析方法。浮式核电站安全壳在设计基准压力、严重事故压力状态下的工作性能及其极限承载能力,是评估安全壳安全性和可靠性至关重要的指标之一。当前国内对安全壳结构极限承载能力的研究集中在内压上,事故条件下,由于安全壳冷却系统的失效,安全壳内部将充满高温汽水,内部压力急剧增大,安全壳在高温下将承受热应力及内压荷载。

在《钢制海船入级规范(2018)》第 9 篇第 1 部分第 5 章中，对船体梁极限强度做了规定，规定了船体梁极限弯曲载荷和船体梁极限弯曲能力。在《海上浮式装置入级规范(2014)》第 2 篇第 9 章中，给出了用于局部支撑构件、主要支撑构件及其他构件，如支柱、槽型舱壁和肘板的屈曲和极限强度评估的强度衡准，衡准适用于船体局部尺度和直接强度分析。

参考文献

[1] 宋丹戎，刘承敏. 多用途模块式小型核反应堆[M]. 北京：中国原子能出版社，2021.

[2] 王珏，陈力生，蔡琦，等. 海上小型核动力厂设计中若干安全问题[J]. 科学技术与工程，2019，19(30)：9－15.

[3] 谭美，李鹏凡，郭健，等. 海洋环境条件下浮动堆安全壳设计[J]. 中国舰船研究，2020，15(1)：107－112.

[4] 宁冬，包章根，姚伟达. AP1000 先进核电厂钢安全壳容器的材料设计要求[J]. 核动力工程，2006，27(5)：304－307.

第6章 ACP100S反应堆冷却剂系统设计

作为浮动核电站，ACP100S反应堆冷却剂系统设计时需要考虑海洋环境的影响。与陆上核电站反应堆冷却剂系统相比，ACP100S反应堆冷却剂系统由于运行于海洋环境，面临的主要挑战如下：

针对反应堆冷却剂系统运行所面临的海洋环境条件，系统及其设备在设计时应考虑倾斜、摇摆、冲击、颠震等海况条件(具体的数值应根据不同海域情况加以考虑)；同时，还应该考虑盐雾、霉菌等对仪控设备的影响，有针对性地采取预防措施。在海洋条件下，随着平台自身的倾斜、摇摆，反应堆冷却剂系统内的液位会有一定变化，由于ACP100S采用强迫循环的运行方式，液位的变化对反应堆冷却剂系统运行的影响很小。

6.1 概述

反应堆冷却剂系统(RCS)即核反应堆一回路的主系统，主要包括蒸汽发生器、稳压器、反应堆冷却剂泵及互相连接的反应堆冷却剂管道和控制仪表等。ACP100S反应堆冷却剂系统采用一体化反应堆结构设计，取消了主管道，极大地简化了反应堆冷却剂系统的设计，从而保障了反应堆小型化。

ACP100S反应堆中设有若干辅助系统和专设安全设施为RCS服务，包括化学和容积控制系统(RCV)、正常余热排出系统(RHR)、非能动余热排出系统(PRS)、应急堆芯冷却系统(ECCS)和核岛疏水排气系统(RVD)。这些系统都与反应堆冷却剂系统连接。

(1) RCV。RCV的辅助喷雾管线在喷雾阀的下游与喷雾管线连接。

(2) RHR。反应堆冷却剂通过连接在一体化反应堆压力容器的RHR进口接管进入 RHR 系统，经由两条 DVI 管线回流到 RCS 系统。

(3) PRS。反应堆冷却剂通过连接在 RHR 的接管进入 PRS，经一条 PRS 出口管线回流到 RCS。

(4) ECCS。每台堆芯补水箱通过一根接到反应堆压力容器下环腔的入口平衡管线和一根 DVI 管线与 RCS 相连；左右舷冷却水箱、屏蔽水箱、安全壳底部的低压安全注射取水管线汇合成两路后分别通过两根 DVI 管线与 RCS 相连。

(5) RVD。RCS 还与 RVD 及核取样系统(RNS)连接。

1) 系统功能

反应堆冷却剂系统的主要功能是通过反应堆冷却剂泵驱动冷却剂循环流动，将反应堆堆芯产生的热量通过直流蒸汽发生器传递给二回路，同时冷却堆芯，防止燃料元件烧毁或损坏。

除此之外，反应堆冷却剂系统还有下列辅助功能。

(1) 中子慢化。RCS 内的反应堆冷却剂(轻水)作为中子慢化剂，使中子速度降低到热中子的范围。同时，系统还可以作为反射层，反射从一部分堆芯泄漏的中子。

(2) 反应性控制。硼酸溶解于反应堆冷却剂，在反应性控制中用于补偿氙气瞬态效应和燃耗。

(3) 反应堆冷却剂压力控制。通过系统内的稳压器控制反应堆冷却剂压力，从而防止不利于传热的偏离泡核沸腾(DNB)发生。

(4) 放射性屏障。在燃料包壳破损事故发生时，RCS 作为防止放射性产物泄漏的第二道屏障。

2) 系统方案

RCS 由反应堆压力容器、16 台直流蒸汽发生器、4 台反应堆冷却剂泵、稳压器、弹簧式安全阀及阀门仪表和相应的连接管道组成，如图 6-1 所示。

16 台直流蒸汽发生器布置在反应堆压力容器内，4 台主泵布置安装在反应堆压力容器主泵接管上。反应堆冷却剂在压力容器和主泵内循环。反应堆冷却剂在堆芯加热后，进入直流蒸汽发生器进口环腔，向下流入直流蒸汽发生器传热管束的一次侧，将热量传递给二次侧给水，产生过热蒸汽供二回路使用。被冷却的反应堆冷却剂受主泵驱动回到堆芯，从下向上再次加热后离开堆芯形成闭式循环。

反应堆冷却剂系统主要特性参数如表 6-1 所示。

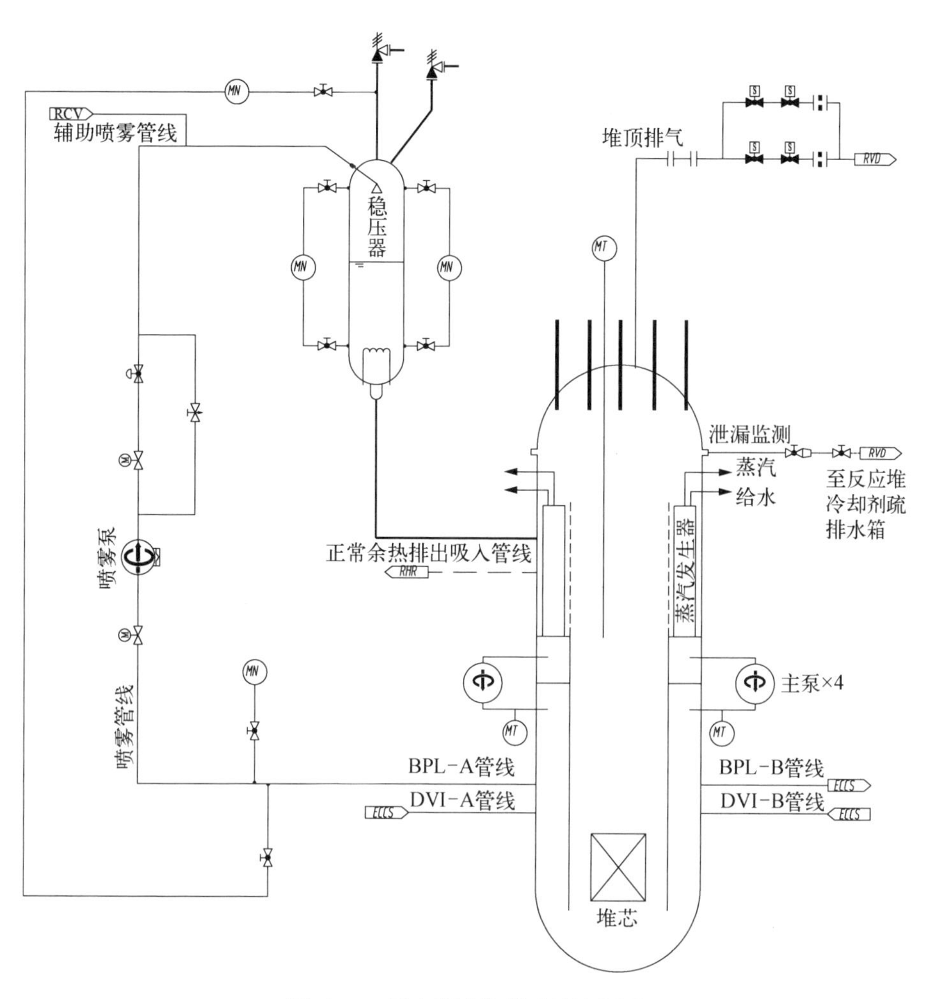

图 6-1　反应堆冷却剂系统流程图

表 6-1　反应堆冷却剂系统主要特性参数

参　数	数　值
堆芯额定热功率/MW	385
稳压器运行压力(绝对压力)/MPa	15
热工设计体积流量/(m^3/h)	9 550
最佳估算体积流量(名义流量)/(m^3/h)	10 000

（续表）

参　　数	数　　值
机械设计体积流量/(m^3/h)	10 450
设计压力(绝对压力)/MPa	17.2
设计温度/℃	343
运行压力(绝对压力)/MPa	15
反应堆出口冷却剂温度/℃	319.5
反应堆入口冷却剂温度/℃	286.5
反应堆冷却剂平均温度/℃	303
蒸汽发生器蒸汽压力(绝对压力)/MPa	4.5
蒸汽发生器蒸汽温度/℃	294
蒸汽发生器蒸汽质量流量(16 台)/(t/h)	596.8
蒸汽发生器给水温度/℃	140

(1) 压力控制。RCS 压力控制通过稳压器及其为反应堆冷却剂压力控制和超压保护所需的辅助设备实现。稳压器通过波动管与反应堆压力容器相连。稳压器的详细介绍见 6.2.3 节。

稳压器喷雾管从与反应堆冷却剂系统冷区相连的堆芯补水箱平衡管线上引出，通过喷雾泵增压后接到稳压器顶部的喷雾接管。喷雾管线包含一台自动调节流量的阀门，该阀门按照控制系统的要求开启、调节及终止喷雾流。喷雾流量调节阀的上游安装一台远程控制的截止阀，用于在喷雾阀失效开启状态的事件中隔离喷雾流。喷雾流量调节阀并联一台手动节流阀，当主喷雾阀隔离时可允许该节流阀旁通小流量连续流过喷雾管、稳压器和波动管。此小流量可防止喷雾管线(在正常运行过程中不需要喷雾进行压力控制时)和波动管的冷却，降低喷雾阀开启瞬态对喷雾管线和波动管的热冲击，也有助于维持稳压器中化学成分和温度的均匀性。喷雾泵设置旁流管线，不需要进行稳压器喷雾时，喷雾泵流量大多数从旁流管线返回泵的吸入端，在需要对稳压器进行喷雾时切断旁流管线，使喷雾泵流量大多数通过喷雾流量调节阀进入稳压器。喷雾泵旁流管线上设置有手动流量调节阀，电厂调试阶段通过调节该阀使喷雾泵旁流管线阻力与喷雾管线阻力相匹配，可以使喷雾泵在进行喷雾和不进行喷雾时都运行在其工作点范围内。

电加热器安装在稳压器下封头上，在压力降低时，水闪蒸为蒸汽，同时电加热器自动运行保持压力高于反应堆低压停堆整定值。

安装在稳压器顶部的两台安全阀提供系统超压保护。稳压器安全阀是全封闭式快开阀门。该阀门是弹簧加载式、背压补偿自动启动，阀门可在主控制室显示实际状态(开启或关闭)。阀门的额定排量等于或者大于因丧失全部负荷且未能紧急停堆或其他任何控制动作而导致的最大波动速率。安全阀排放管线上设有温度探测器，在安全阀泄漏或安全阀开启时高温报警。

(2) 温度测量。RCS 内的冷却剂温度在反应堆出入口处直接测量。在反应堆上腔室设置 7 支热电偶温度计用于测量反应堆出口温度。其中，4 个温度信号用于反应堆保护和控制系统；另外 2 个温度信号被送至多样化保护系统，1 个温度信号用于温度监测。在反应堆压力容器主泵接管上(主泵入口垂直段)设置 8 支温度计用于测量反应堆进口温度。其中，4 支为窄量程温度监测，用于反应堆保护和控制系统；4 支为宽量程温度监测。测量获得的反应堆进出口温度都会被送至主控室显示。

反应堆冷却剂系统其余温度测量监测如下：① 稳压器波动管设有 2 支温度计用于监测稳压器波动管的热分层；另外 1 支温度计用于监测进入稳压器的液体温度。稳压器波动管温度均在主控室显示；温度过低时，主控室将发出报警。② 稳压器喷雾管线设有 2 支温度计用于监测稳压器喷雾管线温度。稳压器喷雾管线温度均在主控室显示；当温度过低时，主控室发出报警。③ 稳压器安全阀排放管上设有 2 支温度计用于监测稳压器安全阀排放管温度。稳压器排放管温度在主控室显示；当温度过高时，主控室发出报警。④ 反应堆压力容器高点排气阀后设有 2 支温度计用于监测反应堆压力容器顶盖排气隔离阀下游温度。反应堆压力容器顶盖排气温度在主控室显示；当温度过高时，主控室发出报警。⑤ 反应堆引漏管线上设有 1 支温度计用来监测反应堆压力容器密封环的泄漏。该信号在主控室显示；当温度过高时，主控室发出报警。

6.2　系统主要设备

反应堆冷却剂系统的主要设备包括反应堆冷却剂泵、直流蒸汽发生器、稳压器等。

6.2.1 反应堆冷却剂泵

相比陆基条件，海洋环境的情况有很大的不同，有倾斜、摇摆、垂荡、冲击和振动等特殊因素带来的特殊影响，而反应堆冷却剂泵设计应能适应这些特殊因素产生的额外载荷响应，以满足海洋环境条件运行要求。

反应堆冷却剂泵是反应堆冷却剂压力边界的一个组成部分，其安全等级为1级、RCC-M规范等级为1级、抗冲击类别为Ⅰ类、质保等级为QA1级。反应堆冷却剂泵的泵壳（主泵接管）和定子壳体为防止反应堆冷却剂和其他放射性物质向安全壳大气释放提供屏障。

反应堆冷却剂泵提供足够的堆芯冷却流量来保证足够的热量传递，以使偏离泡核沸腾比（DNBR）维持在大于安全分析中确定的限值。泵组件的转动惯量由飞轮（在泵压力边界内）、电机转子和其他转动部件提供。转动惯量为惰转工况提供流量，该流量应在假定丧失电源后与后续反应堆冷却剂系统的自然循环一起充分地冷却堆芯。运行要求的净正吸入压头也称汽蚀余量（NPSH）按照泵的保守设计总是小于系统设计和运行的有效值。

反应堆冷却剂泵压力边界在理论上最恶劣的飞轮失效情况下保护反应堆冷却剂压力边界。反应堆冷却剂泵压力边界通过分析证明了断裂的飞轮不会破坏反应堆冷却剂系统压力边界以及削弱安全有关系统或部件的运行。

反应堆冷却剂泵为单级、无轴封、高惯量、离心式屏蔽电机泵（简称屏蔽泵），用于输送高温高压的反应堆冷却剂。屏蔽泵中定子和转子封在抗腐蚀的屏蔽套中，防止转子铜条和定子绕组与反应堆冷却剂接触。由于叶轮和转子的轴包括在压力边界中，因此不需要轴密封来限制泵的泄漏进入安全壳。反应堆冷却剂泵的驱动电机是一个立式、水冷、鼠笼式带屏蔽转子和定子的感应电机。该电机由三相、3 000 V、50 Hz的电源驱动。定子屏蔽套保护定子（绕组和绝缘体）不接触电机腔内循环的反应堆冷却剂。转子上的屏蔽套将转子铜条与系统隔离，以减小铜在其他区域析出的概率。电机由电机腔内循环流动的反应堆冷却剂和定子冷却套内循环的设备冷却水进行冷却。反应堆冷却剂从转子下端进入，轴向通过电机腔，将热量带出转子和定子。辅助叶轮为循环冷却剂提供动力。冷却剂的热量传递给热交换器内的设备冷却水。反应堆冷却剂泵流道结构和外形如图6-2所示。

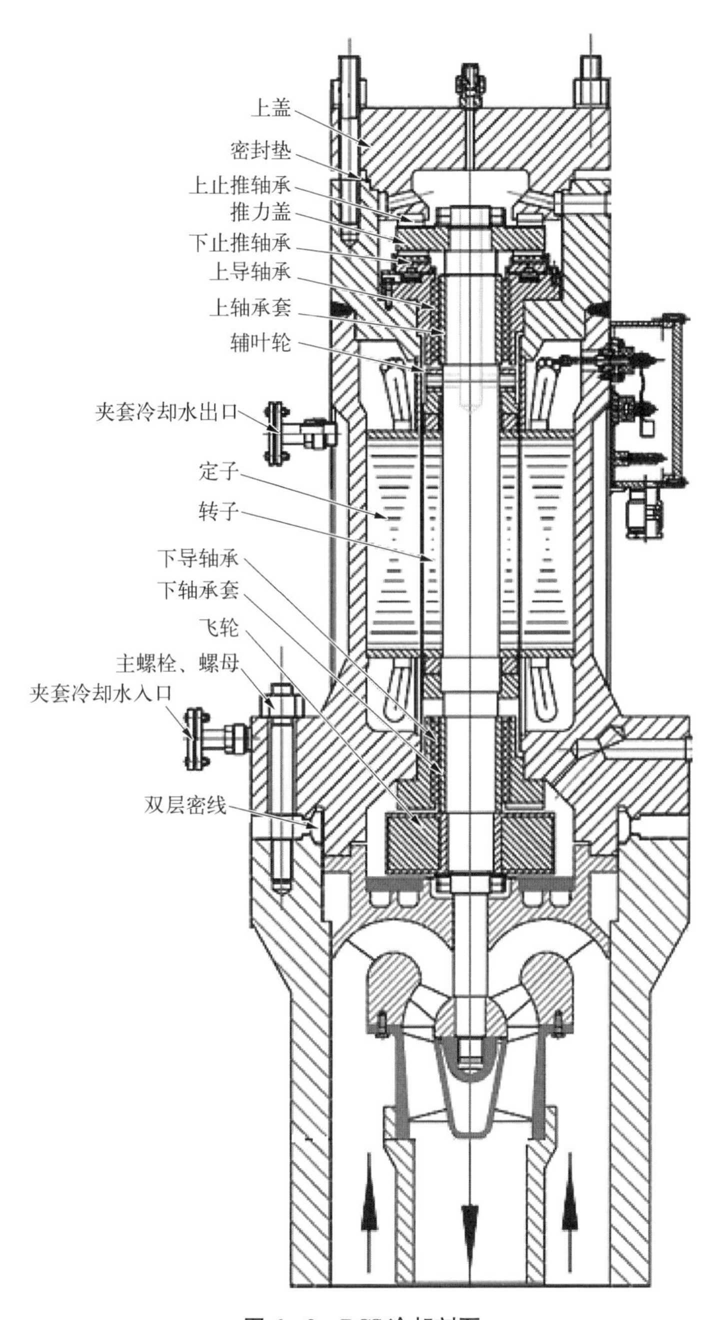
上盖
密封垫
上止推轴承
推力盖
下止推轴承
上导轴承
上轴承套
辅叶轮
夹套冷却水出口
定子
转子
下导轴承
下轴承套
飞轮
主螺栓、螺母
夹套冷却水入口
双层密线

图 6-2　RCS 冷却剂泵

反应堆冷却剂泵为单速(同步转速为3 000 r/min)屏蔽电机驱动的立式轴流屏蔽泵,电机位于反应堆冷却剂泵的上方,由3 000 V交流电源供电。泵的进出口为同心双层套管,泵的吸入口为双层套管的外管与内管间的环腔,排出口为双层套管的内管。被抽送介质从双层套管的外、内管间的环腔经180°拐弯后由叶轮吸入,再经导叶排出到双层套管的内管中。

反应堆冷却剂泵是反应堆冷却剂系统压力边界的组成部分,其承压边界部件的设计满足RCC-M中B3000、B3300、B3400和B3600相关的要求,可以保证压力边界的完整性。

反应堆冷却剂泵的电机转子所在腔与泵腔相通,承受反应堆冷却剂系统压力。在电机的转子铁芯外表面和定子铁芯内表面均焊有屏蔽套,将定子、转子铁芯及绕组与冷却剂隔离。叶轮用叶轮锁紧螺帽紧固,止退垫圈防松。转子部件为悬挂式支承,轴向力由电机推力轴承承受。在转子的上、下部位设置水润滑导轴承,承受作用在叶轮上的水力径向力、转子部件转动不平衡引起的离心力和单向磁拉力等径向力。推力轴承和上、下导轴承的支承结构均为固定式。

电机机座筒外壁上设置了二次冷却水腔和冷却盘管,辅叶轮驱动电机转子所在腔内一次水循环。一次水经冷却盘管在二次冷却水腔内通过热交换冷却,同时二次水直接冷却电机机座外壁,一、二次水将带走电机内产生的全部热量(包括铁芯发热、绕组导体发热、屏蔽套发热、转动体旋转摩擦发热和辅叶轮功率损耗热量),以及泵端向电机端的导热传热量,实现电机的冷却。经辅叶轮循环的一次水,同时润滑轴承。

为阻挡泵端的热量传向电机,在泵与电机之间设有隔热屏。为保证反应堆冷却剂泵满足惰转时间要求,在轴系上设置有飞轮,每个飞轮组件由内轮毂、镶嵌的钨合金和外环组成,为反应堆冷却剂泵提供足够的转动惯量,延长反应堆冷却剂泵断电后的惰转时间,从而延长向堆芯输送冷却剂的时间。反应堆冷却剂泵断电惰转到半流量的时间(简称惰转半流量时间)大于3 s,满足全厂断电事故工况下保证堆芯安全所需惰转半流量时间要求。

反应堆冷却剂泵轴承要求在长期运行中具有较高的耐磨损性,可以短时间承受反转。因此,针对反应堆冷却剂泵,从轴承材料、轴承结构及水润滑轴承水膜的形成等方面进行了定性和定量分析,并进行了一系列的轴承专项试验研究,确保轴承能可靠运行,保证其结构的完整性。

反应堆冷却剂泵的主要性能参数如表6-2所示。

表6-2　冷却剂泵主要性能参数

参　　数	数值或描述
安全等级	1级
规范等级	RCC-M 1级
质保等级	QA1
抗冲击类别	I类
泵数量/台	4
设计压力(绝对压力)/MPa	17.2
工作压力(绝对压力)/MPa	15
设计温度/℃	343
运行温度/℃	286.5
承压边界部件设计寿命/年	60
易损部件设计寿命/h	40 000
额定流量/(m^3/h)	2 500
额定扬程/m	27.9
效率/%	≥50
电动机同步转速/(r/min)	3 000
额定电压/V	3 000
额定频率/Hz	50
相数	3
功率因数	≥0.88
运行方式	连续运行
惰转半流量时间/s	≥3

为了防止主泵故障,需要对下列参数进行连续监测:

(1) 每台主泵电机设有冷却器,通过设备冷却水进行冷却,并设置温度计对电机绕组运行温度进行监测。

(2) 每台主泵设置轴承水温度监测信号测点，当轴承水温度高时，主控室触发报警；当轴承水温度过高时，触发反应堆紧急停堆。

(3) 每台主泵设置振动监测信号测点，当主泵振动高时，主控室触发报警。

(4) 每台主泵设置转速测量传感器，用于触发停堆信号或监测主泵超速。

(5) 每台主泵设置定子腔液位开关，对定子腔泄漏进行监测。

6.2.2 直流蒸汽发生器

蒸汽发生器采用套管式直流蒸汽发生器，该蒸汽发生器结构紧凑、传热效率高，可均布在反应堆压力容器内，取消了传统大型核电机组反应堆冷却剂系统的主管道、过渡段的设置，可以实际消除大 LOCA 事故。

直流蒸汽发生器由给水入口组件、集管管接头组件、蒸汽发生单元、给水管组件、围筒、给水过渡管接头、蒸汽过渡管接头、密封管嘴等零部件构成，直流蒸汽发生器结构如图 6-3 所示。直流蒸汽发生器为安全 1 级设备，质保等级为 QA1 级，抗冲击类别为Ⅰ类，规范等级为 1 级，其主要设计依据和主要设计参数指标如表 6-3(一回路强迫循环额定工况下的运行参数)和表 6-4(直流蒸汽发生器承压部件的设计参数)所示。

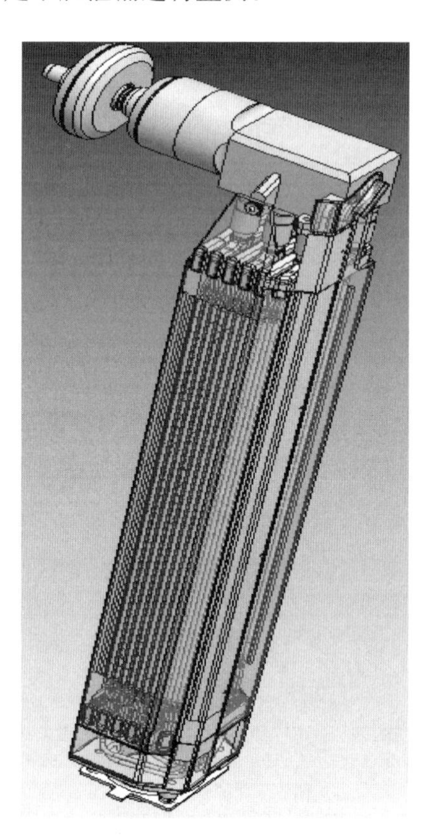

图 6-3 直流蒸汽发生器

表 6-3 一回路强迫循环额定工况下的运行参数

参　数	数　值
反应堆额定热功率/MW	385
冷却剂体积流量(16 台总流量)/(m^3/h)	10 000

（续表）

参　　数	数　　值
平均温度/℃	303
运行压力(绝对压力)/MPa	15.0
给水温度/℃	140
出口蒸汽温度/℃	294
出口蒸汽压力(绝对压力)/MPa	4.5
蒸汽产量(16台总产量)/(t/h)	596.8

表6-4　直流蒸汽发生器承压部件的设计参数

<table>
<tr><th colspan="2">参　　数</th><th>数值或描述</th></tr>
<tr><td colspan="2">安全等级</td><td>1级</td></tr>
<tr><td colspan="2">质保等级</td><td>QA1</td></tr>
<tr><td colspan="2">抗冲击类别</td><td>Ⅰ类</td></tr>
<tr><td rowspan="2">一次侧</td><td>设计压力(绝对压力)/MPa</td><td>17.2</td></tr>
<tr><td>设计温度/℃</td><td>343</td></tr>
<tr><td rowspan="2">二次侧</td><td>设计压力(绝对压力)/MPa</td><td>17.2</td></tr>
<tr><td>设计温度/℃</td><td>343</td></tr>
</table>

直流蒸汽发生器主体结构材料选用钛合金，以降低设备重量，提高结构的可靠性，并且延长设备使用寿命。同时，为了避免或减缓因腐蚀、振动等造成的管体破损问题，在蒸汽发生器结构设计和材料选择上采取了如下一些措施。

(1) 防止传热管振动的措施。在蒸汽发生管两端部，分别通过给水过渡管和蒸汽过渡管与给水联箱和蒸汽联箱管板焊接连接，保证一定的强度。

(2) 防止传热管腐蚀的措施。每台直流蒸汽发生器有上千根传热管，是一回路压力边界的组成部分。在运行过程中一旦发生各种原因导致的传热管破损，需要隔离泄漏蒸汽发生器单元，导致反应堆紧急降功率运行。停堆后，需要对泄漏蒸汽发生单元进行检查和堵漏，损坏严重时甚至需要更换直流蒸汽发生器，造成巨大损失，因此提高直流蒸汽发生器传热管的安全性和可靠性是最重要的任务。为保证反应堆的安全运行，在设计中对管材选择、运行水质控制和维护保养等方面均采取了相应的措施，以防止、延缓并减少传热管的腐蚀破损，延长蒸汽发生器的使用寿命。

(3) 蒸汽发生器二次侧清洗。虽然在设计过程中规定了严格的二次侧水质条件，但经过长时间的运行后，传热表面还是会有杂质沉积，影响直流蒸汽发生器的换热效率，同时，在反应堆运行过程中可能出现给水水质恶化等事故，导致给水含盐量增加或腐蚀产物、树脂碎片和机械微粒等进入直流蒸汽发生器二次侧，影响直流蒸汽发生器的可靠性，对此需要采取水力清洗和化学清洗等措施，消除这些事故造成的影响，恢复直流蒸汽发生器的性能。

(4) 水力清洗。水力清洗(湿蒸汽清洗)在反应堆停运过程中通过二回路启停系统实现对直流蒸汽发生器二次侧的冲洗。水力清洗工艺流程如下：由凝水泵抽出共用冷凝器内凝水，经电动给水泵增压后输送至直流蒸汽发生器二次侧，凝水受热后变成湿蒸汽，湿蒸汽对直流蒸汽发生器进行冲洗后进入启停分离器分离，分离出的蒸汽经蒸汽排放管路排至共用冷凝器，分离出的疏水经疏水管路排至共用冷凝器。

(5) 化学清洗。为了对二次侧进入的腐蚀产物、沾污进行化学清洗，在实验室环境下开展了清洗剂配方选择试验研究，确定了腐蚀产物、树脂碎片和机械微粒沾污的清洗剂配方。化学清洗工艺如下：根据直流蒸汽发生器二次侧沾污的程度和性质，确定清洗温度及清洗剂浓度，启动清洗泵进行闭式循环清洗；清洗合格后进行闭式循环漂洗，直至漂洗合格，排掉漂洗水后完成化学清洗。

蒸汽发生器在使用过程中需要进行在役检查。在直流蒸汽发生器服役期间，其部件受到应力、温度载荷等作用，可能会产生各种机理导致的降质或缺陷问题。为防止运行期间直流蒸汽发生器发生破损，必须对压力边界各承压部件进行定期检查，找出可能出现的缺陷，并采取纠正措施，使直流蒸汽发生器的各部件处于安全状态。直流蒸汽发生器在役检查的部位为给水入口组件与端盖组件的焊缝、端盖组件与压力容器焊缝以及端盖与给水过渡接管焊缝，检查的项目为目视、液体渗透和射线检查和(或)超声检查。为了提供在役检查的初始状态和基准点，对上述需要进行在役检查的焊缝均要在反应堆装料前进行役前检查。

当反应堆冷却剂在堆芯被加热并上升到蒸汽发生器入口时，由于冷却剂密度的变化产生驱动压头而开始自然循环流动。实际上，由于作为热阱的蒸汽发生器位置高于作为热源的反应堆堆芯，因此提高了自然循环能力。故在不大可能发生的丧失强迫循环能力的事故中，自然循环保证了在热停堆期间排出堆芯衰变热。

为了抑制二次侧管间流量脉动水平在允许范围内，直流蒸汽发生器单管节流装置采用了多级缩径的结构形式，直流蒸汽发生器的设计评估应有以下考虑。

(1) 防止异物进入二次侧。在二回路管路设计时，在水质处理模块后设置能够过滤直径大于 0.3 mm 颗粒的过滤器，在过滤器后至直流蒸汽发生器给水入口管前的阀门、管道附件等，均能保证高可靠性，减少运行过程中异物进入二次侧的可能性；在直流蒸汽发生器制造过程中，严格控制生产现场的清洁度，进行喷泉试验和水压试验时也应装设过滤器。在直流蒸汽发生器储存、运输过程中严格执行保养技术要求，在安装过程中应将给水入口和蒸汽出口用软木塞堵住，防止异物进入。

(2) 严格执行运行规程。在低于直流蒸汽发生器最低稳定运行功率条件下，如果给水管及单管节流件产生汽化，不但影响直流蒸汽发生器的稳定运行，而且给水中的盐分会在节流件中浓缩、堆积，造成单管节流件堵塞。因此，应严格执行运行规程，避免直流蒸汽发生器长时间在流动不稳定区运行，保证单管节流件出口不产生汽化。定期对蒸汽发生器二次侧进行湿蒸汽冲洗和(或)化学清洗；另外，当发生给水水质恶化，出现含盐量增加或内含腐蚀产物进入二次侧时，应及时采取措施对二次侧进行水力清洗或化学清洗，防止沉积物硬化，影响清洗效果。

(3) 防止周期性和非周期性流动不稳定的措施。周期性和非周期性流动不稳定是一体化布置的直流蒸汽发生器的固有特性，如果直流蒸汽发生器在流动不稳定区运行，将会对直流蒸汽发生器结构部件造成损伤，缩短直流蒸汽发生器的使用寿命，在设计中已采取措施以防止损伤发生。

(4) 保证足够的二次侧压降。由于给水沿给水管向下流动，产生的蒸汽向上流出蒸汽发生器，直流蒸汽发生器的整体结构呈 U 形，在给水和蒸汽密度差异的条件下，当给水流量较低时，水力特性会出现非单值性，产生流动不稳定现象。因此，在直流蒸汽发生器运行功率范围内必须保证水力特性的单值性。在设计中,采取了设置单元节流件的措施,增加给水入口段的阻力,保证在较低的给水流量下水力特性的单值性。

(5) 保证蒸汽发生管入口足够的节流压降。周期性流动不稳定性是水动力不稳定性最常见的类型,是两相介质在蒸汽发生管流道内流动的直流蒸汽发生器所固有的。流量脉动导致蒸汽发生管壁温度脉动,而温度脉动将导致热循环应力,引起蒸汽发生管材料的热疲劳。因此,蒸汽发生流道中两相流流量脉动不应导致蒸汽出口参数(温度、压力)的脉动,或者蒸汽发生器传热性能恶化(蒸汽温度降低),同时希望流量脉动达到可能的最低水平。为了将流量脉动降至尽可能低的水平,设计中采取了在蒸汽发生管入口端设置单管节流件。

(6) 保证单管节流件出口不发生给水汽化。防止直流蒸汽发生器在流动不稳定区运行的另一措施是防止给水在单管节流件内发生汽化,由于给水在单管节流件内汽化将影响直流蒸汽发生器的水动力特性,还会增加单管节流件堵塞而降低直流蒸汽发生器可靠性的危险。在设计中,采取了给水管组件外围设置隔热屏的措施,尽可能减少给水在给水管内的温升,同时因为设置单元节流件,增加了给水在给水管中的换热热阻,保证即使在较低的功率水平下,单管节流件出口仍然有足够的欠饱和度,不会出现汽化。

6.2.3 稳压器

稳压器是一个立式圆柱形容器,带有上下两个球形封头,整个容器由 16MnD5 低合金钢制成,在所有与反应堆冷却剂直接接触的内表面上均堆焊了奥氏体不锈钢,其结构如图 6-4 所示。

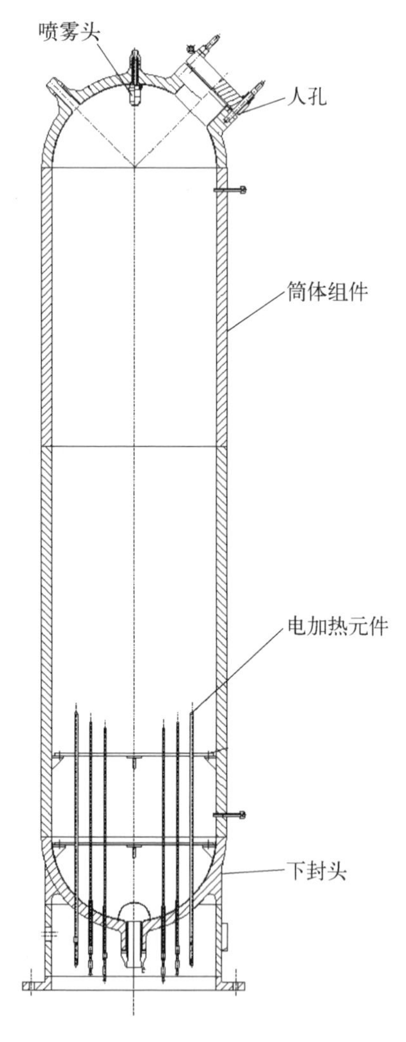

图 6-4 RCS 稳压器

稳压器波动管接管和电加热元件安装在下封头上,电加热元件可以卸下来维修和更换。在稳压器下封头波动管接管上部安装了流体分配罩以防止异物从稳压器进入反应堆冷却剂系统。在稳压器的下部设有隔板以防止波动流入的过冷水在正常和非正常情况下直接冲至汽水分界面上，并有助于波动流入水的混合。同时，这些隔板也为电加热元件提供支承和固定以限制其振动。喷淋接管、安全阀接管和人孔均位于容器的上封头。喷淋流量由气动调节阀自动控制。喷淋阀也可在主控室手动操作。通过一个与气动喷淋阀并联的手动旁通阀可向稳压器提供一个较小的连续喷淋流量，使稳压器内液体和反应堆冷却剂之间的硼浓度差降低到最小，并防止喷淋管过度冷却。在正常运行工况下，一定数量的电加热器保持开启状态以补偿持续传入的冷却剂喷雾水和周围环境的热损失。

稳压器的设计数据如表 6－5 所示。

表 6－5　稳压器的设计数据

参　　数	数值或描述
安全等级	1 级
规范等级	RCC－M 1 级
质保等级	QA1
抗冲击类别	I 类
设计压力(绝对压力)/MPa	17.2
设计温度/℃	360
工作压力(绝对压力)/MPa	15
工作温度/℃	342
水压试验压力(绝对压力)/MPa	24.6
单根电热元件设计功率/kW	24
电加热元件安装根数	39＋3(备用)
喷雾体积流量/(m^3/h)	16
总容积/m^3	12
设备内径/mm	1 500

（续表）

参　　数	数值或描述
容器承压壁厚/mm	90
下封头电加热区堆焊层厚度/mm	10
设备内高/mm	7 500
设备总高/mm	约 8 560
设备干重/t	约 34
设备设计使用寿命/年	60
工作介质	反应堆冷却剂和饱和蒸汽
容器材料	16MnD5 锻件
堆焊材料	309L+308L 奥氏体不锈钢

稳压器壳体上设有用于测量重要参数的仪表接管嘴。其中，共设置有 8 个水位接管嘴用于四个水位测量通道，这些水位接管嘴也用于连接压力测量仪表；两个温度接管嘴用于监控水/蒸汽的温度。仪表接管嘴为不锈钢，接头设计为承插焊连接。

下面从稳压器运行、稳压器容积设计、稳压器喷雾设计三个方面介绍稳压器。

1）稳压器运行

只要稳压器中存在蒸汽，反应堆冷却剂系统的压力就由稳压器控制。分析表明，在各种正常运行状态下，稳压器均能保持适当的压力控制。

为了保证反应堆冷却剂系统各部件的结构完整性，对稳压器压力控制规定了一个安全限值，以确保反应堆冷却剂系统的压力不会超过压力容器规范允许的最高瞬态值。通过对核动力厂各种设计运行工况进行评价，结果表明不会达到这个安全限值。

在核动力厂启动和停堆期间，反应堆冷却剂系统中的温度变化率由操纵员控制，升温速率由反应堆冷却剂泵输入的能量、稳压器电加热器和喷雾控制。

当稳压器充满水时，反应堆冷却剂系统的压力由化学和容积控制系统的下泄控制阀来控制。稳压器电加热器由 380 V 交流电系统供电。当失去厂外电源事件与汽轮机跳闸同时发生时，通过手动校正可使所选的稳压器电加热器总线由厂内柴油发电机供电。这就允许使用稳压器达到控制目的。柴油发电机提供的电力足够在热备用状态中建立自然循环。在满载荷情况下，正常运行水容量大约是稳压器内部自由容积的 50%。由于采用反应堆冷却剂平均温度不变的运行方式，因此在不同负荷情况下，稳压器内的水容积变化很小。

稳压器电加热器由四个启动组和一个稳定运行组组成，它们和喷雾阀一起用来控制稳压器压力。在稳态运行过程中，稳定运行组的电加热器处于运行状态以补偿连续喷淋和稳压器的热损失。四个启动组的电加热器用来补偿因反应堆功率突变引起的压力较大变化，或者在诸如电厂启动运行需要额外的加热功率时使用。

(1) 稳定运行组为比例式功率输出电加热器(简称比例式电加热器)组，其额定功率为 216 kW。只要稳压器水位不太低或不太高时，就可以在主控室手动投入比例式电加热器。比例式电加热器输出的热功率由稳压器压力控制回路自动控制。在稳压器水位很低或很高时，电加热器自动切除。

(2) 启动组为恒定功率输出电加热器(简称恒定式电加热器)组，共计四组，两组的额定功率分别为 216 kW，另外两组的额定功率分别为 144 kW。与比例式电加热器一样，只有在稳压器水位不太低或不太高时，才能在主控室手动投入恒定式电加热器。为防止因厂外电源全部丧失后使四组恒定式电加热器全部失去电源，其中的两组电加热器由备用柴油发电机供电。

反应堆冷却剂系统的设计压力和运行压力、安全阀、电加热器、喷雾阀、反应堆冷却剂系统设计参数整定值如表 6-6 所示。

表 6-6　反应堆冷却剂系统设计参数整定值　　单位：MPa

参数(均为绝对压力)	数　值
水压试验压力	24.6
设计压力	17.2
两台安全阀(开始开启)压力	16.9/17.2
压力高紧急停堆	16.55
稳压器喷淋阀(全开)压力	16.1

（续表）

参数（均为绝对压力）	数　值
稳压器喷淋阀（开始开启）压力	15.2
比例加热器（开始投运）压力	15.1
运行压力	15.0
比例加热器（满功率运行）压力	14.9
稳压器压力低紧急停堆	13.1

2）稳压器容积设计

稳压器容积设计准则有如下要求：

（1）稳压器的容积等于或大于满足反应堆运行所有要求的最小汽、水体积之和。

（2）稳压器内饱和水和蒸汽的总体积足以为系统的体积变化提供所要求的压力响应。

（3）水体积足以在10％满功率的阶跃增负荷时，不会导致电加热元件露出水面。

（4）蒸汽体积足够大，在反应堆自动控制有效的情况下能适应失去100％满功率负荷和蒸汽排放85％所引起的波动，而稳压器水位不会达到反应堆高水位紧急停堆的整定值。

（5）电站失去负荷并由高水位触发紧急停堆、反应堆控制和蒸汽排放系统均失效的情况下，蒸汽体积大到足以保证水不会由安全阀排出。

（6）反应堆紧急停堆及汽轮机跳闸不会使稳压器排空。

（7）反应堆紧急停堆和汽轮机跳闸不会触发安全注射信号。

3）稳压器喷雾设计

稳压器喷淋流量由气动调节阀自动控制，同时喷淋阀也可在主控室手动操作。通过一个与气动喷淋阀并联的手动旁通阀能向稳压器提供一个较小的连续喷淋流量，使稳压器内液体和反应堆冷却剂之间的硼浓度差减到最小，并防止喷淋管过度冷却。这一连续流量也有助于维持稳压器内水化学和温度的均衡。每个喷雾管线内均设有低温报警温度传感器，在旁路流量不够时向操纵员报警。在正常运行工况下，电加热器保持一定比例的开启状态，以补偿持续传入的冷却剂喷雾水和周围环境的热损失。

连接稳压器的总喷雾管线的布置形成了水密封，防止聚集的蒸汽回到控制阀。喷雾速率通过选定设计以防止当功率按 10%满功率阶跃减小时，稳压器压力达到反应堆紧急停堆设定值。所需的喷雾流量通过喷雾泵提供。

在化学容积控制系统与稳压器喷雾管线之间也设置了一个流道。在系统冷却、热备用和热停堆期间，反应堆冷却剂泵不运行，通过流道对稳压器蒸汽空间进行辅助喷雾。稳压器喷雾接头和喷雾管线能承受引入喷雾冷水所导致的热应力。

稳压器上连接两台弹簧式安全阀。每台安全阀的排放直接进入排放管道端部的爆破盘。排放管道上连接有一根小管子，排出安全阀泄漏的凝结后的蒸汽。排放要远离安全相关的设备、构筑物或支撑，以防止它们受到损坏而引起电站紧急停堆。稳压器安全阀的排放经过爆破盘通向安全壳大气。爆破盘能包含通过阀门的泄漏。爆破盘的压力等级远远小于安全阀的整定压力。稳压器安全阀主要设计参数如表 6 - 7 所示。

表 6 - 7　稳压器安全阀主要设计参数

参　　数	数值或描述
数量/台	2
每台阀门最低排放能力/(t/h)	92.3
整定压力(绝对压力)/MPa	16.9/17.2
整定值精度/%	±1
启闭压差/%	≤5
开启时间/ms	≤80
设计温度/℃	360.0
工作流体	饱和蒸汽

稳压器安全阀为弹簧加载式，通过直接接触的流体压力自驱动，并具有背压补偿特性。这些阀门能重新关闭，以防恢复正常工况后流体继续排放。稳压器安全阀是完全顶密封类型。

稳压器和稳压器安全阀之间的管道不设水封。阀门连接管中的所有凝结水都会回流到稳压器中。在阀门开启初期，凝结水不会聚集成水流进行排放。安全阀的排放通过爆破盘进入安全壳大气。爆破盘包含经过阀门的泄漏，其整定压力远低于安全阀整定压力，它不作为卸压装置。

提供低温超压保护的正常余热排出系统安全阀位于余排泵的入口管线和正常余热排出系统与反应堆冷却剂系统的隔离阀之间。该阀起跳后将反应堆冷却剂介质排入安全壳内置换料水箱中。

6.3 系统运行

ACP100S反应堆冷却剂系统运行主要包括正常运行、特殊稳态运行、特殊瞬态运行、启堆和停堆工况。

1) 正常运行

机组的正常运行包括稳态运行、启动及停堆，分以下六种运行模式。

(1) 换料。反应堆次临界，反应堆冷却剂温度为10～60 ℃，正常余热排出系统中至少有一台泵和一台热交换器在工作。

(2) 冷停堆。反应堆次临界，反应堆冷却剂温度低于允许进行主要维护和检修所要求的温度范围，小于90 ℃，压力控制由化学和容积控制系统执行，超压保护和温度控制由正常余热排出系统执行。

(3) 热停堆(正常余热排出系统可用)。反应堆次临界，反应堆冷却剂平均温度低于正常余热排出系统投入运行所要求的温度范围。热停堆过程主要有单相和双相两个阶段：① 单相阶段，反应堆次临界，稳压器充满水(单相)，反应堆冷却剂系统温度为90～120 ℃，压力由化学和容积控制系统控制在2.4～3.0 MPa，温度由正常余热排出系统调节；② 双相阶段，反应堆次临界，反应堆冷却剂系统温度在120～180 ℃，压力由稳压器控制，温度由给水系统调节。

(4) 热备用(正常余热排出系统退出)。反应堆次临界，反应堆冷却剂平均温度高于正常余热排出系统投入运行所要求的温度范围，反应堆冷却剂系统平均温度在160～303 ℃，稳压器为两相。压力由稳压器控制在3.0～15.0 MPa，温度由汽轮机旁路系统及给水系统调节。

(5) 启动。反应堆临界，(0～20%)P_n(P_n为满功率)，堆芯热量由给水系统导出，手动控制蒸汽发生器给水。

(6) 功率运行。(20%～100%)P_n 运行，蒸汽发生器给水自动控制，反应堆冷却剂系统压力维持在 15.0 MPa(绝对)，反应堆冷却剂系统平均温度维持在 301～306 ℃。

系统在稳态运行中，反应堆在(20%～100%)P_n 运行，反应堆冷却剂系统压力(绝对压力)维持在(15.0±0.1)MPa；反应堆冷却剂系统平均温度维持在 301～306 ℃。4 台反应堆冷却剂泵运转并传送必需的冷却剂流量，从而将堆芯所产生的热量通过 16 台直流蒸汽发生器传递到二回路系统。系统由稳压器的运行(加热或喷雾)来控制冷却剂压力。稳压器喷雾调节阀设有旁流管线，以便保持连续的喷雾流量，从而减少喷雾管的热应力，并有助于在稳压器中维持冷却剂的水化学特性和温度的均匀。电加热器将水保持在饱和温度以便维持恒定的系统压力。4 台主泵接管处各设置一个反应堆入口温度测点，用于监测反应堆入口温度，并向控制系统提供信号。同时，反应堆冷却剂要定期取样，以核查硼浓度、水质和放射性水平。必要时需要调整硼浓度，以维持各控制棒组在其允许的棒位限值以内。运行中，反应堆冷却剂化学控制和泄漏补偿补水由化学和容积控制系统来实现。

系统在瞬态运行中，可能出现两种情况：① 电厂负荷降低会引起反应堆冷却剂平均温度暂时升高，并伴随冷却剂容积增加。这种容积的膨胀将引起稳压器中水位增高，并引起压力升高直到喷雾阀开启。反应堆冷却剂喷入蒸汽空间，并冷凝一部分蒸汽，从而降低了稳压器的压力。② 电厂负荷增加会引起反应堆冷却剂平均温度暂时降低，并伴随冷却剂容积收缩。于是冷却剂从稳压器流入反应堆压力容器，从而降低了稳压器水位和压力。稳压器中的水急剧蒸发以限制压力降低。启动电加热器，加热稳压器中剩余的水，从而限制压力进一步降低。

瞬态运行中，系统通过化学和容积控制系统使稳压器水位达到新的程序水位。如果长期维持这个新功率水平，那么可能需要对硼浓度进行一些调整以确保维持停堆深度。

2) 特殊稳态运行

核反应堆特殊稳态运行模式包括启动、热备用、热停堆、冷停堆和换料。

(1) 启动。反应堆功率≤20%P_n 运行。此时 4 台主泵运行，堆芯热量由启停系统导出，反应堆冷却剂系统压力(绝对压力)维持在(15.0±0.1)MPa，压力由稳压器自动控制。反应堆冷却剂系统平均温度维持在 301～306 ℃，温度由启停系统调节。手动控制蒸汽发生器给水，直至二回路蒸汽压力(绝对压力)达到 4.5 MPa。反应堆冷却剂的化学和容积控制由化学和容积控制系统执行。

(2) 热备用。反应堆正处于次临界,次临界度>1 000 pcm。反应堆冷却剂系统平均温度为 180～303 ℃。4 台主泵运行,由稳压器安全阀提供超压保护,堆芯热量由启停系统导出,手动控制蒸汽发生器给水。反应堆冷却剂的化学和容积控制由化学和容积控制系统执行。

(3) 热停堆。反应堆正处于次临界,次临界度>1 000 pcm。4 台主泵运行,反应堆冷却剂系统平均温度为 90～180 ℃,压力在 2.4～3.0 MPa。堆芯余热由余热排出系统导出,并提供超压保护。化学和容积控制系统(RCV)处于运行状态。

(4) 冷停堆。反应堆处于次临界,次临界度>1 000 pcm,反应堆冷却剂温度为 10～90 ℃,反应堆冷却剂系统压力(绝对压力)低于 3.0 MPa,稳压器充满水,压力控制由化学和容积控制系统执行,余热排出系统安全阀对系统进行超压保护。堆芯余热由余热排出系统导出。当反应堆冷却剂温度低于 70 ℃时,正在运行的反应堆冷却剂泵必须停运,使用余热排出系统泵来维持冷却剂的均匀性。反应堆冷却剂的化学和容积控制由化学和容积控制系统执行。在此期间可对反应堆进行维修和维护。

(5) 换料。即换料冷停堆。反应堆处于次临界,次临界度>1 000 pcm。此时主泵停运,反应堆冷却剂温度为 10～60 ℃,正常余热排出系统中至少有一台泵和一台热交换器在工作。

3) 特殊瞬态运行

特殊瞬态运行模式相当于负荷减少,包括以下两项:

(1) 负荷减少到该机组辅助设施所需最低值(厂用电运行);

(2) 汽轮机跳闸而不停堆。

特殊瞬态运行中,通过稳压器喷雾来限制由该瞬态所引起的超压。在二回路侧,过量蒸汽被排放到主冷凝器,蒸汽发生器维持适量的给水。一旦建立新的稳态工况,稳压器水位就整定在新的设定水位上,反应堆冷却剂压力始终处于稳压器压力控制之下。

4) 启堆和停堆

启堆过程是通过使用反应堆冷却剂泵和稳压器电加热器加热先达到启动模式,随后进入临界,主要包括以下四个运行过程:

(1) 预备运行;

（2）反应堆冷却剂加热至 180 ℃；

（3）反应堆冷却剂加热至 180 ℃后继续升温；

（4）从热备用模式到启动模式的转换。

反应堆系统的正常停堆指的是，为维修或换料使反应堆从功率运行过渡到冷停堆所需要的全部操作，主要包括以下 5 项：

（1）从功率运行到启动的转换；

（2）从启动到热备用的转换；

（3）从热备用到热停堆的转换；

（4）从热停堆到冷停堆的转换；

（5）从冷停堆到维修冷停堆或换料冷停堆的转换[1]。

参考文献

[1]　宋丹戎，刘承敏. 多用途模块式小型核反应堆[M]. 北京：中国原子能出版社，2021.

第 7 章
ACP100S 安全系统设计

作为浮动核电站，ACP100S 专设安全系统设计时需要考虑海洋环境的影响。与陆上核电站专设安全系统相比，ACP100S 专设安全系统由于运行于海洋环境，设计面临的主要挑战如下。

为提高专设安全系统环境适应性，针对运行所面临的海洋环境条件，系统及其设备在设计时应考虑倾斜、摇摆、冲击、颠震等海况条件(具体的数值应根据不同海域情况加以考虑)。同时，还应该考虑盐雾、霉菌等对仪控设备的影响，有针对性地采取预防措施。

陆上核电站多采用非能动设计，如用布置于高位的换料水箱进行非能动安全注射，利用大气对安全壳进行非能动冷却等。海上浮动核电站场地、外部资源环境与陆上核电站存在较大不同，因此需要根据海洋条件合理地选择安全系统配置。

综合考虑浮动核电平台上的可用空间、环境条件、外部资源等因素，结合 ACP100S 采用小型钢制安全壳的特点，ACP100S 的专设安全系统采用能动结合非能动的技术路线。

ACP100S 专设安全系统主要由非能动余热排出系统(PRS)、应急堆芯冷却系统(ECCS)、安全壳抑压系统(CSS)、安全壳喷淋系统(CSP)组成，安全系统的设计遵循单一故障原则。

7.1 非能动余热排出系统

在正常排热途径不可用的事故中，非能动余热排出系统(PRS)自动或手动投入运行，导出反应堆余热，充分冷却堆芯，在 36 h 之内使反应堆达到并维持在安全停堆状态。

1）系统方案

非能动余热排出系统设置在蒸汽发生器二次侧，有两个系列，每个系列按100%容量设计，每个系列进口分别与一根主蒸汽管连接，出口分别与一根主给水管连接。每个系列均由一台非能动余热排出冷却器、两台气动隔离阀、一台电动闸阀、一台隔离阀和仪表、管道、配套阀门等组成。

非能动余热排出系统投入运行时，被加热的蒸汽进入非能动余热排出冷却器管侧，在非能动余热排出冷却器中被冷却水箱中的水冷却并冷凝，冷凝水流经出口管后返回蒸汽发生器给水管线，完成二次侧循环。

非能动余热排出系统流程如图 7－1 所示。

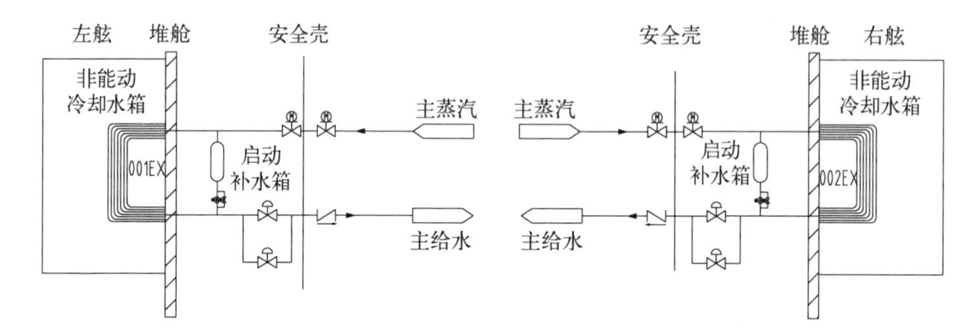

图 7－1　非能动余热排出系统流程简图

2）主要设备

非能动余热排出系统主要设备包括非能动余热排出冷却器、补水箱、阀门等。

(1) 非能动余热排出冷却器。非能动余热排出冷却器 PRS001EX、002EX 是非能动余热排出系统的主要设备之一。非能动余热排出冷却器浸没于壳外冷却水箱中，利用壳外冷却水箱内冷却水将直流蒸汽发生器产生的蒸汽冷凝成水，从而排出堆芯衰变热和设备显热。

非能动余热排出冷却器是 C 形管式热交换器，有两个水室封头。蒸汽发生器流入的介质经主蒸汽管，从非能动余热排出冷却器的管侧流过，经过冷凝，通过主给水管，最终返回蒸汽发生器。

非能动余热排出冷却器的主要设备参数如表 7－1 所示。

表 7－1　非能动余热排出冷却器的主要设备参数

参　　数	数 值 及 描 述
安全等级	2 级
规范等级	RCC－M 2 级
质保等级	QA2
抗冲击类别	Ⅰ类
类型	C 形管式
数量/台	2
设计压力(绝对压力)/MPa	10.0
运行压力(绝对压力)/MPa	0～4.5
设计温度/℃	343
设计热负荷/(兆瓦/台)	7.7
入口工作介质	蒸汽/汽水混合物
壳外冷却水箱水温	常温
主要材料	690 合金

(2) 补水箱。补水箱主要功能是用于在非能动余热排出系统运行期间向蒸汽发生器注水。其容积设计的基准如下：能够补充主蒸汽隔离阀关闭前损失的蒸汽量、事故初期由大气旁路阀释放的蒸汽量，以及在非能动余热排出系统运行期间由于蒸汽发生器二次侧水密度变化引起的水体积减小。

补水箱的主要设备参数如表 7－2 所示。

表 7－2　补水箱的主要设备参数

参　　数	数 值 或 描 述
安全等级	2 级
规范等级	RCC－M 2 级

（续表）

参　　数	数值或描述
质保等级	QA2
抗冲击类别	Ⅰ类
数量/台	2
设计压力(绝对压力)/MPa	10.0
运行压力(绝对压力)/MPa	0～4.5
设计温度/℃	343
主要材料	奥氏体不锈钢

(3) 阀门。非能动余热排出系统中的阀门根据系统的功能要求设置。在PRS蒸汽管线上设置一台常开电动隔离阀，在非能动余热排出冷却器冷凝水管线上设置两台并联的常关气动隔离阀。

非能动余热排出冷却器入口管上的两台常开的电动隔离阀，可以在主控室或者远程控制室通过反应堆控制系统手动控制。冗余的开关状态指示(在主控室和远程控制室设置阀位指示)和报警提醒操纵员防止该阀门误关。在非能动余热排出冷却器传热管泄漏、非能动余热排出冷却器停堆检修及非能动余热排出冷却器出口气动隔离阀定期试验时，需要关闭该阀门。

非能动余热排出冷却器出口管线上的两台常关的气动隔离阀，为失效开启模式，可以在主控室或者远程停堆工作站通过手动控制。当收到相关开启信号时，气动隔离阀自动快速全开。

3) 运行特点

非能动余热排出系统在电厂正常运行时处于备用状态。非能动余热排出系统入口管线的水温高于出口管线处的水温，入口阀(001VP、002VP)处于开启状态，非能动余热排出冷却器内均充满主蒸汽并处于与二次侧相同的压力状态，气动隔离阀(005VP、006VP、007VP、008VP)处于关闭状态，从而在电厂运行期间建立并保持热驱动压头。

在发生事故的工况下，相关安全信号可触发非能动余热排出系统的出口气动隔离阀自动开启。系统投入运行后，非能动余热排出冷却器管侧冷凝水注入蒸汽发生器二次侧，被一次侧反应堆冷却剂加热后变成蒸汽，经非能动余热排出系统蒸汽管道进入非能动余热排出冷却器的管侧，将热量传递给壳外冷却水箱的水后蒸汽再次冷凝为水，再返回蒸汽发生器二次侧，形成自然循环。非能动余热排出系统通过蒸汽发生器将反应堆冷却剂中的热量传递到非能动余热排出冷却器，然后传递给壳外冷却水箱中的水，进而通过壳外冷却水箱中水的蒸发将热量最终带出，维持反应堆的安全。

在非能动余热排出系统启动信号发出一定时间后，补水管线的隔离阀自动开启，补水箱中的水注入蒸汽发生器二次侧，补偿非能动余热排出系统运行期间蒸汽发生器二次侧水位的降低。当补水箱水位低信号发出后，补水管线的隔离阀和补水箱上游管线隔离阀自动关闭，以避免蒸汽旁通进入补水箱。

7.2　应急堆芯冷却系统

应急堆芯冷却系统(ECCS)是专设安全系统之一，其功能如下：

(1) 在一回路发生 LOCA 时，启动应急堆芯冷却系统迅速向反应堆堆芯直接注射冷却水，维持反应堆水装量，限制燃料元件温度的上升幅度，防止堆芯熔化，或防止燃料组件和堆内构件出现可能妨碍堆芯冷却的变形。

(2) 在二回路蒸汽管道破裂时，向一回路注入高浓度硼酸溶液，以补偿由于一回路冷却剂连续过冷而引起的正反应性，防止堆芯重返临界。

(3) 在再循环注入阶段，低压安全注射泵从安全壳底部取水，应急堆芯冷却系统在安全壳外的管段成为第三道屏障的一部分。[1]

1) 系统方案

应急堆芯冷却系统主要包括直接注射子系统和再循环子系统。系统设备主要包括两台堆芯补水箱、两台低压安全注射泵、两台滤网及相应的管道、阀门、仪表。

在失水事故工况下，堆芯补水箱、左右舷冷却水箱的水作为水源向反应堆提供安全注射，以确保堆芯的淹没和冷却。事故后期建立长期的再循环冷却，水源为安全壳地坑水。

堆芯补水箱出口与直接注入管线相连，入口通过一根压力平衡管线与主系统相连。事故工况时相关信号发出后，堆芯补水箱出口电动隔离阀自动开启，堆芯补水箱的水依靠重力通过直接注入管线向堆芯注水。

当左右舷冷却水箱水位降低至低水位时，切换为屏蔽水箱注入模式，当安全壳地坑水位建立一定高度后，切换至再循环注入模式。在再循环注入阶段，低压安全注射泵从安全壳底部取水，经安全注射再循环冷却器（借用正常余热排出冷却器）冷却后通过DVI管线注入反应堆，安全壳内热量最终通过余热排出换热器传递给作为最终热阱的海水。

应急堆芯冷却系统流程如图7-2所示。

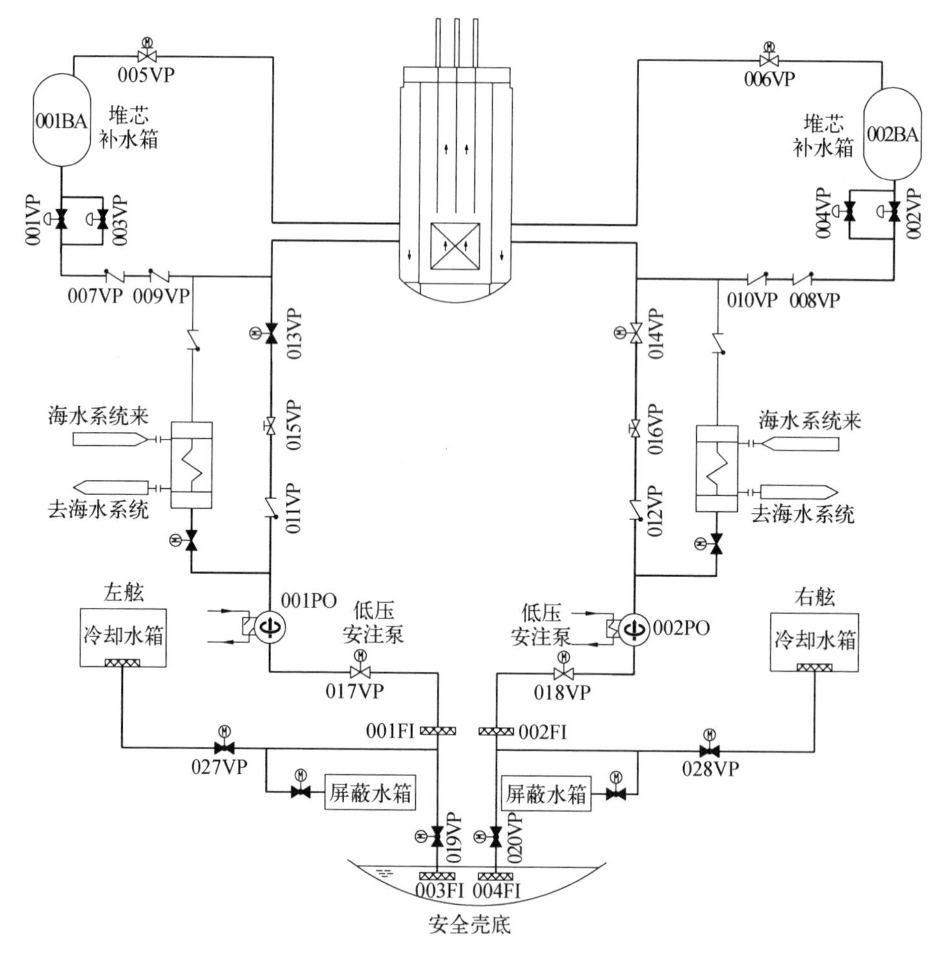

图7-2 应急堆芯冷却系统流程简图

2）主要设备

应急堆芯冷却系统主要设备包括堆芯补水箱、低压安全注射泵、滤网等。

(1) 堆芯补水箱。堆芯补水箱是一个立式圆柱形容器。顶部和底部均为半球形封头。堆芯补水箱布置位置高于直接注入管线在压力容器上的安全注射接管。在每台堆芯补水箱的注入管线上设置一台手动流量调节阀，用来实现堆芯补水所要求的流量。

堆芯补水箱的主要设备参数如表 7－3 所示。

表 7－3　堆芯补水箱的主要设备参数

参　　数	数 值 或 描 述
安全等级	1 级
规范等级	RCC－M 1 级
质保等级	QA1
抗冲击类别	Ⅰ类
数量/台	2
设计压力(绝对压力)/MPa	17.2
设计温度/℃	350
容积/(米^3/台)	约 18
硼浓度(质量分数)	4 500 ppm①

① 行业内常用的质量分数单位是 ppm,表示百万分之一。

(2) 低压安全注射泵。低压安全注射泵采用立式离心泵,为低压直接注射和再循环注射提供驱动力。低压安全注射泵的主要设备参数如表 7－4 所示。

表 7－4　低压安全注射泵的主要设备参数

参　　数	数 值 或 描 述
安全等级	2 级
规范等级	RCC－M 2 级
质保等级	QA2
抗冲击类别	Ⅰ类
类型	立式单级离心泵

(续表)

参　　数	数值或描述
数量/台	2
电机额定功率/kW	约 90
质量流量(系统压力为 6.5 MPa 时)/(t/h)	25
扬程(以 H_2O 计)/m	170
主要材料	不锈钢

(3) 滤网。每条地坑再循环流道对应一个地坑再循环滤网,可以防止发生 LOCA 事故时的碎片进入堆芯并堵塞冷却剂冷却流道。滤网垂直设计,从水中沉淀的碎片不会掉到滤网上。滤网的主要设备参数如表 7-5 所示。

表 7-5　滤网的主要设备参数

参　　数	数值或描述
安全等级	3 级
规范等级	RCC-M 3 级
质保等级	QA3
抗冲击类别	Ⅰ类
数量/个	2
材料	奥氏体不锈钢
设计温度/℃	170
设计压力(绝对压力)/MPa	0.8

3) 运行特点

反应堆及一回路系统正常运行时,应急堆芯冷却系统处于备用状态。

两台堆芯补水箱维持在反应堆冷却剂系统压力下,压力平衡管线的电动隔离阀保持开启,压力平衡管线里充满反应堆冷却剂,堆芯补水箱底部两台并联的电动隔离阀保持关闭。在压力平衡管线的最高处设有排气管线，可通过液位指示监测不凝气体，发生气体聚集时可手动排气。

低压安全注射泵处于备用状态，相应的自动联锁投入。

需要应急堆芯冷却系统启动的主要事故如下：

(1) 一次侧热输出增加，包括主蒸汽管线破裂、蒸汽发生器安全阀意外开启。

(2) 反应堆冷却剂装量减少，包括蒸汽发生器传热管破裂(SGTR)、反应堆冷却剂系统 LOCA 事故(包含一组控制棒弹出和控制棒传动机构压力包壳破裂事故导致的冷却剂丧失)。

(3) 失水事故工况，安全驱动信号发出后，堆芯补水箱出口电动隔离阀自动开启，堆芯补水箱补水通过直接注入管线注入堆芯。

(4) 当系统压力下降至设定压力(6.5 MPa)时，两台低压安全注射泵自动启动，通过直接注射管线向反应堆冷却剂系统注水，此时注水总质量流量为 2×25 t/h。当安全壳地坑水位建立一定水位后，转入再循环阶段。

(5) 低压安全注射再循环阶段，运行人员关闭屏蔽水箱相关阀门并开启安全壳地坑隔离阀门切换安全壳地坑取水，再循环冷却水源是 LOCA 破口流出的冷却剂经安全壳喷淋系统冷却后积聚至安全壳地坑的，再循环阶段经低压安全注射子系统注入堆芯，以实现长期冷却。

7.3　安全壳抑压系统

安全壳抑压系统用于在发生设计基准事故(LOCA 事故或蒸汽管破裂事故)时，吸收反应堆系统释放的热量，降低事故初期安全壳内的峰值压力，以防止安全壳内压力超过设计限值，保持安全壳完整性。

1) 系统方案

安全壳抑压系统(CSS)主要设备为一台抑压水箱。

抑压水箱初次充水为除盐水；蒸发、辐照分解或泄漏等原因导致抑压水箱水位下降，此时可通过化学和容积控制系统进行补水。

在质能释放到安全壳内的事故进程中，在安全壳内压力的作用下，迫使壳内的气、汽水混合物通过设置在抑压水箱上方的排放管进入抑压水箱的水空间，蒸汽在抑压水箱中被冷凝成水，不凝结气体从抑压水箱水中逸出并留在水箱气空间。安全壳抑压系统流程如图 7-3 所示。

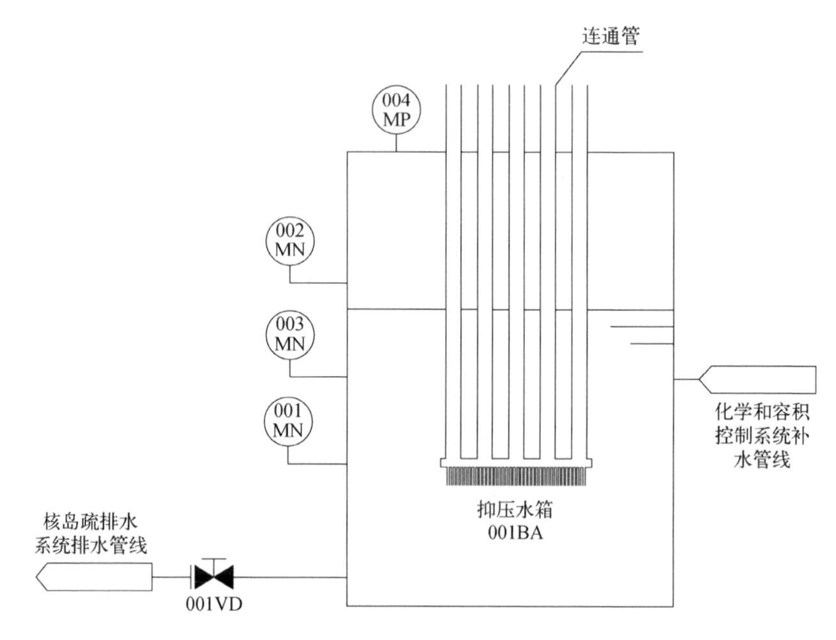

图 7-3　安全壳抑压系统流程简图

2）主要设备

抑压水箱用于抑制事故后安全壳内的峰值压力。抑压水箱内装有除盐水，下部为水空间、上部为气空间，由伸入水箱液面以下的排放管与安全壳大气相连，抑压水箱对于事故后安全壳压力的上升有较好的抑制效果。

抑压水箱 CSS001BA 为环形水箱，排放管从顶部插入至水箱内液面以下一定深度。抑压水箱通过水箱上方的排放管接收事故后安全壳内的大气和汽水混合物，蒸汽在抑压水箱中的水空间冷凝成水，不凝结气体从抑压水箱内液面逸出进入水箱气空间。抑压水箱的主要设备参数如表 7-6 所示。

表 7-6　抑压水箱的主要设备参数

参　　数	数 值 或 描 述
安全等级	2 级
规范等级	RCC-M 2 级
质保等级	QA2 级
抗冲击类别	Ⅰ类

（续表）

参　　数	数 值 或 描 述
类型	液仓式
数量/台	1
设计压力(绝对压力)/MPa	0.4
设计温度/℃	200
总体积/m^3	约500
排放管流通总面积/m^2	约0.14
排管插入深度/m	≥1
汽水比	410∶90
主要材料	不锈钢

3）运行特点

安全壳抑压系统有正常运行和事故运行两种工况。

(1) 正常运行。本系统在核电站正常运行时处于备用状态。抑压水箱的水位处于正常水位范围。水箱内水位通过液位计001MN和002MN监测；水箱内气空间和液空间温度分别由021MT和022MT监测；水箱内压力通过031MP和032MP监测。

(2) 事故运行。事故发生时，反应堆冷却剂(或主蒸汽)的质能释放到安全壳，安全壳内的压力、温度迅速升高。在安全壳内压力的作用下，安全壳中的气、汽水混合物通过设置在抑压水箱上方的排放管进入抑压水箱的水空间，蒸汽在抑压水箱中冷凝成水，不凝结气体从抑压水箱水中逸出并留在水箱气空间。由于汽和水的冷却，安全壳内的温度和压力得以降低。

严重事故中抑压水箱疏水阀001VD和电磁阀002VD保持关闭状态。事故后期若抑压水箱压力大于安全壳内环境压力，可根据需要打开电磁阀003VD和004VD。

7.4　安全壳喷淋系统

安全壳喷淋系统(CSP)在事故工况下(LOCA或安全壳内蒸汽管道破裂)，会将安全壳内的温度和压力降至壳体可接受的水平，保持安全壳的完整性。

此外，发生设计基准 LOCA 事故或导致堆芯损坏的严重事故时，放射性物质释放到安全壳大气中，放射性活度由惰性气体、微粒和少量的元素碘和有机碘形成，气载活性通过自然过程（即沉降、离子扩散、热迁移）去除。安全壳喷淋系统用于去除事故后安全壳大气中气态裂变产物，从而减少气态裂变产物可能向环境的泄漏量。可以通过向喷淋溶液内添加化学药剂来调节喷淋溶液的 pH 值，增强喷淋除碘的能力。由于喷淋溶液最终被收集到安全壳底部，因此可以通过向喷淋溶液内添加化学药剂来实现安全壳底部的化学控制，达到长期滞留碘的目的，并能减少不锈钢和其他金属构件由于氯化物而产生应力腐蚀的可能性。安全壳喷淋还可以中和事故后安全壳中的硼酸溶液，以限制化学反应产生的氢与氧的释放。安全壳喷淋系统喷淋时对安全壳内的大气有一定的搅混作用，可以防止失水事故后可燃气体的局部积聚。

1）系统方案

安全壳喷淋系统的主要设备包括两台安全壳喷淋泵、两台安全壳喷淋热交换器和喷淋集管，加药子系统的主要设备包括一台 NaOH 配料箱、一台加药泵。再循环喷淋水源为安全壳地坑水。

发生事故后，需要安全壳喷淋系统投入运行时，喷淋子系统根据相关信号自动启动，喷淋水经喷淋泵和喷淋集管喷入安全壳。喷淋水依次来源于冷却水箱和安全壳地坑。当冷却水箱水位降低至低水位时，安全壳水位达到一定高度，切换至安全壳地坑吸水。喷淋集管设置在安全壳顶部不同高度，系统正常运行时喷淋溶液能覆盖安全壳最大断面。

当事故后需要对安全壳进行喷淋除碘时，加药子系统的加药泵将配料箱中的 NaOH 溶液与安全壳喷淋水混合，提供去除事故后安全壳大气中气态裂变产物、降低安全壳内放射性水平所需的喷淋溶液。

安全壳喷淋系统流程如图 7-4 所示。

2）主要设备

本系统主要设备有安全壳喷淋泵（001PO、002PO）、安全壳喷淋热交换器（借用余热排出冷却器）、喷淋集管、NaOH 配料箱（001BA）和加药泵（003PO）。

安全壳喷淋热交换器为卧式、列管式热交换器，利用海水对喷淋溶液进行冷却。

（1）安全壳喷淋泵。安全壳喷淋泵主要用于为安全壳喷淋系统提供驱动压头。其主要设备参数如表 7-7 所示。

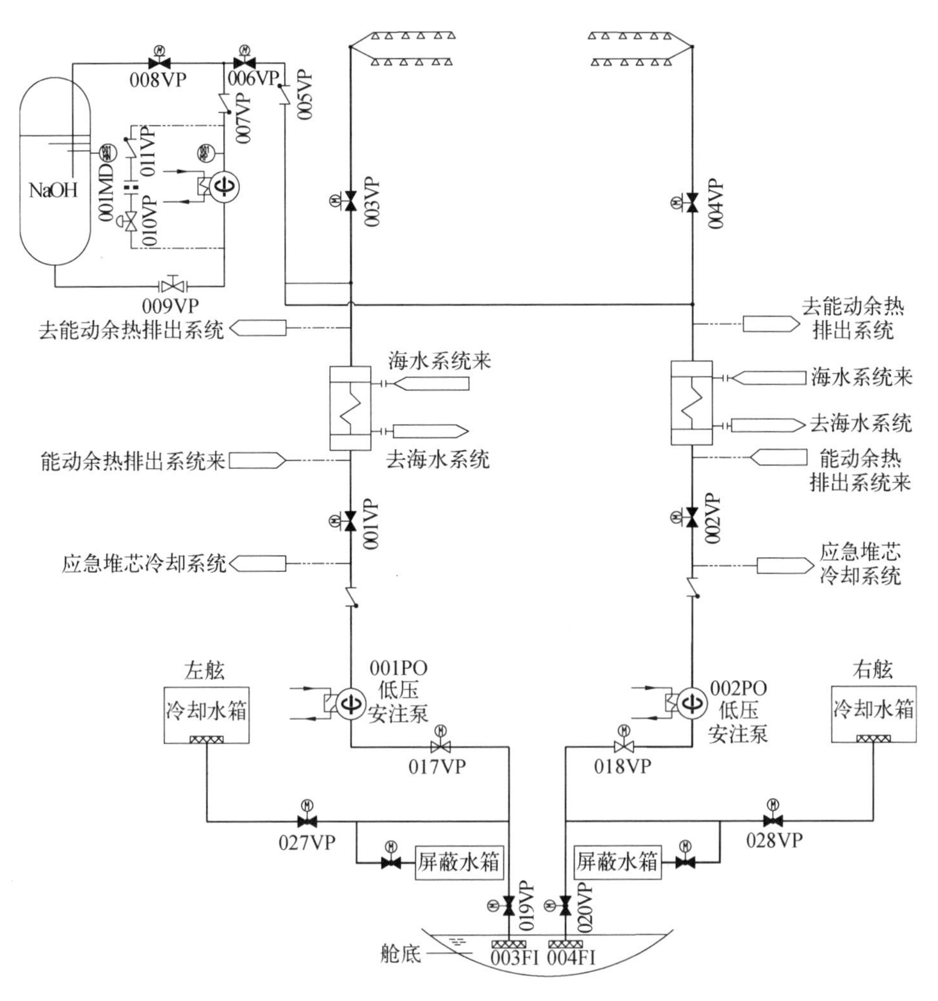

图 7－4　安全壳喷淋系统流程简图

表 7－7　安全壳喷淋泵的主要设备参数

参　　数	数 值 或 描 述
安全等级	3 级
规范等级	RCC－M 3 级
质保等级	QA3 级
抗冲击类别	I 类

（续表）

参　　数	数值或描述
类型	离心泵
数量/台	2
设计压力(绝对压力)/MPa	2.0
设计温度/℃	170

(2) 喷淋集管。在安全壳顶部，每个喷淋系列分成两根管道，每根管道向所属的环形喷淋集管束供水，喷淋水从每根集管直径方向相对的两点进入。喷淋集管可使喷淋溶液从集管直径方向相对的两点进入，然后通过喷头射入安全壳内大气中。喷淋集管的主要设备参数如表 7-8 所示。

表 7-8　喷淋集管的主要设备参数

参　　数	数值或描述
安全等级	2 级
规范等级	RCC-M 2 级
质保等级	QA2 级
抗冲击类别	Ⅰ类
喷头数量/(个/列)	约 36
每列喷淋流量/(m^3/h)	1.0
压力损失/MPa	0.35
孔径/mm	9.5
主要材料	不锈钢

(3) NaOH 溶液配料箱。NaOH 溶液配料箱用于制备和储存一定浓度的 NaOH 溶液。

NaOH 溶液配料箱为立式圆柱体容器，用于制备和储存一定浓度的 NaOH 溶液。配料箱装有水位传感器，当水位低时发出报警信号，停运加药泵。

NaOH 溶液配料箱的主要设备参数如表 7－9 所示。

表 7－9　NaOH 溶液配料箱的主要设备参数

参　　数	数 值 或 描 述
安全等级	3 级
规范等级	RCC－M 3 级
质保等级	QA3 级
抗冲击类别	Ⅰ类
类型	立式圆柱体
数量/台	1
设计压力(绝对压力)/MPa	2.5
设计温度/℃	170
容积/m^3	约 5

(4) 加药泵。加药泵为卧式电动往复泵，加药泵将 NaOH 溶液配料箱中的 NaOH 溶液注入喷淋溶液中混合。

(5) 阀门。安全壳喷淋泵后安全壳喷淋热交换器管程入口前分别设置一台电动隔离阀 001VP 和 002VP，喷淋集管前和安全壳喷淋热交换器管程出口后分别设置一台电动隔离阀 003VP、004VP。

加药泵后设置了一台止回阀 007VP，混合后的喷淋溶液进入安全壳前设置了一台电动隔离阀 006VP 和止回阀 005VP。返回喷淋水源的管线上设置了一台常关的电动隔离阀 008VP。NaOH 溶液配料箱底部设置了一台常开的手动截止阀 009VP，加药泵的流量测量表进出口接管分别设置了一台止回阀 011VP 和一台隔离阀 010VP。

3) 运行特点

安全壳喷淋系统主要有正常运行和事故运行两个工况。

(1) 正常运行。在电站正常运行情况下，本系统处于备用状态。

加药泵按每天运行 20 min 的规定时间间断运行，以使 NaOH 溶液均匀。

(2) 事故运行。当发生设计基准 LOCA 事故或导致堆芯损坏的严重事故时，放射性物质释放到安全壳中，安全壳内辐射剂量增高，当安全壳压力过高触发安全壳喷淋信号时，直接喷淋阶段水源(冷却水箱)隔离阀打开，安全壳喷淋系统投入运行，安全壳喷淋泵从直接喷淋阶段水源抽水，喷淋水经喷淋泵升压、喷淋热交换器冷却后通过喷淋集管注入安全壳中。当安全壳地坑水位建立一定高度后，切换至从地坑吸水，喷淋泵抽吸积聚在安全壳底部的水，经余热排出冷却器冷却后注入安全壳。

同时，根据需要打开加药泵及加药管线隔离阀，关闭配料箱顶部阀门，加药泵抽吸配料箱内的 NaOH 溶液，与喷淋液混合后喷淋安全壳，以降低安全壳内的放射性剂量。

参考文献

[1] 宋丹戎，刘承敏. 多用途模块式小型核反应堆[M]. 北京：中国原子能出版社，2021.

第 8 章
ACP100S 辅助系统设计

作为浮动核电站，ACP100S 辅助系统设计时需要考虑海洋环境的影响。与陆上核电站辅助系统相比，ACP100S 辅助系统由于运行于海洋环境，面临的主要挑战如下：

相对于陆上核电站，浮动平台设备厂房空间较小，无法容纳大容量的储罐，辅助系统应进行适应性简化。相关设备的运行条件中也需考虑海洋环境的影响。

综合考虑浮动核电平台上的可用空间、环境条件、外部资源等因素，ACP100S 的辅助系统总体上沿用陆上核电站技术路线，并做适应性简化。此外，浮动核电站可以充分就近利用海水这一充足的冷却水源，开展系统的优化设计。

ACP100S 辅助系统主要由化学和容积控制系统（RCV）、设备冷却水系统（WCC）、疏水排气系统（RVD）、正常余热排出系统（RHR）等组成。

8.1 化学和容积控制系统

化学和容积控制系统（RCV）的设计用以实现下列主要功能：

（1）净化。保持反应堆冷却剂的洁净度，并使其放射性水平在允许限值内；

（2）反应堆冷却剂系统装量控制和补给；

（3）化学补偿和化学控制；

（4）氧控制；

（5）反应堆冷却剂系统的充水和水压试验；

（6）辅助设备硼化补水，为需要反应堆级硼化水的一回路系统提供补给水；

(7) 稳压器辅助喷淋。

1) 系统方案

化学和容积控制系统主要执行正常下泄和上充，化学控制，反应性控制，补给，硼酸溶液的配制、储存和输送等功能。化学和容积控制系统流程如图 8－1 所示。

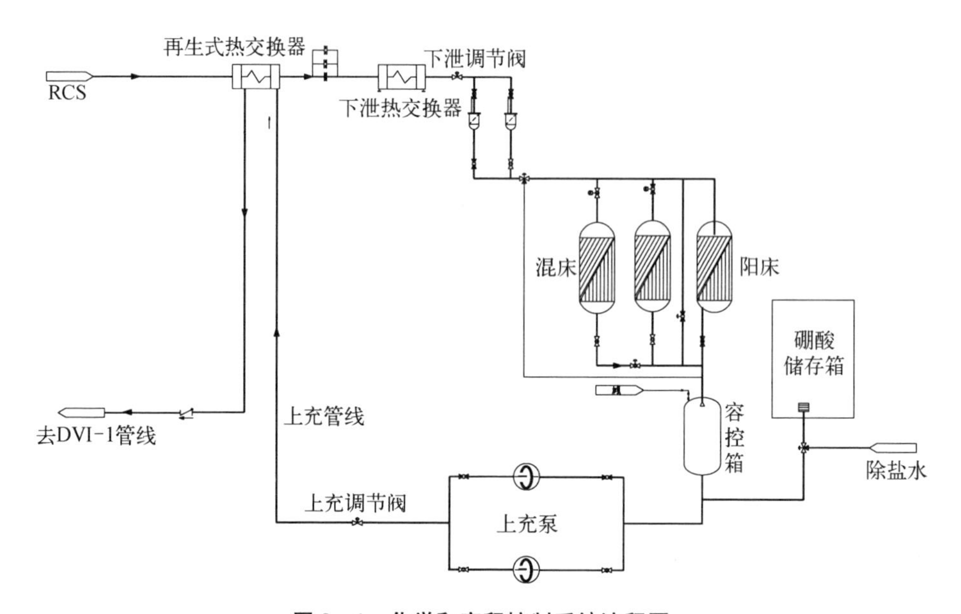

图 8－1　化学和容积控制系统流程图

(1) 正常下泄和上充。正常功率运行、电站启动和停堆期间，反应堆冷却剂通过下泄管线流入再生式热交换器的管侧，在此被低温冷却剂冷却后进入下泄热交换器的管侧，在此其温度进一步降低，然后，经三通阀进入净化离子交换器、一台反应堆冷却剂过滤器后进入容积控制箱，上充流经过返回管线、上充管线后流过再生热交换器的壳侧并被加热，然后经上充管线注入反应堆冷却系统(RCS)。

(2) 化学控制。化学控制主要包括净化、pH 值控制、氧控制、除气等。① 下泄流由混合床除盐器进行净化，除去离子状腐蚀产物和大多数裂变产物。位于混合床除盐器下游的阳床间断运行，用来降低铯浓度和反应堆冷却剂中过量的锂。② 控制 pH 值所使用的化学试剂是氢氧化锂，它经上充泵注入 RCS，过量时用阳床除盐器将其除去。③ 在电站从冷停堆开始启动初期，用联氨做除氧剂，联氨经上充泵注入 RCS。正常运行期间，通过反应堆冷却剂中溶解氢实现氧的控制，氢气通过容积控制箱注入 RCS。④ 反应堆冷却剂通过废液处理系统进行除气，除气后的反应堆冷却剂经 RCV 上充泵返回 RCS。

(3) 反应性控制。在电站运行的所有阶段，由 RCV 上充泵根据反应性控制需要，补给硼酸溶液或除盐水，补给量由计算确定。

(4) 补给。硼酸溶液和除盐水分别经过硼酸输送管道、除盐水输送管道以各自设定的流量输送到上充泵吸入端混合，硼酸和除盐水流量根据反应堆冷却剂硼浓度计算确定。混合后硼酸溶液经过上充泵，以高于 RCS 的压力将其输送至 RCS。

(5) 硼酸溶液的配制、储存和输送。在硼酸配制箱中配制浓度(质量分数)为 7 000 ppm 的硼酸溶液，通过重力将其输送到硼酸储存箱。硼酸储存箱首次注入硼酸溶液的工作由硼酸配制箱完成，正常运行状态下硼酸溶液可用废液处理系统回收的硼酸溶液进行补充。[1]

2) 主要设备

化学和容积控制系统的主要设备包括上充泵、再生式热交换器、下泄热交换器、硼酸储存箱、硼酸配制箱、化学试剂添加箱、树脂混床、树脂阳床等。

(1) 上充泵。系统设有两台上充泵，用于反应堆冷却剂系统的化学调节。这些泵由交流电机驱动，并通过泵出口母管上控制阀控制流量。两台上充泵并联布置，共用进口和出口母管，泵在正常运行时是冗余的。正常的上充泵进口水源来自硼酸储存箱和除盐水接口。补水、硼化、稀释和除气运行时一台泵投入，而另一台泵备用。两台泵分别由母线 A 和 B 供电。一台上充泵的容量能够补偿内径 6.35 mm 以下破口泄漏维持反应堆冷却剂系统装量而不会触发安全注射系统。上充泵还可以用于反应堆冷却剂系统正常维修和换料后的水压试验。上充泵的主要设备参数如表 8-1 所示。

表 8-1　上充泵的主要设备参数

参　　数	数 值 或 描 述
安全等级	NC
规范等级	NA
抗冲击类别	NS

（续表）

参　　数	数值或描述
质保等级	QA3
数量/台	2
设计压力(绝对压力)/MPa	17.2
设计质量流量/(t/h)	8.5
主要材料	不锈钢

(2) 再生式热交换器。系统设有一台再生式热交换器，该换热器利用流出反应堆冷却剂系统的净化流热量来加热返回反应堆冷却剂系统的流体。这样既提高了热效率也降低了反应堆冷却剂系统的热应力。再生式热交换器的主要设备参数如表8-2所示。

表8-2　再生式热交换器的主要设备参数

参　　数	数值或描述	
数量/台	1	
安全等级	NC	
规范等级	NA	
抗冲击类别	NS	
质保等级	QA3	
数量/台	1	
类型	管壳式	
设计压力(绝对压力)/MPa	17.2(管程)	17.2(壳程)
设计温度/℃	343(管程)	343(壳程)
质量流量/(t/h)	6(管程)	6(壳程)
材料	不锈钢(管程)	不锈钢(壳程)

(3) 下泄热交换器。系统设有一台下泄热交换器。该热交换器冷却来自再生热交换器出口的净化流，使其达到所要求的下泄温度，以允许树脂床处理下泄流。热交换器的主要设备参数如表 8-3 所示。

表 8-3 热交换器的主要设备参数

参 数	数值或描述	
安全等级	NC	
规范等级	NA	
抗冲击类别	NS	
质保等级	QA3	
数量/台	1	
类型	管壳式	
设计压力(绝对压力)/MPa	17.2(管程)	1.38(壳程)
设计温度/℃	343(管程)	90(壳程)
质量流量/(t/h)	6(管程)	6.5(壳程)
材料	不锈钢(管程)	碳钢(壳程)

(4) 硼酸储存箱。系统设有两个硼酸储存箱，用于储存硼质量分数为 7 000 ppm 的硼酸溶液。两个储存箱的设计容量能满足燃料循环末期一次冷停堆后再进行一次换料停堆，同时接收来自硼回收系统(ZBR)回收的硼酸溶液。硼酸储存箱的主要设备参数如表 8-4 所示。

表 8-4 硼酸储存箱的主要设备参数

参 数	数值或描述
安全等级	NC
规范等级	NA
抗冲击类别	NS

（续表）

参　　数	数 值 或 描 述
质保等级	QA3
数量/台	2
设计压力(绝对压力)/MPa	1
设计温度/℃	100
有效容积/(米^3/台)	42.5
主要材料	不锈钢

(5) 硼酸配制箱。硼酸配制箱用于制备硼质量分数为 7 000 ppm 的硼酸溶液，箱子还带有一个搅拌器。箱体由奥氏体不锈钢制成并设有充水、排气和疏水接口。硼酸配制箱的主要设备参数如表 8－5 所示。

表 8－5　硼酸配制箱的主要设备参数

参　　数	数 值 或 描 述
安全等级	NC
规范等级	NA
抗冲击类别	NS
质保等级	QA3
数量/台	1
设计压力	常压
设计温度/℃	100
有效容积/m^3	3
主要材料	不锈钢

(6) 化学试剂添加箱。化学试剂添加箱是一个小型立式筒体，用以混合各种将要加入反应堆冷却剂系统的化学物质。箱体由奥氏体不锈钢制成并设

有充水、排气和疏水接口。化学试剂添加箱的主要设备参数如表8-6所示。

表8-6　化学试剂添加箱的主要设备参数

参　　数	数值或描述
安全等级	NC
规范等级	NA
抗冲击类别	NS
质保等级	QA3
数量/台	1
设计压力(绝对压力)/MPa	1
设计温度/℃	100
有效容积/m^3	0.02
主要材料	不锈钢

(7) 树脂混床。净化回路中设有两台混床以维持反应堆冷却剂的净化。树脂床内混合有核级阳离子与阴离子树脂,两种类型的树脂用于去除裂变和腐蚀产物。每台树脂床能够承担电站正常运行期间的净化全流量,其设计寿命至少为一个燃料循环。树脂混床的主要设备参数如表8-7所示。

表8-7　树脂混床的主要设备参数

参　　数	数值或描述
安全等级	NC
规范等级	NA
抗冲击类别	NS
质保等级	QA3
数量/台	2
设计压力(绝对压力)/MPa	17.2

（续表）

参　　数	数 值 或 描 述
设计温度/℃	100
正常运行温度/℃	≤50
设计质量流量/(t/h)	6
树脂床内径/mm	800
材料	不锈钢

(8) 树脂阳床。混床出口设有一台阳床，该树脂床间歇运行以控制反应堆冷却剂系统中^{7}Li的浓度(pH控制)。运行时，该树脂床能满足最大的净化流量，以控制反应堆冷却剂中^{7}Li和铯的浓度。阳床能够承担电站正常运行期间的净化全流量，设计寿命至少为一个燃料循环[1]。树脂阳床的主要设备参数如表8-8所示。

表8-8　树脂阳床的主要设备参数

参　　数	数 值 或 描 述
安全等级	NC
规范等级	NA
抗冲击类别	NS
质保等级	QA3
数量/台	2
设计压力(绝对压力)/MPa	17.2
设计温度/℃	100
正常运行温度/℃	≤50
设计质量流量/(t/h)	6
树脂床内径/mm	800
材料	不锈钢

3）运行特点

化学和容积控制系统运行主要包括电站启动、基本负荷运行、电站停堆、异常运行、事故运行、RCS 水压试验、离子交换器的装载和水力卸载、反应堆冷却剂过滤器冲洗、防止硼误稀释的措施等工作流程。

（1）电站启动。上充泵通过净化流上充管线向反应堆冷却剂系统初次充水。反应堆冷却剂系统通过反应堆压力容器封头和稳压器进行排气。辅助喷雾管道可以用来向稳压器充水，以建立适当的稳压器水化学成分。如果要求进行水实体运行，则可以通过下泄控制阀和补给控制阀的运行来控制反应堆冷却剂系统压力。反应堆冷却剂泵启动后，升温的初期向冷却剂中加入联氨以除去系统中的氧气。然后，开始向反应堆冷却剂系统中补充氢气直至其浓度上升到正常的运行水平，为 25～35 cm^3/kg。

稳压器的加热器用来加热稳压器中的水并形成汽腔。随着汽腔生成，排出的液体连续地通过化学和容积控制系统下泄管道进入放射性液体废物系统。运行上充泵向核岛供应除盐水，使反应堆冷却剂的硼浓度降低到临界所要求的水平。达到稳压器正常水位后，下泄流控制阀和上充泵只有在需要维持稳压器水位或操纵员需要时才运行。

（2）基本负荷运行。恒定功率水平下，化学和容积控制系统净化回路以一个环绕反应堆的闭合回路连续运行。净化质量流量大约为 6 t/h，一台混床和一台反应堆冷却剂过滤器串联运行。当稳压器达到高液位整定值时，下泄控制阀自动打开。补偿堆芯燃耗时，维持控制棒组在它们允许的限定范围内，通过设定上充泵提供所需数量的除盐水进行补给稀释硼浓度实现堆芯燃耗补偿。需要时，自动排出反应堆冷却剂至反应堆冷却剂净化系统，以保持要求的稳压器水位。

（3）电站停堆。在计划停堆前化学和容积控制系统净化回路连续地正常运行。停堆开始时，化学和容积控制系统将下泄流引出安全壳并送到反应堆冷却剂净化系统进行除气，然后返回上充泵入口。除气过程大约需要 48 h，以充分降低反应堆冷却剂的放射性水平和氢气浓度，从而允许进行换料或维修操作。

反应堆冷却剂系统开始冷却和降压之前，反应堆冷却剂的硼浓度先增加到冷停堆所需的浓度。通过反应堆冷却剂取样确定准确的硼浓度，然后操纵员将反应堆补给控制系统设置为“硼化”，根据硼化运行要求选择硼酸溶液的容积进行补给。

反应堆冷却剂系统冷却期间，冷却剂的收缩会触发稳压器水位控制系统启动上充泵进行自动补给，以维持正常的稳压器水位。

停堆期间，一台净化泵连续运行，提供化学和容积控制系统净化回路的净化驱动力。

(4) 异常运行。化学和容积控制系统可以对反应堆冷却剂系统发生的微小泄漏进行补给，以维持反应堆冷却剂系统压力和稳压器水位，并具有足够的补给能力以维持 RCS 发生小泄漏时最低限度的水装量。

(5) 事故运行。化学和容积控制系统能在发生诸如小破口失水事故、大破口失水事故等水装量减小的事故时向反应堆冷却剂系统提供硼化补给水。另外，稳压器辅助喷雾能在正常喷雾失效时降低反应堆冷却剂系统压力。在稳压器高液位信号时，关闭补给管线阀门隔离补水。化学和容积控制系统的部分阀门在事故状态下要求动作，从而影响反应堆冷却剂系统压力边界和安全壳隔离。

(6) RCS 水压试验。RCV 还用来为反应堆冷却剂系统充水和排水。通过 RCV 的上充管线进行 RCS 的压力试验。上充泵可以提供正常运行期间的水压试验。试验泵可以接在上充泵出口侧，提供初次启动前和非常规大修后的水压试验。

(7) 离子交换器的装载和水力卸载。树脂混床和阳床离子交换器在投运前首先要向交换器中装载树脂。装载树脂时首先打开离子交换器的疏水排放阀，然后将水力装载机的入口接管与除盐水分配系统连接，出口接管与离子交换器的树脂添加口连接，用除盐水冲洗水力装载机和离子交换器。下一步就开始向离子交换器中装载阳树脂、阴树脂，直到树脂装载完后关闭疏水排放阀，待离子交换器内的液位提升至装料孔时，关闭供水阀门，拆除装料机。

在净化退出运行后进行树脂卸载。水力卸载时首先对离子交换器充水排气，直到离子交换器的液位开始升高后关闭排气阀。排气结束后将除盐水引入离子交换器，将树脂排放至固体废物处理系统。

(8) 反应堆冷却剂过滤器冲洗。反应堆冷却剂过滤器的水力冲洗，是投运前的一项必要操作，水力冲洗应在准备冲洗的反应堆冷却剂过滤器处于隔离条件下进行，冲洗时除盐水从后向前(反向)冲洗反应堆冷却剂过滤器。

反应堆冷却剂过滤器冲洗时首先打开过滤器上游排水阀进行排水，排水时间约为 3 min，然后打开过滤器下游除盐水隔离阀引入除盐水，以 2 kg/s 的质量流量反向冲洗过滤器，冲洗大约 15 min 后，先关闭排水阀，然后关闭除盐水隔离阀结束冲洗。

(9) 防止硼稀释事故的措施。稀释事故可能由很多原因导致,包括补水控制系统自身故障等。不管发生的原因如何,保护功能是相同的。RCV 通过隔离从除盐水系统到上充泵入口的两个安全有关气动阀门中任何一个阀门,将稀释水源隔离以终止硼稀释事故。[1]

8.2　设备冷却水系统

设备冷却水系统(WCC)的主要功能如下。

(1) 保护补给水泵。向化学和容积控制系统补给水泵的小流量换热器提供冷却。该功能保证了化学和容积控制系统补给水泵的正常运行。

(2) 冷却电厂正常运行所必需的各种设备,包括反应堆冷却剂泵。

(3) 作为防止放射性流体释放到环境的屏障。

(4) 作为防止厂用水向一次安全壳及反应堆系统泄漏的屏障。

(5) 设备冷却水系统为贯穿安全壳的设备冷却水管道提供安全壳隔离。

1) 系统方案

设备冷却水系统是一个封闭回路冷却系统,它将电厂各设备热量通过厂用水系统传递到海水。该系统运行于电厂正常运行的各阶段,包括功率运行、正常冷却和换料。该系统包含两台设备冷却水泵、两台设备冷却水热交换器、一台设备冷却水波动箱和相关的阀门、管道与仪表。设备冷却水系统的流程如图 8-2 所示。

系统设备布置成两个机械系列。每个系列包含一台波动箱、一台设备冷却水泵和一台设备冷却水热交换器。两个系列从各自的回水母管上吸水。波动箱连接到每台泵的取水管上。每台泵与各自的热交换器直接连接。每台热交换器设置一根带有节流阀的旁路管道以防止设备冷却水水温过低。每台热交换器的出口通向各自系列的供水母管。

设备冷却水通过两个系列的供水/回水母管分配到各个设备。各设备根据电厂布置进行分组连接到各支管,其中一根支管用来冷却安全壳内的设备。当收到安全隔离的相关信号时,安全壳隔离阀将关闭,安全壳内的设备冷却水用户被隔离。可以对除了反应堆冷却剂泵之外的设备就地隔离进行维护而不影响其他设备的设备冷却水供应。

设备冷却水波动箱用于调节设备冷却水的热胀冷缩,也在泄漏隔离前用

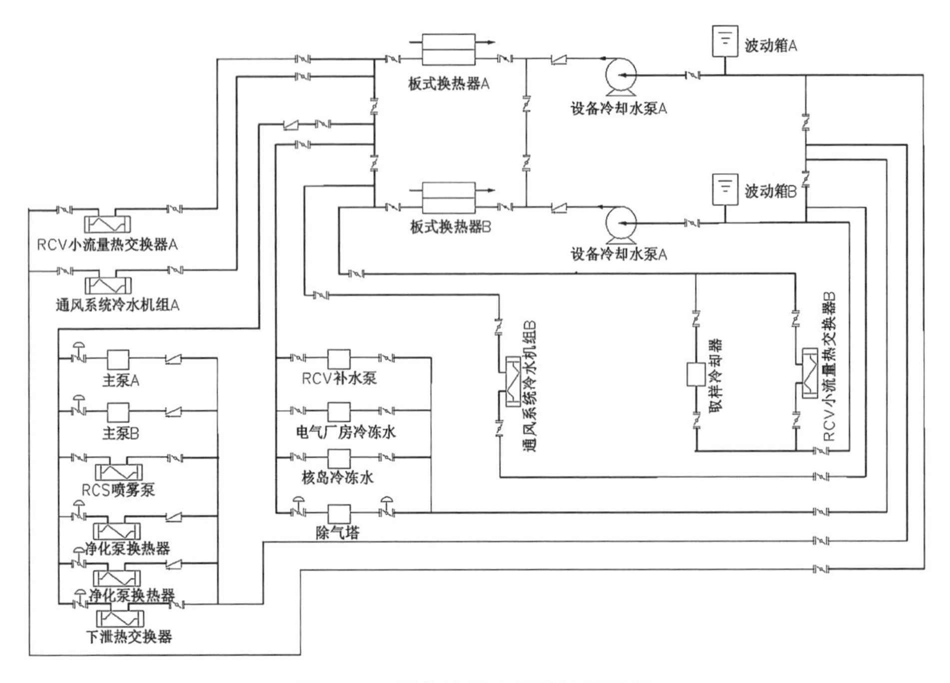

图 8-2　设备冷却水系统流程简图

于调节设备冷却水系统由于内、外漏引起的波动。当波动箱出现低水位信号时，通过除盐水储存和分配系统可自动将水补给到波动箱。

设备冷却水系统主要为下列设备提供冷却水：

(1) RCV 下泄热交换器、补水泵、净化泵。

(2) RCS 反应堆冷却剂泵、喷雾泵。

(3) 核取样冷却器。

(4) 电气厂房冷冻水系统。

(5) 核岛厂房冷冻水系统等。

2) 主要设备

设备冷却水系统主要设备包括设备冷却水泵、设备冷却水热交换器、设备冷却水波动箱、设备冷却水系统阀门等。

(1) 设备冷却水泵。两台设备冷却水泵是卧式离心泵。泵的联轴器由交流感应电动机驱动。每台泵根据各自热交换器的需求提供流量以导出相应的热负荷。对于正常运行热负荷而言，两台泵是冗余的。但是冷却过程中要求两台泵运行，若仅一台泵运行则将延长冷却时间。电厂正常运行期间有一台泵可以解列。设备冷却水泵的主要设备参数如表 8-9 所示。

表 8-9　设备冷却水泵的主要设备参数

参　数	数 值 或 描 述
安全等级	NC
规范等级	NA
抗冲击类别	NS
质保等级	QA3
数量/台	2
类型	卧式离心泵
每台设计流量/(m^3/h)	600
设计扬程/m	40

(2) 设备冷却水热交换器。系统设置两台设备冷却水热交换器。正常的运行工况下,一台热交换器可以满足系统热负荷要求,另一台热交换器提供冗余备份。电厂正常运行期间,任意一台热交换器可以和任意一台设备冷却水泵搭配运行而允许另一台热交换器解列。

设备冷却水热交换器是板式热交换器,其板片使用钛材料。设备冷却水从热交换器的一侧流过,厂用水从热交换器的另一侧流过。维持热交换器中的设备冷却水压力高于厂用水的压力,以防止厂用水泄漏至设备冷却水系统中。设备冷却水热交换器(单台)的主要参数如表 8-10 所示。

表 8-10　设备冷却水热交换器的主要参数

参　数	数 值 或 描 述
安全等级	NC
规范等级	NA
抗冲击类别	NS
质保等级	QA3
数量/台	2

(续表)

参　数	数值或描述
类型	板式
设计热负荷/MW	2
设备冷却水侧设计体积流量/(m^3/h)	600
板材	钛

(3) 设备冷却水波动箱。设备冷却水系统设有一台波动箱。波动箱用于调节由运行温度改变而引起的设备冷却水容积变化。波动箱设计能满足系统30 min的内漏或外漏而不需要采取任何措施。波动箱是立式圆柱形碳钢设备,其主要设计参数如表8-11所示。

表8-11　波动箱的主要设计参数

参　数	数值或描述
安全等级	NC
规范等级	NA
抗冲击类别	NS
质保等级	QA3
数量/台	2
类型	立式圆柱形
有效容积/m^3	8.5

(4) 设备冷却水系统阀门。设备冷却水系统中绝大多数阀门是手动阀,这些阀门用于隔离那些在特定运行模式下不需要冷却的设备。设备冷却水系统中贯穿安全壳的供水和回水管上共设置三个电动隔离阀和一个止回阀,用于安全壳隔离。电动阀是常开阀,在接到反应堆冷却剂泵轴承高温停堆信号或安全注射信号时关闭。此阀门由主控室控制,失效时保持原有位置。

每台反应堆冷却剂泵的设备冷却水出口管道处都设有一个常开的气动隔离阀。当反应堆冷却剂泵的设备冷却水进/出口管道上的两个流量计出现流量偏差报警时，说明有反应堆冷却剂通过泵外置热交换器泄漏进入设备冷却水系统。这些阀门在接到电厂控制系统发出的关闭信号时即可关闭，以阻止带有放射性的反应堆冷却剂泄漏至设备冷却水系统。

每台反应堆冷却剂泵的设备冷却水出口管道都设有一个卸压阀。卸压阀容量应能在泵外置热交换器发生传热管破裂事故时保护泵电机的冷却套管和设备冷却水管道。下泄热交换器设备冷却水出口管道上的卸压阀用于在热交换器内发生传热管破裂事故时保护设备冷却水管道。其他设备的设备冷却水出口管上也设置小型卸压阀，当连接到设备上的设备冷却水管道被隔离时，可卸出因水温升高而膨胀的容积。

3）运行特点

设备冷却水系统运行包括电厂启动、正常运行、电厂停堆等工况。

（1）电厂启动。电厂启动运行就是将反应堆从冷停堆状态带到零功率运行温度和压力，然后再进入功率运行。正常情况下，换料后设备冷却水系统的两个机械系列均投入运行。两个系列均向相应的设备提供冷却效果。当电厂开始升温，反应堆冷却剂泵启动，同时通过停止余热排出泵而停止导出堆芯的余热。下泄热交换器置于温度自动控制模式，以保持一个恒定的下泄温度。整个电厂启动期间，需监测冷却水流量和温度，使之控制在所要求的限值内。一旦启动运行结束，就停用一台设备冷却水泵和一台热交换器。

（2）正常运行。电厂正常运行期间，设备冷却水系统投用一个机械系列，此运行系列向相应负荷提供设备冷却。另一个系列一直处于备用状态，当运行系列的设备冷却水泵发生故障后就自动启动。正常运行期间，设备冷却水系统的泄漏由波动箱低液位时补水管道上阀门的自动开启来进行补给。电厂运行人员定期对设备冷却水进行取样以确定水中化学成分是否合格。如果有必要，会通过化学加药系统添加缓蚀剂。

（3）电厂停堆。电厂停堆是将反应堆从功率运行转换到换料状态的运行。停堆运行期间，通常设备冷却水系统两个机械系列运行。系统向相应设备提供冷却水。电厂冷却的初始阶段，反应堆冷却剂系统通过蒸汽发生器和主蒸汽系统进行冷却和降压。电厂冷却的第二阶段，将正常余热排出系统投入运行（大概在反应堆停堆 4 h 后）[1]。

8.3 疏水排气系统

核岛疏水排气系统(RVD)用于收集核岛内产生的所有放射性废液和废气,它们来自下列工况:

(1) 机组正常运行。

(2) 换料停堆、维修停堆各阶段及随后的启动。

(3) 设备维修及维修前设备排水。

(4) 正常泄漏。

(5) 各种瞬态。

根据废物的特性(可复用或不可复用的废液、含氢或含氧废气)和收集后的处理方式分类,这些废物将分别由各自的管网输送到废液处理系统(ZLT)和废气处理系统(ZGT)。

核岛疏水排气系统不直接履行安全功能(安全壳贯穿件除外),但它起到限制放射性废物释放到环境中从而保护环境的作用。

1) 系统方案

核岛疏水排气系统的流程如图 8-3 所示。

(1) 反应堆冷却剂疏水子系统。该系统收集含氢的反应堆冷却剂疏水和回路的泄漏,同时还收集当硼酸浓度发生变化时排出的反应堆冷却剂。

(2) 工艺疏水子系统。该系统收集含氧的反应堆冷却剂疏水、泄漏和树脂冲洗水。这些疏水通常是化学成分含量低的放射性废液。对这些废液的收集和输送方法如下: ① 由 ZLT 直接收集;② 收集在各厂房内的工艺疏水坑中,再用泵输送至工艺疏水坑;③ 送至核辅助厂房工艺疏水坑,再用泵输送到 ZLT。

(3) 地面疏水及服务废水子系统。该系统收集反应堆厂房、核辅助厂房的地面疏水和人员通行厂房中的服务废水。地面疏水是处理化学成分含量不定的低放射性废水。这些废水按下述方法进行收集和输送: ① 由集水箱、排水沟和疏排管道收集;② 用管道直接送至核辅助厂房地面疏水坑,再用泵输送至 ZLT;③ 废水排至各自厂房的地面疏水坑中,用泵输送到 ZLT。

服务废水主要是热更衣室的淋浴水等地面排水。通过地面疏水坑收集后送至废液储槽中;通过人员通行厂房接收的服务排水也通过 RVD 监测,若满足排放要求,可送入 ZLT 排放槽排放,若不满足排放要求,可送入 ZLT 地面疏水接收槽中进行处理。

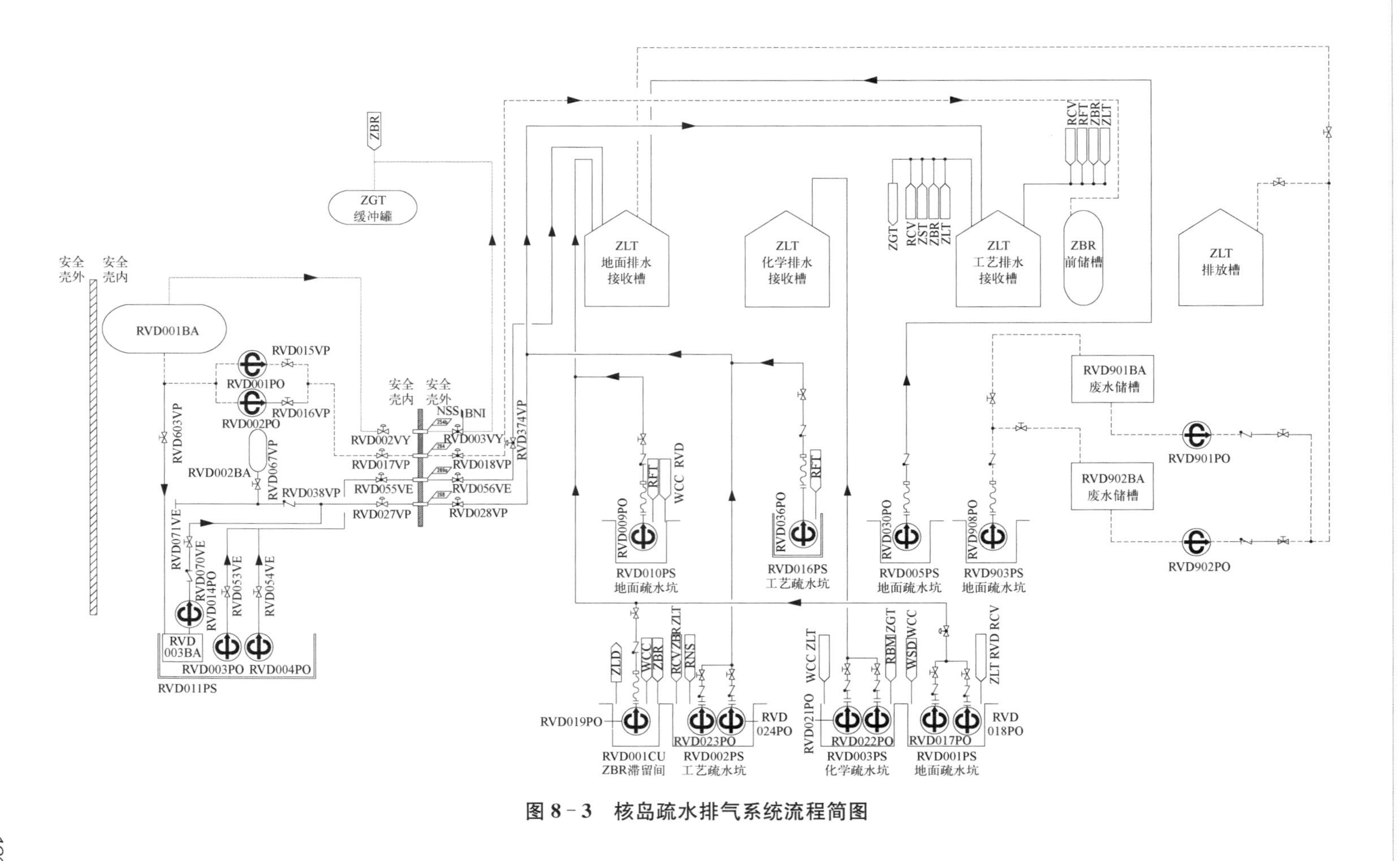

图 8－3　核岛疏水排气系统流程简图

(4) 化学疏水子系统。该系统收集核岛放化实验室、热机修实验室的废水和来自处理含有放射性化学物质系统的疏水。这些疏水通常是含有高化学成分的放射性废水。这些废水按下述方法进行收集：① 送至核辅助厂房化学疏水坑，由泵输送到 ZLT；② 由 ZLT 直接收集。

(5) 含氢废气子系统。该系统收集反应堆冷却剂系统、化学和容积控制系统运行中产生的含氢废气及用氮气吹扫各种箱体的覆盖层所产生的含氢废气。这些废气被送到 ZGT 含氢废气子系统进行处理。

(6) 含氧废气子系统。该系统收集反应堆在启动、冷停堆时设备排气及常压下储槽、手套箱等排气，把这些废气送到 ZGT 含氧废气子系统进行处理。

2) 主要设备

RVD 主要设备特性如表 8-12 所示。

表 8-12　RVD 主要设备特性

设备名称	主要参数及其取值	类　型	主要材料
反应堆冷却剂疏水箱	全容积：5.00 m^3； 设计压力(表压)：0.2 MPa	卧式	不锈钢
含氧废气疏水罐	全容积：0.24 m^3； 设计压力(表压)：0.02 MPa	立式	不锈钢
工艺疏水箱	全容积：1.45m^3 设计压力(表压)：0 MPa	卧式	不锈钢
反应堆冷却剂疏水泵	体积流量：18 m^3/h；扬程：50 m	离心泵	不锈钢
工艺疏水泵	体积流量：8 m^3/h；扬程：10 m	液下泵	不锈钢
地面疏水地坑泵	体积流量：5 m^3/h；扬程：36 m	潜水泵	不锈钢

3) 运行特点

疏排水系统的各子系统运行特点分述如下。

(1) 反应堆冷却剂疏水子系统。该系统设计成间歇运行方式，它可在机组正常运行期间和预期瞬态期间保持连续运行。系统未设置备用电源。反应堆厂房产生的反应堆冷却剂疏水被收集到反应堆冷却剂疏水箱，并由两台并联安装的泵输送。泵进口及出口管道上安装的所有的阀门在正常运行时是常开的。

(2) 工艺疏水子系统。该系统设计成间歇运行方式，它可在机组正常运行期间和预期瞬态期间保持连续运行。系统中未设置备用电源。其位置高于工艺疏水管安全壳贯穿件的系统和设备，工艺疏水靠重力收集到核辅助厂房的 ZLT 工艺排水接收槽。

在反应堆厂房位置低于工艺疏水管安全壳贯穿件的系统和设备，工艺疏水收集到工艺疏水箱中，再用泵将废液送到核辅助厂房工艺疏水坑。工艺疏水箱有溢流口，可使超过溢流口的废水排到安全壳疏水坑。

其他厂房的系统和设备疏水输送方式：① 送到核辅助厂房工艺疏水坑，再用泵输送到 ZLT；② 收集在燃料厂房工艺疏水坑，再用泵输送至核辅助厂房工艺疏水坑；③ 靠重力直接送到 ZLT。

(3) 化学疏水子系统。本系统靠重力收集疏水，把这些废水送到化学疏水坑，再用泵输送到 ZLT 化学排水接收槽，或直接收集到 ZLT 化学排水接收槽中。

(4) 地面疏水和服务废水子系统。该系统地面疏水部分设计成间歇运行方式。它能在机组正常运行期间和各种预期瞬态期间保持连续运行。

(5) 含氢废气子系统。维持本系统压力略高于大气压力，以防止空气渗入。

(6) 含氧废气子系统。本子系统位于反应堆厂房，通过安全壳换气通风系统的排风机使系统在运行时保持负压。在停堆期间，本系统主要用来收集反应堆冷却剂系统中的饱和湿气，这些气体经过含氧废气疏水罐被分离后排入安全壳换气通风系统，废水排入 RVD 工艺疏水子系统。核辅助厂房的含氧废气排至 ZGT，由 ZGT 的排风机保持负压[1]。

8.4　正常余热排出系统

正常余热排出系统(RHR)的主要功能是在反应堆冷却剂系统(RCS)处于热停堆、冷停堆、换料模式下，从堆芯和 RCS 排出热量。

RHR 在使用时会将反应堆冷却剂温度降至冷停堆模式或换料运行模式的要求值，维持 RCS 的冷停堆模式或换料运行模式反应堆冷却剂温度，并提供通过堆芯的冷却剂流量。

（1）降低反应堆冷却剂温度。通过排出反应堆冷却剂热量，将反应堆冷却剂的温度从 180 ℃降至 60 ℃。

（2）维持冷停堆模式或换料模式下冷却剂温度。在达到冷停堆模式或换料模式工况时，RHR 能将反应堆冷却剂温度维持在冷停堆或换料工况，并满足换料和维修操作所需的持续时间。

（3）循环反应堆冷却剂。在 RCS 处于热停堆、冷停堆、换料模式期间，当反应堆冷却剂泵（简称主泵）不运行或检修时，余热排出泵能使反应堆冷却剂通过 RCS 和堆芯进行循环，并进行余热排出。

1）系统方案

余热排出系统由两个独立的子系列组成，两个子系列互为备用。每个子系列均具备 100%的余热排出能力，由两台余热排出泵、两台能动余热排出冷却器、一次侧管道、海水侧管道及相应的阀门和仪表组成。

RHR 在设计上遵循以下设计准则：

（1）RHR 应满足单一故障准则，保证系统在能动部件发生单一故障时仍能执行其功能。

（2）应对 RHR 安全壳内设备进行质量鉴定，使其在如安全壳内主蒸汽管道破裂和小 LOCA 事故等事故环境条件下保持其功能。

（3）能动机械设备的可运行性的验证应符合 RCC－M 相关准则的要求。

系统的安全壳内部分，即从反应堆冷却剂系统直至包括安全壳外的安全壳隔离阀的部分，按照反应堆冷却剂系统的全压设计。系统在安全壳外部分，包括泵、热交换器和阀门，按照一定的设计压力和设计温度以确保反应堆冷却剂系统的正常运行压力低于其管道极限断裂强度。

正常余热排出系统由两个机械设备系列组成。每一系列包括一台余热排出泵和一台余热排出热交换器。两个设备系列共用一根连接到反应堆压力容器正常余热排出接管上的吸入管线和两根连接到两列直接注入管线上的排放管。正常余热排出系统包括系统运行必需的管道、阀门和仪表[1]。

在安全壳外，入口母管上包含有一个常关电动隔离阀。在入口母管隔离阀的下游，母管分支为两根单独的管线，每根连接到一台余热排出泵上。每根分支管线在余热排出泵上游设有一个常开的手动隔离阀。这些阀门为泵的维修而设置。

正常余热排出系统的入口母管从反应堆压力容器正常余热排出接管口到余热排出泵的入口连续倾斜。这样布置消除了任何能造成空气积聚的局部高点，从而减小泵吸入空气的概率，防止余热排出能力丧失。

正常余热排出系统在安全壳内的入口母管上设有两个弹簧式安全阀，该阀门提供反应堆冷却剂系统的低温超压保护。在安全壳外的另一个弹簧式安全阀提供正常余热排出系统管道和设备的超压保护。

当正常余热排出系统运行时，其水化学和反应堆冷却剂相同。可以利用余热排出热交换器封头的疏水管线进行化学取样。停堆时可利用这些管线对反应堆冷却剂系统进行取样。电站正常运行时可对安全壳内置换料水箱进行取样。正常余热排出系统流程如图 8-4 所示。

2）主要设备

正常余热排出系统主要设备包括余热排出泵、余热排出热交换器、安全阀等。

（1）余热排出泵。余热排出泵为单级、卧式、电动轴封泵。余热排出泵电动机由交流电源供电，余热排出泵电动机由海水冷却。余热排出泵的主要设备参数如表 8-13 所示。

表 8-13　余热排出泵的主要设备参数

参　　数	数值或描述
安全等级	2 级
规范等级	RCC-M 2 级
质保等级	QA1 级
抗冲击类别	Ⅰ类
数量	2
设计压力(绝对压力)/MPa	17.2
设计温度/℃	343
额定流量/(m^3/h)	100
设计扬程/m	80
材料	不锈钢
设计使用寿命/年	60
电机供电电源	380 V、50 Hz

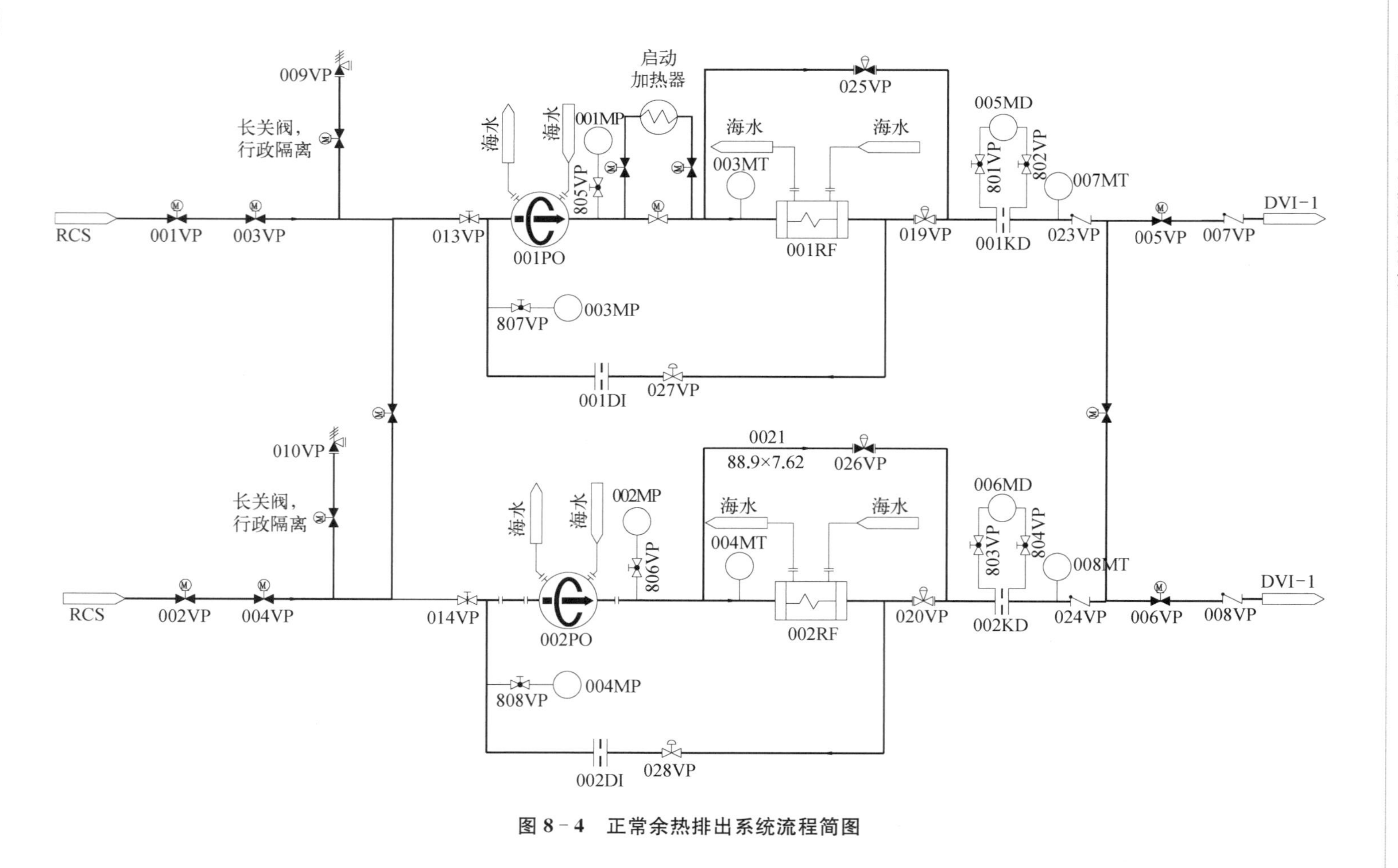

图 8-4　正常余热排出系统流程简图

(2) 余热排出热交换器。余热排出热交换器为卧式 U 形管壳式热交换器，一回路冷却剂进、出口设在封头，封头内有一隔板，封头固定在壳体上。反应堆冷却剂流经管侧，海水流经壳侧。余热排出热交换器的主要设备参数如表 8-14 所示。

表 8-14　余热排出热交换器的主要设备参数

参　　数	数 值 或 描 述
安全等级	2 级
规范等级	RCC-M 2 级
质保等级	QA1 级
抗冲击类别	Ⅰ类
数量	2
额定热负荷/MW	2.26
设计绝对压力(管侧/壳侧)/MPa	17.2/1.5
设计温度(管侧/壳侧)/ ℃	343/93
设计体积流量(管侧/壳侧)/(m^3/h)	100/109
介质(管侧/壳侧)	反应堆冷却剂/海水
主要材料(管侧)	不锈钢

(3) 安全阀。由两个先导式安全阀组(RHR009VP/045VP、RHR010VP/046VP)为 RCS 提供低温超压保护。上游阀门提供卸压功能，称为保护阀；下游阀门提供隔离功能，称为隔离阀。两组安全阀的整定压力不同，以解决特殊情况下单台安全阀不开启的问题，阀门的额定排量是基于低温水密实瞬态下的质量误注入工况，采取保守包络计算得到的，并留有裕量。

正常余热排出系统低温超压保护阀的主要设计参数如表 8-15 所示。

表 8-15　正常余热排出系统低温超压保护阀的主要设计参数

参　　数	数 值 或 描 述
安全等级	2 级
规范等级	RCC-M 2 级

（续表）

参　　数	数 值 或 描 述
质保等级	QA1
抗冲击类别	Ⅰ类
整定压力(绝对压力)/MPa	4.05
整定值精度/%	±3
额定卸压排放量/(m^3/h)	30

正常余热排出系统低温超压保护阀的主要设计参数如表 8-16 所示。

表 8-16　正常余热排出系统低温超压保护阀的主要设计参数

参　　数	数 值 或 描 述
安全等级	3 级
规范等级	RCC-M 3 级
质保等级	QA2
抗冲击类别	Ⅰ类
整定压力(绝对压力)/MPa	4.19
整定值精度/%	±3
额定卸压排放量/(m^3/h)	1

流量控制阀的主要设计参数如表 8-17 所示。

表 8-17　流量控制阀的主要设计参数

参　　数	数 值 或 描 述
安全等级	3 级
规范等级	RCC-M 3 级
质保等级	QA2

(续表)

参　　数	数值或描述
抗冲击类别	Ⅰ类
设计压力(绝对压力)/MPa	17.2
调节特性	等比例
额定质量流量/(t/h)	100
阀门故障位置	保持在失效位置
主要材料	不锈钢

3) 运行特点

正常余热排出系统运行主要考虑了电站启动、电站冷却及丧失厂外电的纵深防御等工况。

(1) 电站启动：电站启动包括将核电站从冷停堆工况到零负荷运行，然后到功率运行工况的运行操作过程。

在冷停堆工况期间，两台余热排出泵和两台余热排出热交换器同时运行，使反应堆冷却剂循环并带出衰变热。电站启动过程中，两台余热排出泵处于运行状态，热交换器的流量控制阀关闭，旁路流量控制阀开启，两台热交换器都有海水供应。需要时手动开启热交换器的流量控制阀，使升温速率限制在28 ℃/h以内。正常余热排出系统保持与反应堆冷却剂系统的连接，这个连接为反应堆冷却剂系统提供低温超压保护。随着稳压器电加热器和反应堆冷却剂泵的启动，它们的热量输入开始对反应堆冷却剂进行加热。

反应堆冷却剂系统的温度一达到180 ℃，RHR就隔离撤出。

(2) 电站冷却：电站冷却是将核电站从正常的运行转入换料停堆工况的运行。

电站冷却的初始阶段包括反应堆冷却剂的冷却和降压。热量通过蒸汽发生器从反应堆冷却剂系统传递到二回路系统。通过将反应堆冷却剂喷淋到稳压器中以冷却并冷凝稳压器中的蒸汽，进而实现反应堆冷却剂系统的降压。

当反应堆冷却剂温度和绝对压力分别降到180 ℃和3.0 MPa(约反应堆停堆后6 h)时，电站冷却的第二阶段随正常余热排出系统的投入运行而开始。

在启动余热排出泵之前，安全壳内置换料水箱隔离阀关闭。然后打开正常余热排出系统入口母管隔离阀和出口母管隔离阀。当反应堆冷却剂系统的绝对压力降到 3.0 MPa 时,隔离阀打开。

一旦完成了适当的阀门连接并已开始向两台余热排出热交换器提供海水冷却流量,正常余热排出系统便可开始运行,启动余热排出泵,冷却开始。根据反应堆冷却剂的温度,调节通过热交换器的流量来控制冷却速率。

这种连续冷却的运行模式持续到反应堆冷却剂系统的温度降低到 70 ℃且系统降压后。然后反应堆冷却剂系统可以开盖进行维修或换料。冷却要持续到反应堆冷却剂系统温度降低到 60 ℃[1]。

(3) 丧失厂外电的纵深防御:丧失厂外电工况下,备用柴油机驱动余热排出泵,正常余热排出系统执行一回路冷却功能,防止作为专设的非能动余热排出系统投入。

参考文献

[1] 宋丹戎,刘承敏.多用途模块式小型核反应堆[M].北京:中国原子能出版社,2021.

第9章 ACP100S 蒸汽转换系统设计

作为浮动核电站，ACP100S 蒸汽转换系统在设计时需要考虑海洋环境的影响。与陆上核电站辅助系统相比，ACP100S 辅助系统面临的主要挑战是在相关设备的运行条件中也需要考虑倾斜、摇摆、冲击、颠震等海洋环境的影响。

ACP100S 蒸汽转换系统是通过蒸汽发生器带出反应堆冷却剂系统的热能，并在汽轮发电机内转换成电能。蒸汽在汽轮机做功后，乏汽在凝汽器冷凝成凝结水，通过低压加热器加热后进入除氧器，最后通过给水泵返回到蒸汽发生器。汽轮发电机组及辅机与大型核电机组的设计没有太大的区别，技术已相当成熟。

本章主要介绍主给水系统和主蒸汽系统。ACP100S 蒸汽转换系统的主要参数如表 9-1 所示。在核蒸汽供应系统提供 385 MW 热功率的情况下，汽轮发电机组的输出功率为 125 MW。

表 9-1　ACP100S 蒸汽转换系统的主要参数

参　　数	数值或描述
堆芯额定热功率/MW	385
蒸汽发生器进口温度/℃	140
蒸汽发生器蒸汽压力(绝对压力)/MPa	4.5
蒸汽发生器蒸汽温度/℃	294
蒸汽发生器给水温度/℃	140
蒸汽发生器蒸汽品质	过热蒸汽
蒸汽发生器台数	16
蒸汽发生器蒸汽质量流量/(t/h)	596.8

9.1 主给水系统

在电厂热备用、启动、功率运行期间，主给水系统(TFM)的功能是向直流蒸汽发生器供应给水并调节给水流量，使蒸汽发生器的给水和汽轮机负荷相适应，保持直流蒸汽发生器的出口压力。

主给水系统还用于触发反应堆和汽轮机的保护系统动作：

(1) 主给水隔离阀快速关闭；

(2) 主给水调节阀和主给水旁路调节阀快速关闭；

(3) 主给水泵跳闸。

主给水系统不具有安全功能。但在设计基准事故时，可通过关闭位于核岛厂房的核级调节阀及隔离阀来实现主给水的有效隔离，因此它又具有部分与安全相关的功能。

1) 系统方案

主给水系统主要由电动给水泵机组、主给水调节阀及主给水流量测量装置等设备组成。电动主给水泵将除氧器的给水经过主给水调节阀(或旁路调节阀)后，两条主给水支管进入安全壳，分别向对应的 8 台蒸汽发生器供水，主给水系统流程如图 9-1 所示。

电动主给水泵设有小流量再循环管线作为低流量时的对泵保护，当流量降低到某一预定值时，开启小流量再循环管线。

在主给水母管上的主给水调节站，用以控制通向 16 台直流蒸汽发生器的流量。主给水调节站由一个主给水调节阀组和一个旁路调节阀组成。主给水调节阀和旁路调节阀上、下游均设有电动隔离阀。

主给水调节阀在高负荷(从 20%满功率到 100%满功率)时运行，调节给水流量。此时，旁路调节阀保持开启状态。

旁路调节阀在低负荷(小于 20%满功率)时运行，调节给水流量。此时，主给水调节阀保持关闭状态。

2) 主要设备

主给水系统主要设备包括主给水泵、给水调节站、滤网和给水过滤器、给水隔离阀、给水止回阀、给水流量测量装置等。

(1) 主给水泵。主给水泵机组包含三台并联的电动主给水泵，正常工况下每台主给水泵能提供 33.3%的额定给水流量，最大容量可达 50%的额定给

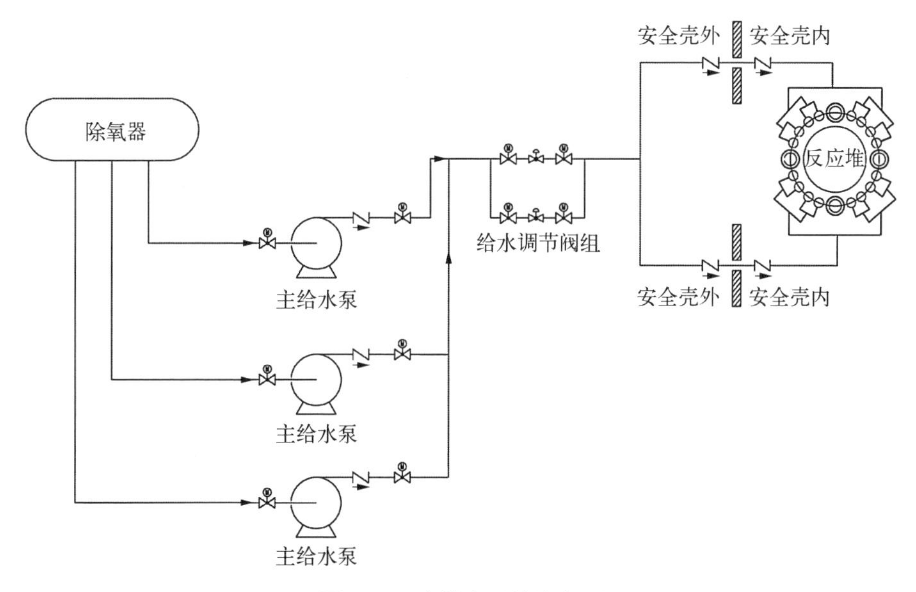

图 9-1　主给水系统流程图

水流量。主给水泵选用电动泵方案，变频控制转速。相比汽动泵，电动泵在满足电厂功能、安全要求的基础上，在经济性、系统复杂程度、维修可靠性方面有较大的优势。主给水泵结构如图 9-2 所示，主要性能参数如表 9-2 所示。

表 9-2　主给水泵主要性能参数

参　　数	数 值 或 描 述
类型	电动离心泵
设计压力/MPa	10
设计温度/℃	180
额定主给水温度/℃	140
额定主给水质量流量/(t/h)	300
转速控制	变频调速

(2) 给水调节站。主给水调节站设置在主给水母管上，由并联安装的主给水调节阀和旁路调节阀组成，以调节进入蒸汽发生器的给水流量。给水调节站如图 9-3 所示。

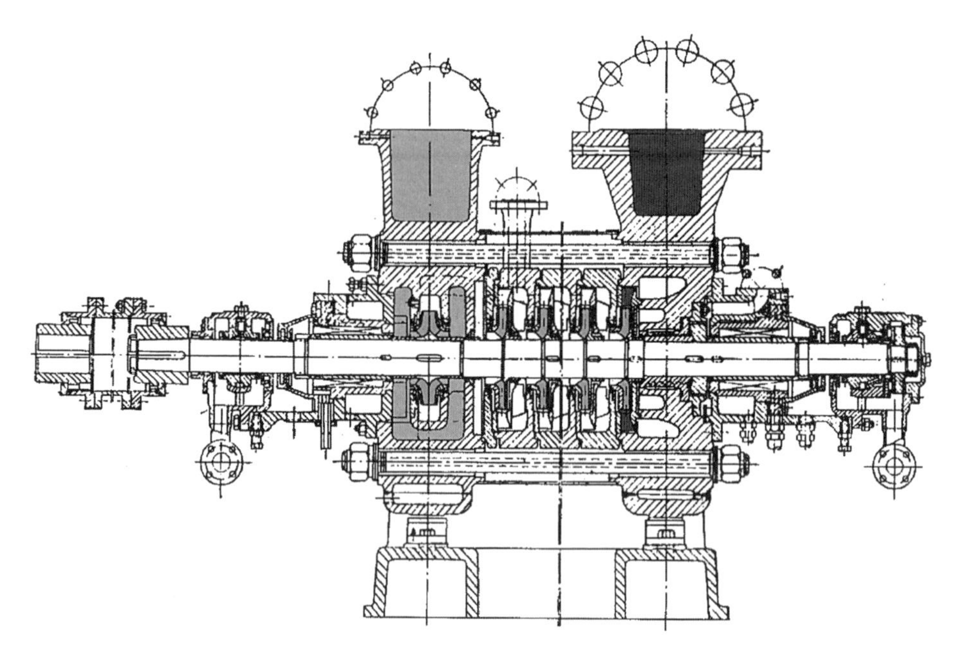

图 9-2　电动主给水泵结构图

图 9-3　给水调节站

(3) 滤网和给水过滤器。每台主给水泵入口各设置有一个滤网,对给水进行全流量过滤。在给水流量测量装置至安全壳外止回阀之间的两条给水支管各设置一台给水过滤器,过滤进入蒸汽发生器的给水中不小于 0.3 mm 的杂质颗粒。

(4) 给水隔离阀。在主给水调节阀和旁路给水调节阀的下游分别设置有给水隔离阀,要求其在最高压力和流量下,能在 5 s 或更短的时间内关闭。

(5) 给水止回阀。每条给水管路设有两个止回阀,第一个安装在安全壳内;第二个安装在安全壳外,紧靠安全壳。

(6) 给水流量测量装置。给水调节站下游的每条给水支管上装有一个测量流量的文丘里管,在文丘里管与安全壳外止回阀之间装有一个孔板,供性能试验时使用。每条最小流量再循环管线上设有一个测量给水再循环小流量的孔板,用以提供再循环小流量的信息。每台主给水泵出口设有测量流量的孔板(位于小流量管线接口下游),用以测量主给水泵出口流量的信息。

3) 运行特点

主给水系统运行主要包括正常运行、特殊稳态运行、特殊瞬态运行和事故运行四种工况。

(1) 正常运行。汽轮机在额定功率运行时,三台主给水泵同时运行,每台主给水泵输送 33.3%的额定给水流量。三台主给水泵的流量和扬程能够满足机组在额定功率运行时蒸汽发生器对给水流量和压头的需要。

反应堆功率处于 0~20%满功率时,一台主给水泵运行,给水流量手动控制,调节旁路给水调节阀开度和主给水泵转速,向直流蒸汽发生器提供与功率匹配的给水流量。

反应堆功率处于 20%~33.3%满功率时,第 1 台主给水泵转为自动运行。反应堆功率处于 33.3%~100%满功率时,顺序启动第 2 和第 3 台主给水泵。其中,当功率达到 33.3%满功率时,启动第 2 台主给水泵;当功率达到 66.6%满功率时,启动第 3 台主给水泵,直到达到满功率。反应堆功率处于 20%~100%满功率时,由主给水泵、主给水调节阀和主给水控制通道来保证给水流量的供给与控制,通过调节主给水调节阀开度和主给水泵的转速,改变给水流量使之与蒸汽负荷相匹配,维持二回路蒸汽压力。此时,给水旁路通道维持开启状态。

主给水调节阀开度控制用于调节给水流量,使蒸汽压力维持稳定。主给水调节阀控制包括两个控制通道(蒸汽压力差控制通道和负荷匹配控制通道），将蒸汽压力测量值与蒸汽压力设定值进行比较，所得偏差信号经蒸汽压力调节器运算，产生给水流量的主调节信号；比较蒸汽流量信号与给水流量信号，产生给水流量的副调节信号，用于校正给水流量与蒸汽流量失配情况，防止出现瞬时过大的失配波动；给水流量的主、副调节信号相加产生的调节信号进入流量调节器计算，产生主给水调节阀阀位的目标开度信号，使主给水调节阀按目标开度改变阀位，实现调节给水流量，蒸汽产量随之变化，使蒸汽压力恢复到其设定值。

主给水泵转速控制用于调节主给水泵的转速，改变主给水泵出口压力，使主给水调节阀前后压差保持在设定值，从而保证主给水调节阀具有足够的调节给水流量能力。根据主给水调节阀前后压力测量点得到的前后压力信号，控制系统计算得出主给水调节阀前后压差信号，并与压差设定值进行比较，所得偏差信号经 PI（比例＋积分）控制器运算产生主给水泵转速调节信号，改变主给水泵出口压力以确保主给水调节阀前后压差恒定。

（2）特殊稳态运行。当装置在低于 20％满功率下运行时，主给水调节阀关闭，通过调节主给水泵转速和旁路给水调节阀控制直流蒸汽发生器的给水流量和压力。

必要时，可根据蒸汽压力和给水流量手动控制主给水调节阀。

当一台主给水泵发生故障后，其余两台主给水泵自动提升转速，各自承担 50％的额定给水流量。

（3）特殊瞬态运行。在功率提升到 20％满功率时，主给水调节阀和旁路给水调节阀可逐步切换；在功率降低到 20％满功率时，主给水调节阀和旁路给水调节阀也可逐步切换。

（4）事故运行。反应堆紧急停堆信号将导致主给水调节阀及主给水隔离阀、旁路调节阀及旁路隔离阀自动关闭。[1]

9.2 主蒸汽系统

主蒸汽系统（TSM）在主给水系统（TFM）的配合下，用于在电厂正常运行工况排出由反应堆产生的热量，并将蒸汽从蒸汽发生器输送到汽轮机和其他蒸汽用户。

此外，它还承担如下的安全功能：

（1）在发生安全壳内的主蒸汽管道破裂事故时限制反应堆冷却剂的冷

却，因而限制蒸汽释放，从而防止超过安全壳设计压力。

(2) 作为安全壳屏障，位于反应堆厂房贯穿件和蒸汽发生器之间的蒸汽管道可认为是反应堆安全壳的延伸。

(3) 通过主蒸汽安全阀保护二回路系统。

1) 系统方案

主蒸汽系统的主要部件有主蒸汽管道、主蒸汽安全阀(弹簧加载式)、主蒸汽隔离阀(MSIV)、蒸发器传热管破裂(SGTR)事故隔离阀。16台直流蒸汽发生器二次侧出口蒸汽支管，通过“两两合一”的方式，最终形成2根主蒸汽管道穿出安全壳，并经主蒸汽隔离阀进入汽轮机厂房。

每根主蒸汽管线包括：① 2个弹簧加载式安全阀，直接向大气排放蒸汽；② 1个常开的主蒸汽隔离阀，它在收到主蒸汽管线隔离信号后5 s内关闭；③ 1个常开的SGTR事故隔离阀；④ 1个启停转换阀；⑤ 汽水分离器等。

主蒸汽系统的主蒸汽管线为高能管道，主要由下列各段组成：① 反应堆安全壳内为直流蒸汽发生器蒸汽出口和安全壳贯穿件之间部分；② 反应堆安全壳外为安全壳贯穿件和启停转换阀之间部分。

主蒸汽系统流程如图9-4所示。

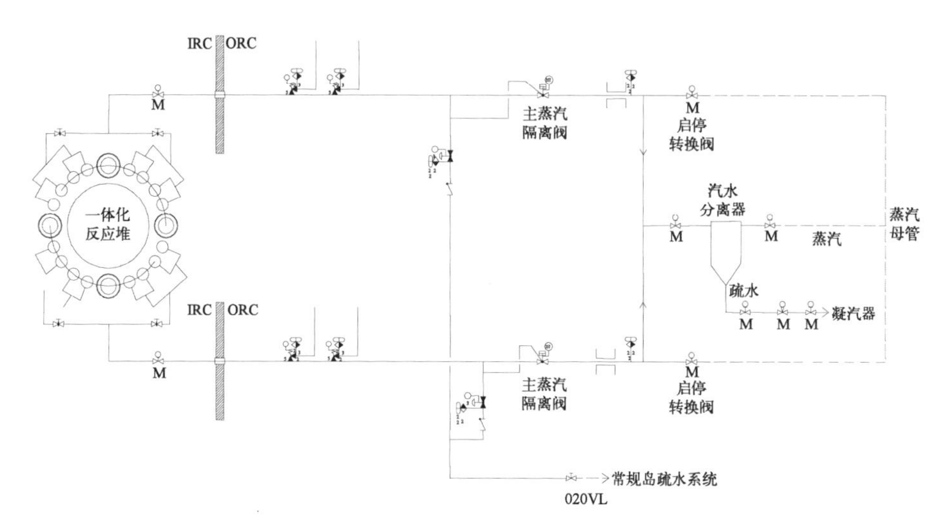

图9-4　主蒸汽系统流程图

2) 主要设备

主蒸汽系统的主要设备包括主蒸汽隔离阀、主蒸汽安全阀、蒸发器传热管破裂事故隔离阀等。

图 9-5 主蒸汽隔离阀

(1) 主蒸汽隔离阀。主蒸汽隔离阀为楔形双向闸阀,其阀体焊接到系统管线上。主蒸汽隔离闸阀带有液动/气动执行机构。阀门执行机构由连接到阀体顶部的阀杆架支撑。阀门执行机构包含一个带能量储存系统的液压缸,能提供隔离阀的紧急关闭。驱动阀门的能量以压缩氮气形式储存在执行机构气缸的一端。主蒸汽隔离阀由高压液压流体维持在常开位置。紧急关闭时,冗余的电磁阀通电从而将高压液压流体排放到液体油箱。

提供冗余的 1E 级电磁阀以实现紧急关闭。每个电磁阀都由独立的安全有关母线供电,分别由 A 列和 B 列电源供电。主蒸汽隔离阀如图 9-5 所示。

主蒸汽隔离阀的控制系统可以完成下列动作:① 快速关闭阀门(≤5 s),阀门和控制通道都是冗余的(电源供应为 A 列和 B 列);② 慢速关闭阀门;③ 慢速开启阀门;④ 启闭试验。主蒸汽隔离阀主要参数如表 9-3 所示。

表 9-3 主蒸汽隔离阀主要参数

参数	数值或描述
规范等级	RCC-M 2 级
质保等级	QA1
抗冲击类别	I 类
设计绝对压力/MPa	6.0
设计温度/℃	343
运行温度/℃	294
运行绝对压力(直流蒸汽发生器出口)/MPa	4.5

（续表）

参　　数	数 值 或 描 述
额定质量流量/(t/h)	298.4
额定流量下的压降/MPa	0.01
最大压差/MPa	6.0
快关时间/s	≤5
故障安全位置	关闭

(2) 主蒸汽安全阀。每条主蒸汽管线有 2 个安全阀，这 2 个阀门都是弹簧加载式安全阀，它们分别安装在各自的主蒸汽管道上。第 1 个整定压力(绝对压力)为 5.7 MPa，第 2 个阀门整定压力(绝对压力)为 6.1 MPa。2 个安全阀的排量能保证在不同瞬态下将二次侧压力限制为设计压力的 110%。主蒸汽安全阀主要参数如表 9-4 所示，主蒸汽安全阀如图 9-6 所示。

表 9-4　主蒸汽安全阀主要参数

参　　数	数 值 或 描 述
规范等级	RCC-M 2 级
质保等级	QA1
抗冲击类别	Ⅰ类
设计压力(绝对压力)/MPa	6.0
设计温度/℃	343
运行温度/℃	294
第 1 个安全阀整定压力(绝对压力)/MPa	5.7
第 2 个安全阀整定压力(绝对压力)/MPa	6.1
整定压力偏差/%	1
启闭压力偏差/%	5

（续表）

参　　数	数 值 或 描 述
第 1 个排汽质量流量/(t/h)	约 140
第 2 个排汽质量流量/(t/h)	约 155

图 9-6　主蒸汽安全阀

(3) 蒸发器传热管破裂事故隔离阀。在安全壳内的每根主蒸汽管线上设有 1 个蒸发器传热管破裂(SGTR)事故隔离阀，在 SGTR 事故工况下隔离阀关闭，实现安全壳隔离，限制放射性物质向安全壳外释放。SGTR 事故隔离阀主要参数如表 9-5 所示。

表 9-5　SGTR 事故隔离阀主要参数

参　　数	数 值 或 描 述
安全等级	2 级
规范等级	RCC-M 2 级

（续表）

参　　数	数 值 或 描 述
质保等级	QA1
抗冲击类别	Ⅰ类
设计压力(绝对压力)/MPa	17.2
设计温度/℃	343
运行温度/℃	294
运行压力(绝对压力)/MPa	4.5
额定质量流量/(t/h)	298.4
额定质量流量下的压降/MPa	0.01
最大压差/MPa	6.0

3）运行特点

主蒸汽系统运行包括正常运行、特殊稳态运行、特殊瞬态运行、启动和停堆、直流蒸汽发生器保养等工况。

（1）正常运行。主蒸汽系统的正常运行是指反应堆在大于 20％额定功率下的运行。在该功率下，堆芯功率和汽轮机负荷需求平衡，反应堆和汽轮机处于自动控制状态。

在小于 20％额定功率下，直流蒸汽发生器出口的汽水混合物经汽水分离器后，分离出的蒸汽经蒸汽联箱进入蒸汽排放系统，分离出的疏水排入凝汽器。

在稳态工况下，主蒸汽系统运行方式包括：① 主蒸汽隔离阀开启；② 启停转换阀开启；③ 主蒸汽隔离阀上游的疏水管线隔离。

在电厂正常运行时，控制直流蒸汽发生器二次侧出口蒸汽压力绝对压力为 4.5 MPa，蒸汽发生器产生约 596.8 t/h 的过热蒸汽。

在正常瞬态，例如 10％额定功率阶跃变化或每分钟 5％额定功率的线性变化下，主蒸汽系统的运行方式与稳态工况时相同。

汽轮机负荷的增加将引起汽轮机入口调节阀进一步开启。反应堆控制系统将提高反应堆功率，使其与负荷需求相匹配。

汽轮机负荷减少时将与上述情况相反。

(2) 特殊稳态运行。主要指主蒸汽系统在反应堆热备用、热停堆、启动和停止等运行工况下，主蒸汽系统的状态包括：① 主蒸汽隔离阀开启；② 启停转换阀关闭；③ 主蒸汽隔离阀上游的疏水管线隔离。主蒸汽压力由蒸汽排放系统和给水流量控制系统控制。

(3) 特殊瞬态运行。除正常瞬态(10%额定功率的阶跃变化、每分钟5%额定功率的线性变化、启动和停堆瞬态)外，还应考虑负荷急剧阶跃降低、汽轮机脱扣、反应堆停堆瞬态：① 在负荷急剧阶跃降低时，反应堆和汽轮机之间功率暂时失配。因为控制棒的控制能力是有限的，多余的蒸汽通过汽轮机旁路系统排放。② 如果汽轮机旁路排放系统和稳压器控制系统能投入运行，则反应堆冷却剂温度和压力不会明显增加；如果汽轮机旁路排放系统失效，蒸汽发生器安全阀可能开启。③ 不管是汽轮机脱扣后的反应堆紧急停堆，还是反应堆紧急停堆引起汽轮机脱扣，均会使直流蒸汽发生器压力升高。汽轮机旁路系统动作使反应堆进入零负荷状态。

(4) 启动和停堆。在反应堆功率小于20%额定功率时，直流蒸汽发生器出口产物为汽水混合物。此时，主蒸汽隔离阀开启，启停转换阀关闭。直流蒸汽发生器出口产物进入汽水分离器中。汽水分离器出口的蒸汽经蒸汽联箱进入蒸汽排放系统中，汽水分离器的疏水直接排入冷凝器中。

启停阶段，直流蒸汽发生器出口参数压力需要维持在规定范围内，需要依靠调节汽轮机旁路系统的排放阀和主给水泵的转速来实现。

(5) 直流蒸汽发生器保养。在停堆期间，必须严格控制蒸汽发生器内的氧含量，以防局部腐蚀。为了防止蒸汽发生器腐蚀，采用干保养方式(向蒸汽发生器内充氮)对蒸汽发生器进行保养。[1]

参考文献

[1] 宋丹戎，刘承敏. 多用途模块式小型核反应堆[M]. 北京：中国原子能出版社，2021.

第 10 章
ACP100S 仪控系统设计

作为浮动核电站，ACP100S 相关系统设计时需要考虑海洋环境的影响，仪控系统也不例外。与陆上核电站仪控系统相比，ACP100S 仪控系统由于运行于海洋环境，面临的主要挑战如下：

为提高仪控系统环境适应性，针对运行所面临的海洋环境条件，控制系统及其设备在设计时应考虑倾斜、摇摆、冲击、垂荡、颠震等海况条件（具体的数值应根据不同海域情况加以考虑）。同时，还应该考虑盐雾、霉菌等对仪控设备的影响，有针对性地采取预防措施。

为提高海上供电的可靠性和可用性，浮动核电站常采用多个反应堆运行，以满足不同用户需求。在采用多个反应堆运行时，反应堆二回路系统间可能存在联合运行的工况，控制系统总体设计时应考虑如何防止出现反应堆之间"抢负荷"的现象。

由于浮动核电站一般运行在远离陆地的海上，电网处于独立的孤岛状态，因此要求核动力装置能够有较好的负荷跟踪能力。

由于承载浮动核电站的海洋平台空间和重量的限制，控制系统设备设计时应尽量实现集成化、小型化。

ACP100S 仪控系统采用成熟的和先进的数字化技术，充分借鉴国内外先进核电厂数字化仪控系统的设计理念，能够满足浮动核电站的总体目标要求。

ACP100S 仪控系统具有如下主要技术特点：

(1) 针对 ACP100S 一体化和模块化设计特点，设置合理的监测手段，对包括反应堆出口温度在内的相关参数进行有效测量。

(2) 配合 ACP100S 能动加非能动专设安全系统设计，具有较为完备的监测手段。

(3) 针对采用内置式直流蒸汽发生器的小型堆核动力装置一、二回路耦合特性强的特点，改进优化相关控制方案，满足核蒸汽供应系统的控制要求，提高负荷跟踪能力。

(4) 采用固定式堆芯自给能探测器，实时监测堆芯中子注量率，并在满足测量需求的前提下简化设备数量。

(5) 根据已有核电厂相关系统与设备的设计及运行反馈，简化和优化了部分专用仪控系统的设计(如棒电源系统的设计)，因而降低了设备成本、提高了电厂可维护性。

(6) 基于人因工程进行人机接口设计，在满足运行控制要求的基础上尽量简化主控制室设计。

10.1 总体技术方案

本节从仪控系统主要功能、设计原则、仪控系统总体结构、运行方式和仪控设备总体布置几个方面介绍总体技术方案。

10.1.1 主要功能

ACP100S 仪控系统主要功能如下：① 在正常运行、预期运行事件和事故工况下监测电厂参数和各系统的运行状态，为操纵员安全有效地操纵浮动核电站提供各种必要的信息；② 自动地或通过操纵员手动控制将工艺系统或设备的运行参数维持在运行工况规定的限值内；③ 在预期运行事件和事故工况下触发保护动作，保护人员、反应堆和系统设备的安全，避免环境受到放射性污染。

这些功能又可以详细分为以下几项：

(1) 信息功能。监测浮动核电站的运行状态和工艺设备状态、重要的安全参数，监测保证机组停堆、机组安全、保证人员生命安全，监测确保事故后安全措施能够正确执行的设施的状态，同时为操纵员提供运行支持。

(2) 控制、保护功能。实现反应堆的事故保护、工艺设备保护、顺序控制、自动调节和控制、远距离手动控制及就地手动控制等。

(3) 辅助功能。在监测仪控系统设备状态的基础上，对工艺设备、电气设备及其运行状况进行诊断，对传感器、测量通道直到执行器进行诊断和测试，完成系统硬件和软件的组态，对机组运行安全指示仪表状态、安全极限和条件进行监督，实现时钟同步等[1]。

ACP100S 浮动核电站监测和控制方式包括集中监测和控制、就地集中监测和控制、就地监测和控制三种方式。

(1) 集中监测和控制。整个浮动核电站,包括核岛、常规岛等采用全厂集中监测和控制。通过设置在主控制室里的监测和控制设备,可实现对浮动核电站的启动、停闭、正常运行和异常工况或事故工况的处理。

正常情况下,对机组的控制都是通过计算机化的操纵员工作站进行,这包括机组的启动、停堆,正常的功率运行,预期设计瞬态和各种事故工况。紧急情况下(如正常运行计算机信息和控制系统不可用),操纵员可通过专用安全盘上的安全显示操作单元(SVDU)来进行监视,并在专用安全盘上对机组进行控制。

在主控制室不可用的情况下,在主控制室外的适当地点还设有应急控制室,从这里可控制反应堆进入安全停堆状态。

(2) 就地集中监测和控制。就地集中监测控制采用的设备安装在专用的电气房间内,从这里可以对某些生产过程进行就地的集中监测和控制。这类设备的主要特点如下: ① 与机组总体运行关系不大的;② 要求操作人员经常在场的;③ 具有足够的重要性。符合这几点的设置专用电气房间是适当的。

(3) 就地监测和控制。就地监测和控制适用于下述情况: ① 其运行与机组总的运行关系不大,并且不需要操作人员频繁干预的设备和系统;② 只有在机组停闭时才使用或在外部紧急情况下偶尔使用的设备或系统;③ 局部的监控设备;④ 启动前的准备和停机后的处理。

10.1.2 设计原则

ACP100S 浮动核电站仪表和控制系统的设计充分借鉴商用大型核电厂数字化仪控系统成熟技术,并根据浮动核电站特点加以适当改进,其设计遵从以下原则。

1) 单一故障准则

ACP100S 的安全级仪控系统,采用四个完全冗余序列的结构,满足单一故障准则。

2) 纵深防御准则

仪表与控制系统根据浮动核电站安全性目标设计,满足浮动核电站纵深防御策略,主要体现如下: ① 正常运行时,通过非安全级的控制系统实现机组的正常启停和稳定运行,并将运行参数维持在运行工况规定的限值内,避免设备的损坏或触发安全系统动作;② 当发生预期运行事件时,由保护系统来触发执行安全功能,防止预期运行事件进一步发展为事故;③ 当发生设计基准事故时，由安全级仪控系统和多样化保护系统监测电厂安全参数，触发专设安全设施动作和紧急停堆，使浮动核电站达到安全可控状态；④ 在设计扩展工况下，提供预防和缓解堆芯熔化事故的监测手段。

3）多样化准则

多样化准则包括：① 设置采用多样化平台的多样化保护系统，以防止数字化保护系统软件发生共模故障；② 设置手动触发停堆和专设动作的系统级命令，该手动触发与自动触发所共用的部件应尽可能少。

4）控制的优先准则

对某个执行机构而言，较高优先级的命令将闭锁来自较低优先级的相反的命令要求。来自紧急操作设备的控制命令与来自保护系统的自动命令一样，具有最高的安全级别。

5）系统可靠性要求

系统可靠性要求主要包括如下几种：① 反应堆保护系统每个变量的系统安全故障率（误停堆率）每 10 年不多于 1 次，其中紧急停堆系统每个变量在要求保护动作时，系统因随机故障而不动作的概率应不大于 10^{-7}，专设安全驱动系统每个变量在要求保护动作时，系统因随机故障而不动作的概率应不大于 10^{-5}；② 安全级仪控系统满足单一故障准则，也就保证了它的可靠性；③ 非安全级仪控系统通过功能分组、冗余、容错等措施，尽量减少单个故障对整个系统的影响；④ 浮动核电站主要人机接口，即浮动核电站计算机信息和控制系统的配置和供电均考虑了冗余，任一单一故障不会导致该系统全部功能的丧失。

10.1.3 仪控系统总体结构

ACP100S 仪表和控制系统采用分布式控制系统（distributed control system，DCS）作为系统核心，由 DCS 完成主要仪控系统的数据采集和处理、过程控制、信息显示和操作功能。从安全分级上，ACP100S 仪控系统分为安全级和非安全级系统。ACP100S 的安全级仪控系统主要包括反应堆保护系统、事故后监测系统、堆芯仪表系统、核仪表系统及辐射监测系统中与保护功能和事故保护监测功能直接相关的部分。上述系统以外的仪控系统属于非安全级系统，主要包括多样化保护系统、核岛及常规岛的控制系统、部分核电厂配套设施（BOP）控制系统、“三废”控制系统等。

ACP100S 仪控系统总体结构如图 10 - 1 所示，该图只体现功能及接口，并不表示实际的物理结构。仪控系统从纵向按照功能可分为以下四个层次。

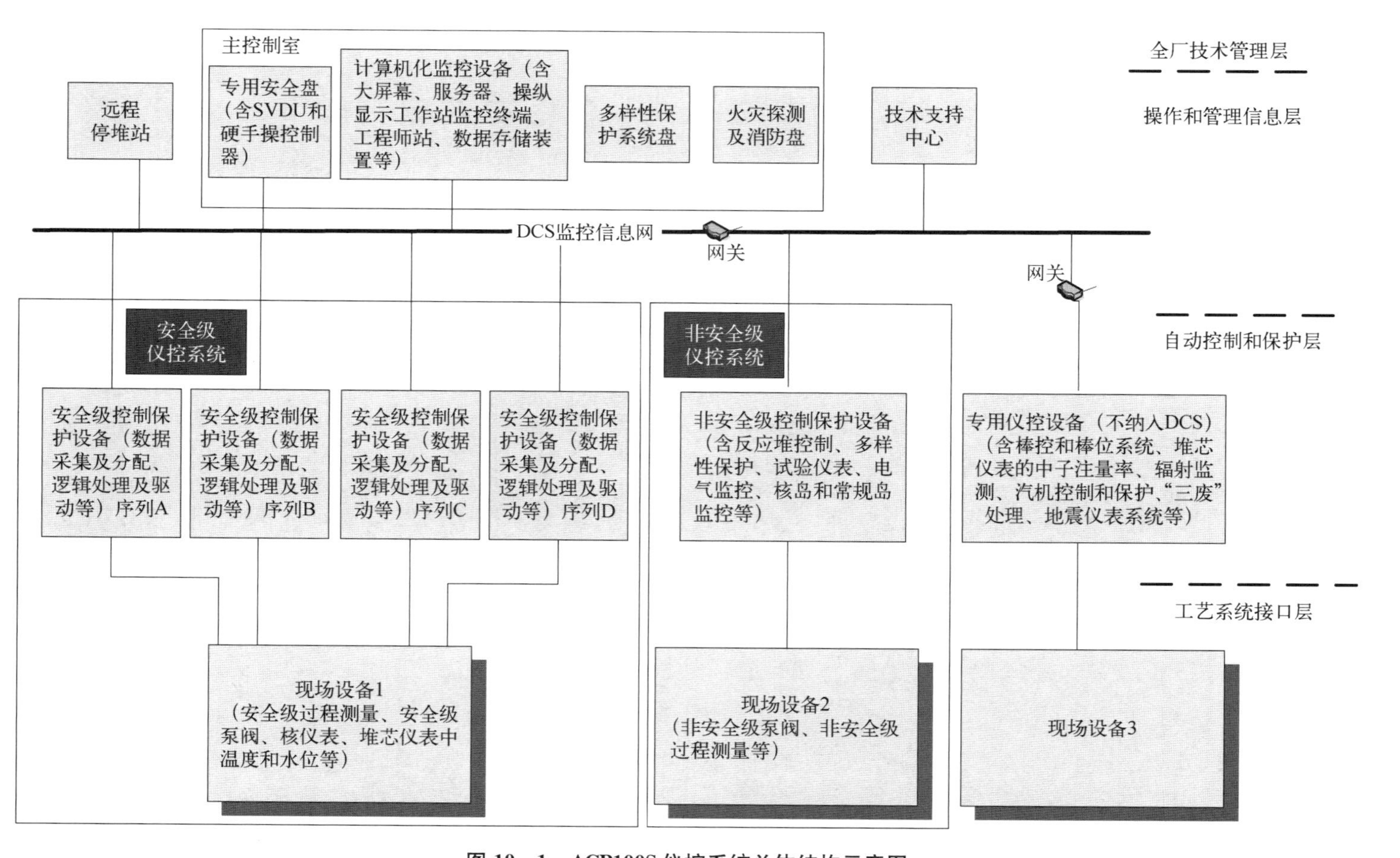

图 10－1　ACP100S 仪控系统总体结构示意图

(1) 工艺系统接口层(第 0 层)。该层为仪控系统与工艺系统的接口。过程仪表、核仪表系统等监测工艺过程中的温度、压力、液位、中子注量率等信号,将其送入计算机化的处理单元,用于显示、控制和保护。同时,该层接收控制与保护命令,驱动执行器动作。

(2) 自动控制和保护层(第 1 层)。该层由安全级数字化仪控系统、非安全级数字化仪控系统、专用仪控系统、“三废”处理控制系统和 BOP 各系统,以及它们各自的通信和网络设备组成,主要执行数据采集、通信、信号预处理、逻辑处理、控制算法运算并产生自动控制指令等功能。

安全级系统主要包括核仪表系统、安全级过程仪表系统、反应堆保护系统(反应堆停堆及专设安全设施驱动系统)、专设安全设施及其支持系统的逻辑控制系统、手动系统级驱动的扩展处理系统、事故后监测系统(PAMS)、安全级显示单元(SVDU)和其他安全系统。保护系统内部之间的联系通过安全级的数据通信网络实现,通信网络采用光纤网以满足相互电气隔离的要求。安全级系统与非安全级系统之间主要通过网关传递数据,网关传递的数据只能由安全级向非安全级传递数据,并通过安全级的通信模件进行通信隔离。当由非安全级向安全级传输数据时需要采用硬接线方式,同时采取隔离措施。

非安全级数字化仪控系统的主要功能是在浮动核电站正常运行工况下执行自动控制和监督任务。非安全级控制和监视系统由若干个控制单元组成,各控制单元通过单一故障容错的高速数据通信网连接在一起,通过数据通信网向控制室发送信息或从主控制室接收命令。

专用仪控系统中有的与浮动核电站的过程控制关系比较密切,如棒控系统;有的系统功能较为独立,仅将必要的信息送往主控制室。根据信息的重要程度和信息的数量多少,采用硬接线、串行链或网络通信等方式与过程控制机柜系统或电站计算机信息和控制系统相连。

“三废”处理控制系统实现对“三废”处理系统的集中监测、控制和运行管理,采用集中控制,设就地控制室,与全厂 DCS 相对独立。“三废”处理控制系统采用与全厂 DCS 统一的数字化平台,通过网络与全厂 DCS 通信。

辅助系统(balance of plant, BOP)相关控制系统大部分子项功能比较独立,通常采用独立的数字化控制系统如可编程逻辑控制器(PLC)等,实现就地控制。根据信息的重要程度与信息的数量,采用硬接线、串行链或网络通信等方式与过程控制系统或电站计算机信息和控制系统相连。

(3) 操作和管理信息层(第 2 层)。操作和管理信息层完成机组的过程控制、过程信息处理及信息管理等任务，同时提供与自动控制和保护层、全厂技术管理层的接口。操作和管理信息层执行的任务包括信息支持、诊断、工艺信息和操纵员动作的记录，并通过操作设备对机组进行控制，主要包括主控制室、技术支持中心、应急控制室等处的人机接口设备。该层提供与仪控系统第 3 层的接口，如全厂管理网、应急指挥中心的通信接口、信息的传输通常是单方向的，主要包括非安全级平台（包括计算机化工作站）及浮动核电站机组网络、安全级平台（如专用安全盘）等人机接口设备设施。这些设备分布于主控制室、应急控制室和技术支持中心等处。

电站计算机信息和控制系统通过浮动核电站机组网络获得电站的过程参数，并对所获得的数据进行处理，最后把处理结果送到显示装置，为电站运行人员提供电站状态的信息及操作指导。同时，作为电站重要的操作手段之一，它接收操纵员的命令，并把命令传递到过程控制网络，从而实现对电站的操作。

系统主要设备包括① 执行正常运行功能的实时数据网；② 执行正常运行功能的处理器、历史数据储存器；③ 操纵员工作站、值长站；④ 大屏幕；⑤ 技术支持中心的计算机化工作站；⑥ 应急控制室的操纵员工作站；⑦ 服务器；⑧ 通信设备。

主控制室为核电站人员提供了一个安全的、抗冲击的、可居留的舒适场所来监视和控制核电站所有的过程，包括应急运行。主控制室的配置主要包括① 操纵员控制台；② 值长控制台；③ 专用安全盘；④ 多样化保护系统（RDA）盘；⑤ 大屏幕；⑥ 火灾探测及消防盘。

应急控制室是考虑到主控制室的不可利用性而设置的，当主控制室由于某种原因（如发生火灾）不可利用时，撤离至应急控制室。

技术支持中心设在主控制室附近，是专家组评价和诊断电站状况的场所。在发生事故时，技术支持中心具有与主控制室相同的可居留性条件。在一段有限的时间内，技术支持中心可以容纳一定数量的技术专家和电站管理人员同时工作。在技术支持中心每个机组设置一个专门的计算机化工作站，给技术支持中心的工作人员提供与主控制室中可以得到的完全相同的信息，该工作站不提供控制功能。

（4）全厂技术管理层（第 3 层）。该层主要负责整个浮动核电站的营运管理，通过网络接口设备接收核电站的一些必要信息，并将这些信息发送至浮动核电站信息管理、上级管理机关、国家应急中心或有关安全当局，使管理者对核电站的状况能够进行监督管理，但不直接控制/操作机组设备。操作和管理信息层与全站技术管理层之间通过防火墙等手段进行通信隔离，并保证与全站技术管理层的单向通信。

10.1.4 运行及总体布置

本节从运行方式和仪控设备总体布置两个方面介绍仪控系统运行及总体布置。

1) 运行方式

在反应堆由冷态到 20%额定功率的启动过程中，涉及的操作繁多，但允许进行操作的时间较长，这些操作通常采用手动控制。

当反应堆功率超过 20%额定功率后可投入自动控制，其中核蒸汽供应系统和汽轮发电机组均处于自动控制状态，反应堆功率由汽轮机负荷决定，根据汽轮发电机组的负荷自动调整反应堆功率，并保持长期稳定运行。在稳态运行期间，操纵员主要通过主控制室内操纵员站的 VDU 和大屏幕显示器，监视核电站的运行工况，并可通过 VDU/键盘对核电站进行控制。专用安全盘可作为正常运行电站计算机信息和控制系统发生故障时的后备和部分安全相关系统的监督控制。

正常停堆是反应堆从某个功率降至热停堆状态，再由热停堆状态转换到冷停堆状态，由操纵员手动操作来完成。在发生事故时，一般由保护系统动作，使反应堆功率降到安全停堆状态。各种安全动作是自动的，以便在预期运行事件或设计基准事故开始的一段合理的时间内，不需要操纵员的干预。此外，操纵员能够获取足够的信息以监视自动动作的效果。

2) 仪控设备总体布置

仪控设备布置主要考虑的是电气隔离和实体隔离、电缆通道和敷设、正常运行和设计基准事故下的环境条件、设备可接近性、内外部灾害影响等问题。

电气隔离和实体隔离要求非安全级两个序列的设备应布置在不同的房间。安全级四个不同序列的设备应布置在不同的房间，如果由于条件的限制无法做到，需要做好不同保护通道就地设备间的隔离。安全级与非安全级设备之间应保持足够的分隔距离，从而满足安全级电气设备和电路的独立性准则的要求。

电缆通道和敷设要求测量、控制，低压与中压电缆位于不同的托盘，彼此间保持一定的空间距离，避免动力电缆对测量和控制信号产生干扰。光纤电缆可以与控制和测量电缆共用托盘，但尽量采用加隔板的形式，保护光纤电缆免受挤压或遭到机械损伤。安全级四个通道，非安全级两序列电缆都分别敷设在不同的电缆通道内，互相隔离。在无法保证隔离间距的地方，局部采取适当的保护措施，以避免共模灾害的发生及影响。

正常运行和设计基准事故下的环境条件要求安装仪控设备的房间正上方或设备周围不应布置有蒸汽和水管道系统或水/溶液储罐。如果有通风管道或一些其他管线经过仪控设备上方，应考虑管道保温、隔热、密封、防火等功效。应控制仪控设备间的环境温度及相对湿度，保持清洁，注意防尘，以满足设备的工作环境条件要求。

设备可接近性要求设备的布置设计应使设备容易接近，以便进行预防性维修、计划外维修或保养以及在役检查。人员的流动和设备的运输通道也应予以考虑。设备布置应确保能提供足够的拆卸包装场地；设备易拆卸；人员易接近设备维修区（设备搬移方便）；具有适当的装卸、维修设备场地。

内部及外部灾害所带来的影响要求设备布置设计时应考虑内部灾害（如火灾、水淹、温度变化等）、外部灾害（如管道破裂、飞射物等）所带来的影响。采取适当措施，如地理位置上的分隔（保持距离），实体分隔（安装墙体或防护罩）等，将灾害仅限于一个安全系列。安全级仪控设备及一些有抗冲击要求的仪控设备必须满足相关抗冲击标准的要求。

10.2　核蒸汽供应系统仪控系统

核蒸汽供应系统的仪控系统主要包括过程仪表系统、堆芯测量系统、核仪表系统、松脱部件和振动监测系统、反应堆控制系统、反应堆保护系统、棒电源系统、多样化保护系统、棒控和棒位系统。

10.2.1　过程仪表系统

下面从系统功能和系统方案两个方面描述过程仪表系统。

1）系统功能

该系统用于监测核蒸汽供应系统（nuclear steam supply system，NSSS）相关工艺系统的各种过程热工参数，包括温度、压力、液位等，用于实现 NSSS 仪控系统的控制、保护和信息功能。其中，在反应堆异常工况和事故工况下产生保护动作的测量通道属于反应堆保护系统的组成部分，应满足保护系统的设计准则。另外，用于事故后监测参数用的过程仪表的测量通道需要满足单一故障准则。

2）系统方案

ACP100S核蒸汽供应系统的过程仪表系统主要由相关工艺系统所设置的仪表及其信号处理机柜组成。这些工艺系统包括反应堆冷却剂系统、主蒸汽系统、主给水系统、化学和容积控制系统、应急堆芯冷却系统、设备冷却水系统、非能动余热排出系统、正常余热排出系统等。以下对主要的能量转换所涉及的过程仪表系统进行简要介绍。

(1) 反应堆冷却剂系统。反应堆冷却剂系统通过稳压器对反应堆冷却剂压力进行控制，并通过化学和容积控制系统对稳压器水位进行控制。在功率运行时，反应堆冷却剂泵以恒定转速运行。正常运行期间，在主控室对反应堆冷却剂系统的执行器进行控制，并对反应堆冷却剂系统的运行进行监督。当主控室不能使用时，可在应急控制室上使反应堆热停堆并保持反应堆在此期间处于安全状态。RCS的主要自动控制回路包括稳压器压力控制回路、稳压器水位控制回路和RCS充满水时的反应堆冷却剂压力控制回路。

(2) 主蒸汽系统。主蒸汽系统用于将蒸汽由直流蒸汽发生器输送到主汽轮机及其辅助设备、通向主冷凝器的蒸汽旁路排放系统、除氧器、汽动给水泵、辅助蒸汽转换器，并在主给水系统的配合下，用于在正常运行工况下排出由反应堆产生的热量。

(3) 主给水系统。主给水系统在高负荷工况(20%额定功率至100%额定功率)运行时，通过调节主给水调节阀开度，改变给水流量使给水流量和蒸汽负荷相匹配，维持二回路蒸汽压力。为了确保主给水调节阀的调节性能，通过调节主给水泵转速保证主给水调节阀前后压差的稳定。在低负荷工况(20%额定功率以下)时，主给水通道关闭，旁路给水通道开启，通过旁路调节阀手动控制给水流量。

(4) 化学和容积控制系统。化学和容积控制系统的控制器和参数的控制是由主控室来保证的。当主控室不能使用时，可在应急控制室上使反应堆热停堆，并保持反应堆在此期间处于安全状态。该系统通过下泄和上充来控制稳压器水位或压力。

10.2.2 堆芯测量系统

下面从系统功能和系统方案两个方面描述堆芯测量系统。

1）系统功能

堆芯测量系统（RII）的运行功能是在线提供反应堆堆芯中子注量率分布、燃料组件出口反应堆冷却剂温度和反应堆压力容器水位的测量数据。它包括了堆芯中子注量率测量子系统、堆芯温度测量子系统和反应堆压力容器水位测量子系统。

堆芯中子通量测量系统完成以下功能：

（1）采集自给能中子探测器的电流信号，实时测量堆芯中子注量率，绘制注量率图。

（2）将探测器的信号转换为标准信号，为堆芯在线监测系统和其他数据处理系统提供必要的输入。

（3）结合反应堆其他的工况数据，通过计算为堆外核测系统提供功率量程校准参数。

堆芯温度测量系统能够提供反应堆燃料组件出口反应堆冷却剂的温度，以及由此计算得出的反应堆冷却剂最高温度和平均温度。此外，系统还可根据反应堆冷却剂系统压力和安全壳大气监测系统提供的安全壳大气绝对压力计算反应堆冷却剂饱和温度，并由此计算出反应堆冷却剂的最低过冷裕度。

反应堆压力容器水位测量系统提供反应堆压力容器内关键点是否被冷却剂淹没的信息，当水位低于一些关键点时向操纵员提供相应的提示信息。

堆芯中子注量率测量系统不承担安全功能，不要求考虑事故后执行功能。但系统中的探测器组件作为反应堆冷却剂压力边界，需要按照安全 2 级设备的要求进行设计和制造。

温度测量系统不直接承担安全功能，但是在事故工况下系统将连续进行温度测量和过冷裕度计算。系统能提供足够的信息以保证在事故和事故后工况下运行人员了解堆芯温度和堆芯过冷裕度的变化趋势，运行人员可以根据相关运行规程进行操作。

反应堆压力容器水位测量系统不承担安全功能，但在事故工况下系统将对水位关键点进行持续监测，以便在事故期间和事故后，让运行人员了解反应堆冷却剂覆盖情况。

2）系统方案

ACP100S 堆芯测量系统采用了三代核电先进的堆芯测量技术。堆芯测量系统采用了中子-温度探测器组件、水位探测器组件和信号处理设备来实现测量和监测功能。

堆芯中子探测器采用铑自给能中子探测器,并且自给能中子探测器与热电偶集成在一个中子和温度探测器组件中,以减少堆顶的开孔。沿堆芯径向布置了10个堆芯中子通量测量通道,每个测量通道沿堆芯活性段高度等距布置5个自给能中子探测器。探测器的信号经过接插件、信号传输电缆传输到信号处理机柜,信号处理机柜完成信号调理和数字化处理。

温度测量系统和反应堆压力容器水位测量是冗余的,设备分为B系列和C系列,它们在电气上和实体上均是隔离的。这两个子系统的信号均在采用数字化技术的1E级处理机柜(堆芯冷却监测机柜)中进行。

10.2.3 核仪表系统

下面从系统功能和系统方案两个方面描述核仪表系统。

1) 系统功能

核仪表系统(RNI)的运行功能是连续监测反应堆功率、功率水平和功率分布的变化。为此,RNI使用了设置在反应堆压力容器外的一系列测量中子注量率的探测器。测量的模拟信号被指示和记录,在堆芯装料(附加仪表用于最初堆芯装料期间)、停堆、启堆和功率运行期间,给操纵员提供反应堆状态的信息。

该系统具有记录高达200%满功率的超功率偏离的能力。4个功率量程通道的平均核功率信号被送到棒控和棒位监测系统,经高选后的信号用于控制棒电路的棒速程序。2个中间量程功率信号用于多样化保护系统。RNI还提供了测量中子噪声的电路,其测量值的分析结果可用于评估反应堆内部的振动响应。当反应堆启堆、停堆时,在控制室和反应堆舱中给出中子注量率音响指示和警报,以便提醒各方面的人员。

核仪表系统的安全功能是在中子注量率高和中子注量率快变化时触发反应堆停堆,中子注量率高停堆之前,另外使用专门的信号首先闭锁自动和手动提棒(反应堆启动时除外)。在浮动核电站受到外部冲击过程中,系统要始终保证其保护功能。

2) 系统方案

核仪表系统设置三个相互搭接的测量区段,即源量程、中间量程和功率量程。探测器环绕布置在反应堆压力容器外,在轴向上与堆芯活性段相对应。探测器通过与之配套的专用电缆穿出安全壳,将测量信号送到堆外核测量机柜处理。机柜分为安全级的四个测量通道机柜和一个非安全级的控制机柜。

核仪表系统利用三种独立类型仪表，测量不同范围内的中子注量率信号，从而提供三个独立的保护和监测区域：

(1) 源量程由两个相同而独立的通道组成，提供在停堆及初次启动反应堆期间的冗余中子注量率信号。探测器覆盖了从 $10^{-1} \sim 2\times10^{5}(m^{2}\cdot s)^{-1}$ 的注量率范围，与所需要的量程一致，即满功率的 $10^{-9}\%\sim10^{-3}\%$。

(2) 中间量程由两个相同而独立的通道组成，可提供冗余的中子注量率信号。探测器覆盖了范围为 $2\times10^{2}\sim4.5\times10^{9}(m^{2}\cdot s)^{-1}$ 的热中子注量率，与需要的量程一致，即满功率的 $10^{-6}\%\sim100\%$。

(3) 功率量程由四个相同而独立的通道组成，可分别提供堆芯四段不同高度位置的冗余中子注量率信号和一个平均注量率信号。探测器覆盖了范围为 $5\times10^{2}\sim3.8\times10^{9}(m^{2}\cdot s)^{-1}$ 的热中子注量率，与要求的量程一致，即满功率的 $10^{-6}\%\sim200\%$。

ACP100S 核仪表系统三个量程的仪表在反应堆压力容器外的布置如图 10-2 所示。

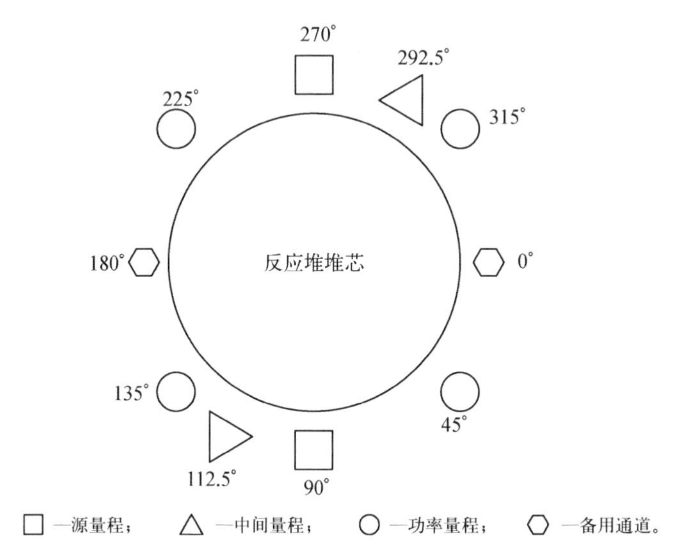

图 10-2　核仪表系统一次仪表布置示意图

所有仪表的量程均满足反应堆运行期间超功率停堆保护的测量要求。同时，仪表量程互相覆盖，从而保证提供给反应堆控制和保护的核测量信号由源水平开始，通过中间量程到高功率水平的连续。[1]

10.2.4 松脱部件和振动监测系统

下面从系统功能和系统方案两个方面描述松脱部件和振动监测系统。

1) 系统功能

松脱部件和振动监测系统由两个专用子系统(振动监测系统和松脱部件监测系统)组成,执行两种明确规定的功能:

(1) 监测反应堆压力容器、压力容器内构件、主泵的异常振动;

(2) 监测反应堆压力容器内部件的松动和脱落。

松脱部件和振动监测系统不是安全级系统,但它执行着两种对核安全具有重要意义的功能。首先,监测反应堆压力容器和堆内构件的振动响应,用以监测反应堆关键设备机械性能的劣化状况(由于设计差错或随时间进展的设备老化);其次,通过监测松动和脱落部件,可以了解主冷却剂系统是否存在异物事故,防止反应堆压力容器内构件的撞击损毁和冷却剂流道堵塞,保护主系统设备和堆芯的安全。

2) 系统方案

一回路松脱部件的监测采用加速度信号分析方法进行。加速度计安装在主泵和反应堆压力容器的监测区上。电荷转换器将加速度计产生的电荷转换为电压信号,经过电缆传输,被送到松脱部件检测机柜,然后被隔离、带通滤波、放大。该系统能够执行不间断的连续在线监测,进行实时自动诊断,当检测到松脱部件时产生主控室报警。

反应堆振动监测采用装在反应堆压力容器顶封头上、压力容器底部、主泵泵体上的加速度计提供的加速度信号,以及围绕布置在压力容器外面的4支电离室提供的8个中子噪声信号,并对其时域和频域参数进行计算和分析。

反应堆压力容器振动行为的监测主要用加速度信号分析方法进行。装在反应堆压力容器上的加速度计产生的模拟信号,经电荷转换器转换为电压,通过电缆传输到松脱部件检测机柜,被隔离、带通滤波和放大后,并行输入振动监测机柜的多路开关。多路开关再把经过选择的信号送入频谱分析计算机。

反应堆堆内构件振动行为的监测主要用中子噪声分析方法进行。核仪表系统功率量程探测器的电离室提供如下两种信号:

(1) 波动(动态)信号;

（2）平均电平（静态）信号。

中子电离室拾取的动态信号和静态信号被送入振动监测机柜，经过多路开关后采入频谱分析计算机进行分析处理。

10.2.5　反应堆控制系统

下面从系统功能和系统方案两个方面描述反应堆控制系统。

1）系统功能

ACP100S 反应堆控制系统（RRC）主要指反应堆冷却剂平均温度控制系统、稳压器压力控制系统、稳压器水位控制系统、蒸汽发生器给水控制系统和蒸汽排放控制系统。

反应堆冷却剂平均温度控制系统通过有效控制反应堆的功率和反应堆冷却剂的平均温度，保证反应堆按负荷需求正常地产生能量。

稳压器压力控制系统使反应堆冷却剂系统压力处于正常运行的热工整定值范围内，并且保证在正常瞬态变化期间不会因为被控变量（冷却剂系统压力）波动超过运行限值造成安全阀动作或引起反应堆紧急停堆。

稳压器水位控制系统使稳压器水位维持在整定值范围内，从而使稳压器能保持所需用于反应堆冷却剂系统压力调节的汽空间。稳压器水位调节也需要保证内置电加热元件不会有裸露的危险。

蒸汽发生器给水控制系统依据蒸汽压力、蒸汽流量和给水流量，调节给水调节阀开度，维持给水与过热蒸汽的流量和热工平衡，同时还根据给水调节阀前后压差来调节主给水泵转速，以维持给水调节阀前后压差恒定，保证其对给水流量的调节性能。

蒸汽排放控制系统是在需求负荷大幅度下降时，通过把多余的蒸汽排向冷凝器，为反应堆提供一个“人为”负荷，从而减小由需求负荷大幅度快速下降引起的 NSSS 运行参数变化的幅度，避免 NSSS 主系统的温度和压力超过保护阈值，以保证核电厂运行的安全，并通过与其他控制系统的协调运行实现蒸汽排放后 NSSS 的热工平衡。

2）系统方案

反应堆冷却剂平均温度控制系统主要由两个控制通道构成：一个是冷却剂平均温度调节通道，一个是反应堆功率调节通道。

冷却剂平均温度调节通道接收反应堆冷却剂出、入口温度信号，经过计算、选择和处理后得到平均温度信号，再通过一个超前/滞后环节处理，最后与给定的参考温度信号进行比较，得到平均温度调节通道的误差信号。

反应堆功率调节通道接收核功率信号和代表二次侧负荷的给水总流量信号，在分别对信号进行选择和处理后，将两者的差值通过一个非线性单元处理，将给水总流量信号通过一个可变增益单元处理，最后将两个处理单元的输出信号相乘得到功率调节通道的输出信号。将该输出信号与平均温度调节通道的误差信号叠加，再通过棒速程序单元处理，最终得到控制棒移动的速度和方向信号。两个调节通道的共同作用最终使得反应堆功率稳定在需求负荷上。

反应堆平均温度控制系统原理如图 10-3 所示。

稳压器压力控制系统通过自动调节稳压器的压力，使得它在未达到安全

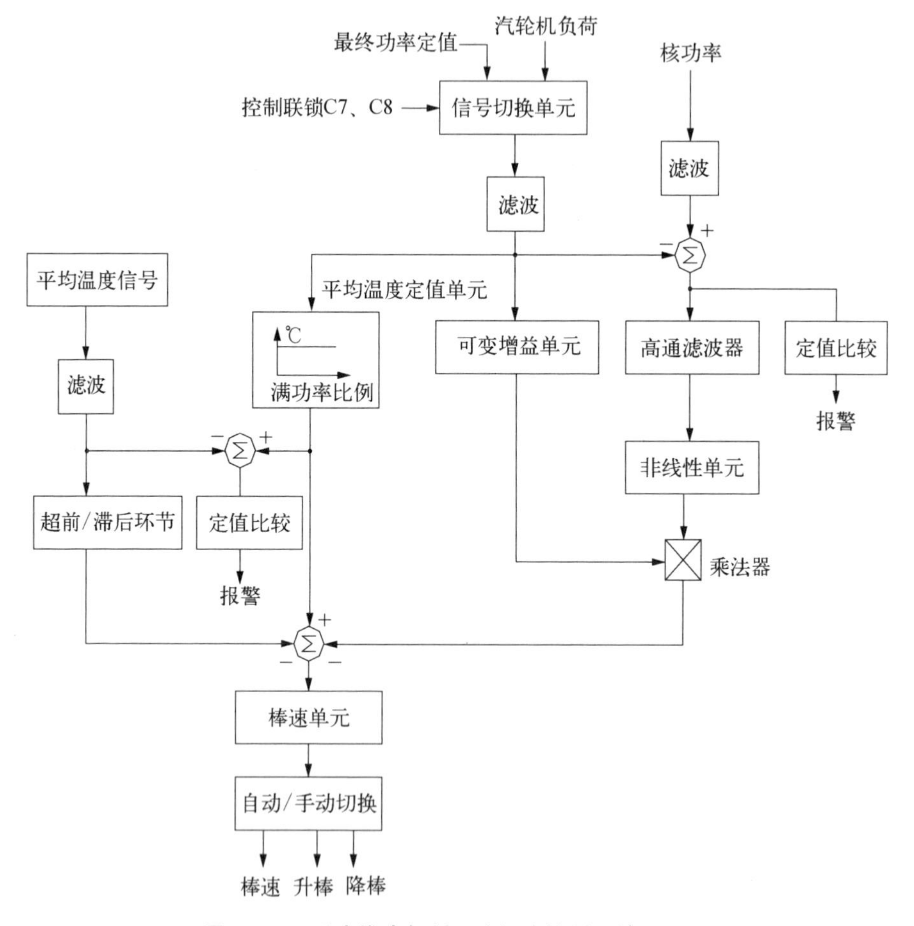

图 10-3 反应堆冷却剂平均温度控制系统原理图

限值之前就能回到稳态正常值范围内，从而避免事故停堆的后果。来自过程仪表系统的稳压器压力是控制系统的被控变量，控制系统将这个过程变量与压力设定值比较，然后再将两者的差值送到控制器形成控制信号。控制系统将控制信号送到喷雾阀和电加热器以控制其运行，从而调整稳压器压力，使之与压力设定值保持一致。当稳压器压力稳定后，设定压力与稳态压力之间允许有静态偏差。

稳压器压力控制系统原理如图 10-4 所示。

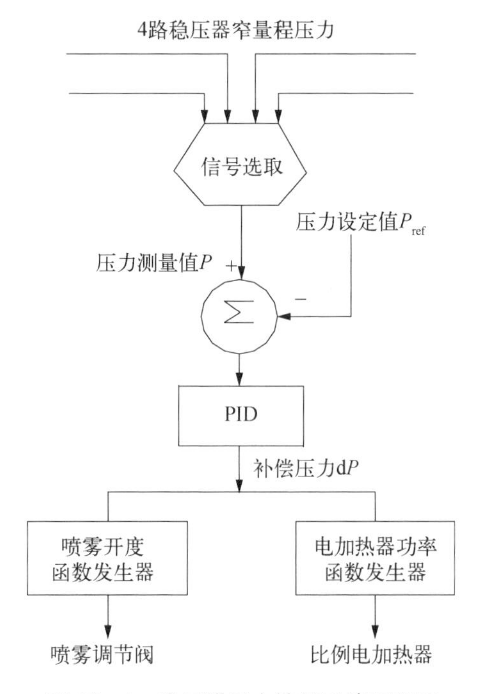

图 10-4　稳压器压力控制系统原理图

稳压器水位控制系统被设计成能够在稳态运行时自动维持水位，在正常运行瞬态时能根据水位变化而驱动补水或下泄机构。

系统处于正常瞬态状态下，稳压器水位控制系统接受稳压器水位测量信号，并与程序水位比较，当稳压器的测量水位上升时，产生稳压器水位高报警信息，继续升高时，稳压器水位控制系统产生阀门开启信号，送至化学和容积控制系统的下泄管线，开启相关阀门排出冷却剂，在水位测量值回落以后，阀门自动关闭；当水位测量值继续回落至较低值时，产生稳压器水位低报警信号，同时产生上充泵开启信号送至化学和容积控制系统，开启两台上充泵注入冷却剂，在水位升高至规定水位高时，自动关闭上充泵。

为规避电加热元件因裸露而被烧毁的风险，在稳压器水位很低时，稳压器水位控制系统产生切断稳压器内电加热元件的信号；当稳压器水位很高时，为缓解稳压器压力和温度的继续上升，稳压器水位控制系统也会产生切断稳压器内电加热元件的信号。

稳压器水位控制系统原理如图 10－5 所示。

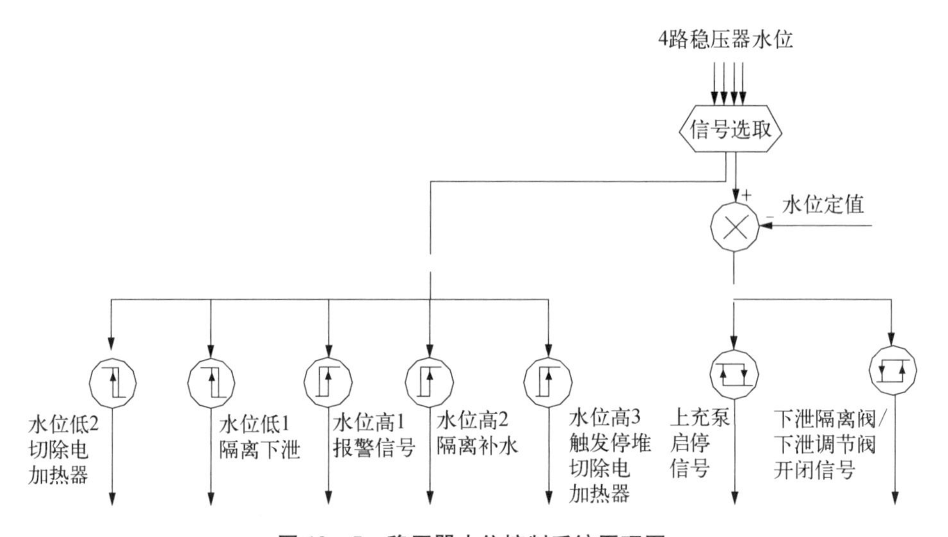

图 10－5　稳压器水位控制系统原理图

蒸汽发生器给水控制系统包括了主给水泵转速控制和主给水调节阀控制两个部分。

给水泵转速控制通过比较给水阀前后压差实测值和设定值，产生控制信号调节主给水泵转速，改变给水泵扬程，使主给水调节阀前后压差维持在设定值。

主给水调节阀控制包括两个控制通道（蒸汽压力差控制通道和负荷匹配控制通道），比较蒸汽压力测量值与蒸汽压力设定值后，所得偏差信号经蒸汽压力调节器运算，产生给水流量的主调节信号；比较蒸汽流量信号与给水流量信号后，产生给水流量的副调节信号，用于校正给水流量与蒸汽流量失配的情况。

主给水泵转速控制原理如图 10－6 所示，主给水调节阀控制原理如图 10－7 所示。

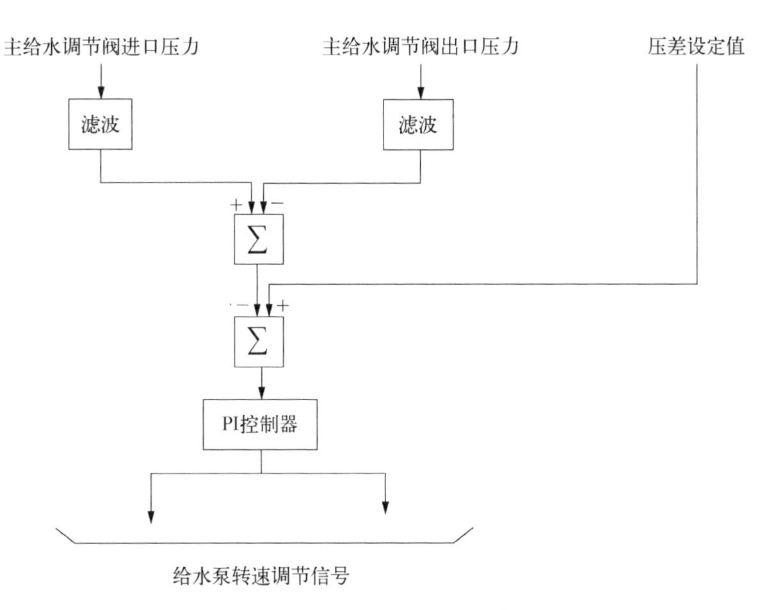

图 10－6　主给水泵转速控制系统原理图

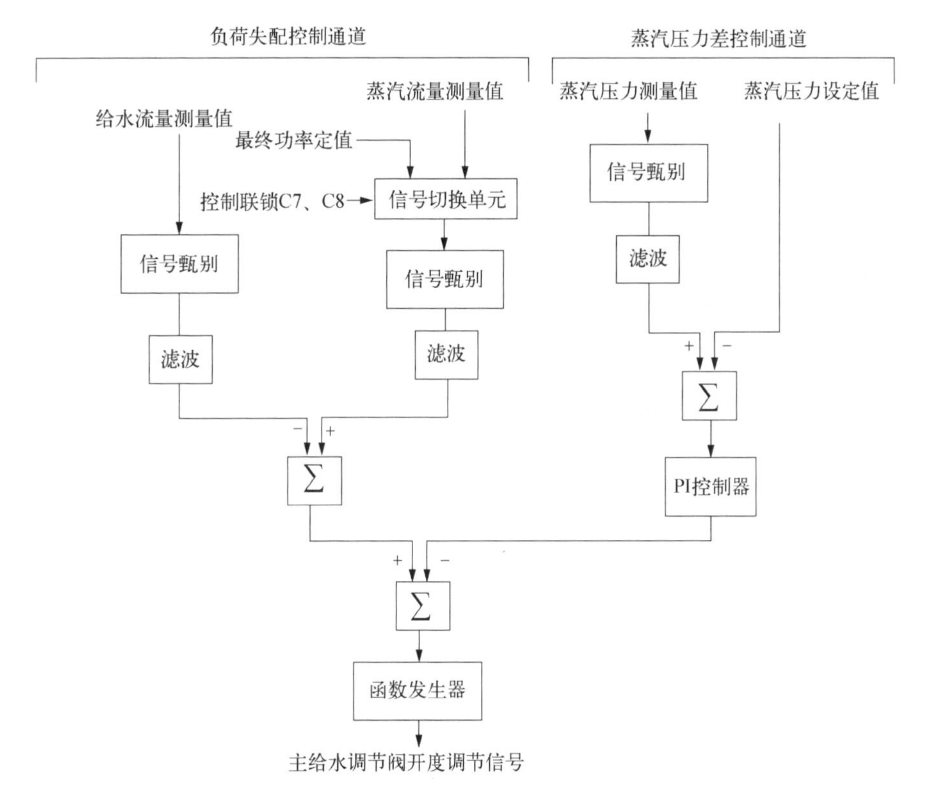

图 10－7　主给水调节阀控制系统原理图

蒸汽排放控制系统具有快开排放和调节排放两种控制方式。在快开排放控制方式下，将蒸汽压力和一、二回路功率差分别与其对应的阀门快开的开启和关闭设定值进行比较，高于开启设定值时开启阀门，低于关闭设定值时关闭阀门。在调节排放控制方式下，将蒸汽压力与设定值进行比较，利用其偏差产生阀门调节开启信号，同时将一、二回路功率差用一定的函数关系转换成阀门调节开启信号，由总的阀门调节开启需求和各阀门的排放容量、开启顺序确定对各阀门的控制。蒸汽排放控制系统原理如图 10 - 8 所示。

10.2.6 反应堆保护系统

下面从系统功能和系统方案两个方面描述反应堆保护系统。

1）系统功能

反应堆保护系统监测由安全分析确定的安全参数，当这些参数达到规定的动作整定值时自动触发安全动作（反应堆紧急停堆或启动专设安全设施），以保证反应堆的安全，减轻事故的后果。其中，紧急停堆功能在反应堆运行达到安全限值时，通过打开停堆断路器切断控制棒驱动机构的保持电源使控制棒快速插入堆芯，停闭反应堆；专设安全驱动功能在系统运行达到安全限值时，自动启动有关的安全工艺系统，保证浮动核电站的安全。

反应堆紧急停堆系统在下述情况下会自动触发反应堆停堆：

(1) 对中等频率事件（工况Ⅱ），任何时候都必须防止燃料棒损坏。

(2) 对稀有事件（工况Ⅲ），限制堆芯损坏。

(3) 对极限故障（工况Ⅳ），使堆芯产生的能量与保护反应堆冷却剂系统边界的设计措施相适应。

一旦触发反应堆停堆，反应堆紧急停堆系统就发出汽轮机跳闸信号。这可避免由于反应堆过度冷却而引入反应性，从而避免专设安全设施驱动系统的不必要动作。

反应堆紧急停堆系统除自动停堆功能外，还提供了手动触发反应堆停堆的功能，由控制室中的操纵员进行操作。

专设安全设施系统实现限制Ⅲ类工况的后果，减轻Ⅳ类工况的影响。发生极限事故[例如冷却剂丧失事故（LOCA）或蒸汽管道破裂事故]时，需要反应堆紧急停堆，另外还需要驱动一个或多个专设安全设施，以避免或减轻堆芯和反应堆冷却剂系统设备的损坏，并确保安全壳的完整性。

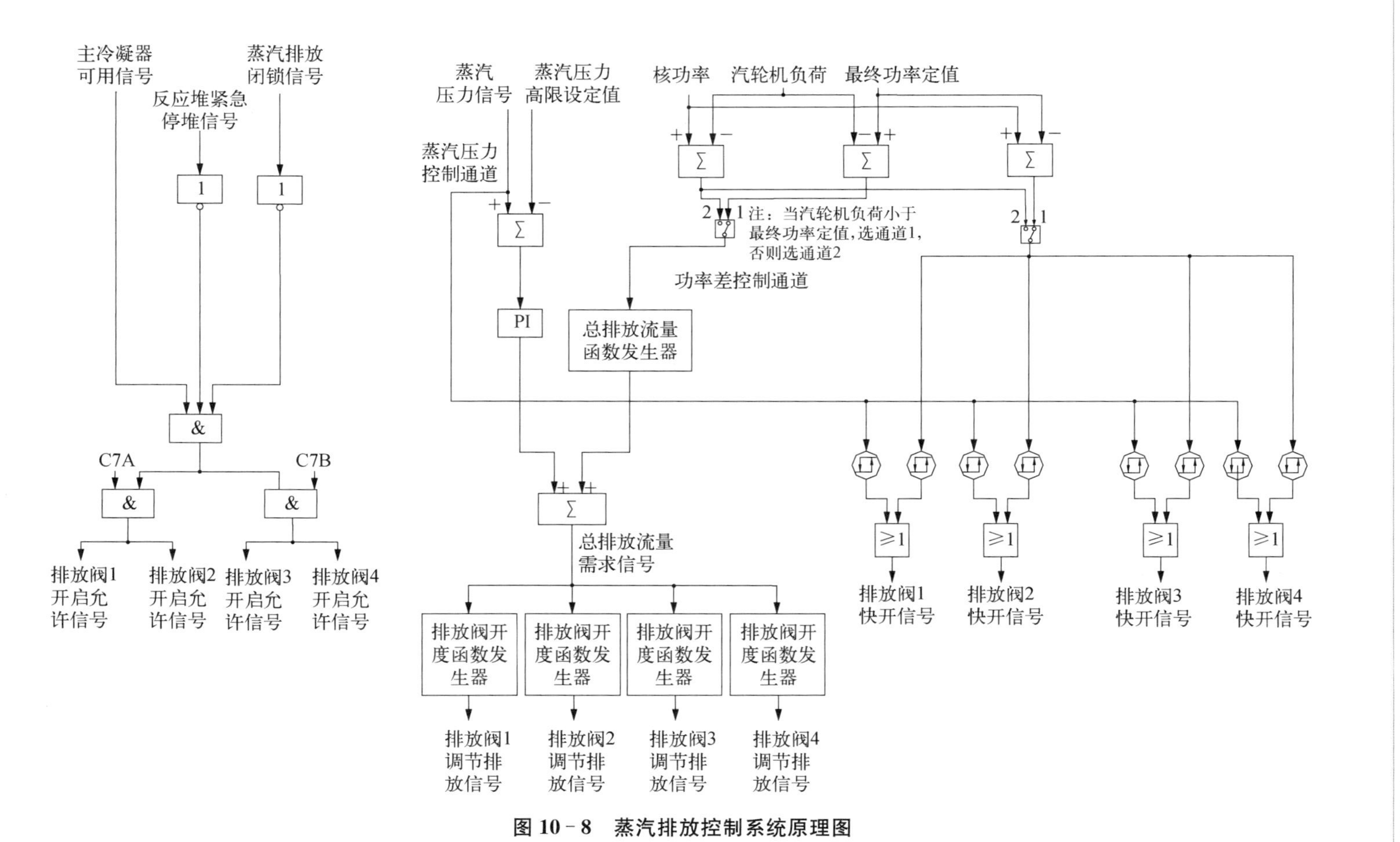

图 10－8　蒸汽排放控制系统原理图

2）系统方案

ACP100S 反应堆保护系统采用数字化技术，由四重冗余的序列 A、B、C、D 组成，各序列之间以及安全系统与非安全级系统之间，在物理、功能和电气方面都是相互隔离的。反应堆停堆和专设安全设施驱动功能都在四个冗余的序列中执行。ACP100S 反应堆保护系统结构如图 10－9 所示。

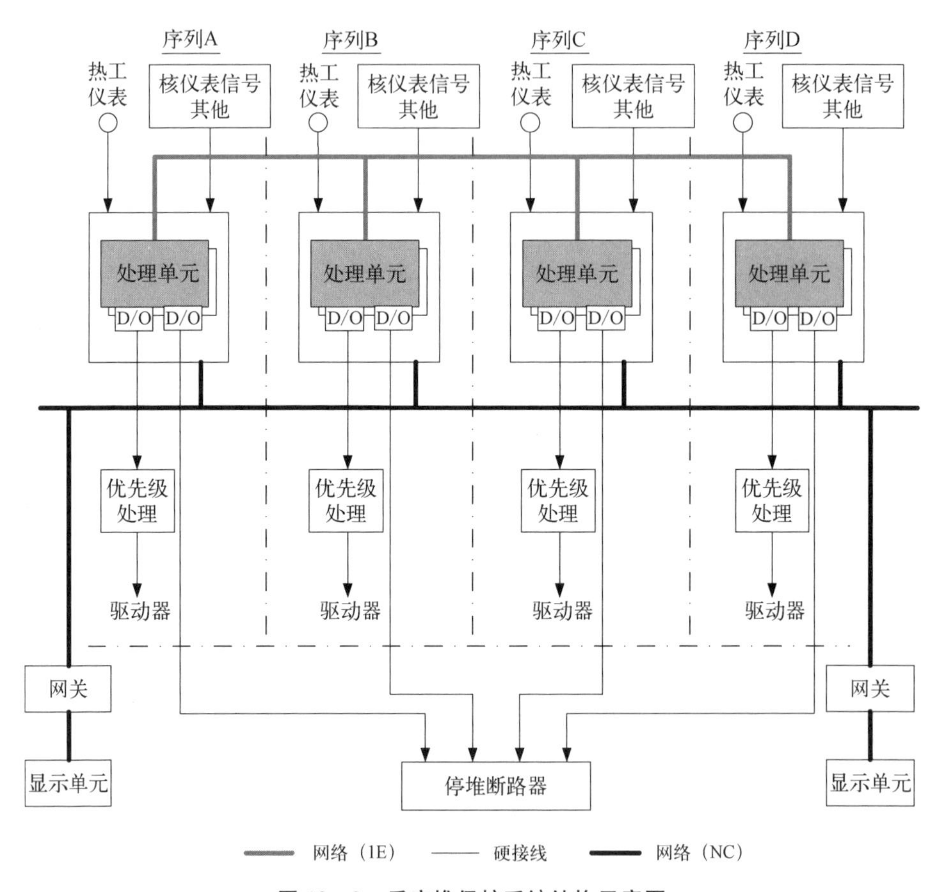

图 10－9　反应堆保护系统结构示意图

反应堆紧急停堆系统的每个停堆变量都设置了多重测量通道，每个通道采用独立的传感器。利用保护系统内的模数转换器，将模拟量信号转换成数字量信号。之后对转换成数字信号后的选定的输入变量进行处理。在进行必要的计算和处理后，将测量值与变量的整定值进行比较。如果一个通道的测量值超过预设的整定值时，将产生“局部脱扣”信号。保护系统四个序列对停堆变量的处理是相同的。每个序列通过经隔离的数据链路向其他三个序列发出自身“局部脱扣”的信号。对于某个参数如果有两个或两个以上通道处于局部脱扣状态，则每个序列都可以产生停堆信号。共设置有 8 个停堆断路器，保护系统各序列的停堆信号将触发对应的停堆断路器动作，一个序列驱动两个停堆断路器。当两个或两个以上序列输出停堆信号时，反应堆停堆。对于每个保护变量，专设安全设施驱动通常采用四个传感器监测（这些传感器可以监测与停堆功能相同的变量）。在保护系统任一序列中，测量的模拟量信号通过模数转换器转换为数字量信号。当测量值超过整定值时，产生通道“局部脱扣”信号，“局部脱扣”信号送到专设符合逻辑用于产生专设驱动信号。每个序列的专设符合逻辑信号组合后产生系统级动作信号。

四个冗余序列使用四套独立的传感器。每个序列从对应的传感器/变送器采集信号，经必要的处理后再进行阈值比较，当超过阈值则产生“局部脱扣”信号。这些信号经过光纤 I/O 总线被送往其他序列进行逻辑处理从而完成以下功能：反应堆紧急停堆、汽轮机刹车、启动专设安全设施和支持系统。

从单一故障准则的设计来讲，保护系统设计成为四重冗余结构，多重序列间的连接部分（如通信路径）也具有冗余性。四个序列之间在电气上是隔离的，而且在实体上是分隔的，以保证一个序列内部的任何单一故障不会妨碍系统级的保护动作（需要时）的完成。

从独立性的设计来讲，从传感器直至驱动保护功能的设备的整个系统都保持了通道独立性和通信独立性。保护系统使用了实体分隔来达到冗余变送器的独立。每个冗余序列使用独立的电缆槽、电缆托架、导管和安全壳贯穿件。四个冗余的测量及逻辑处理序列分别安装在四个不同的房间以实现实体分隔。每个序列均由独立的交流电源母线供电。序列之间的电气隔离通过光纤来实现。保护系统内部通信网络为点对点通信，任一通信网络的故障不会影响其他网络的通信。保护系统与其他系统之间的信号传输采用硬接线和网络通信两种方式，硬接线采用继电器等设备进行电气隔离以保证独立性；网络通信经过具有隔离功能的独立的通信模块，这种通信模块作为保护系统的一部分而满足保护系统的相关要求。

紧急停堆是通过来自保护逻辑通道的自动停堆信号作用于停堆断路器的失电释放线圈（失压线圈）和得电释放线圈（分励线圈），从而打开停堆断路器来实现的。在控制室可以用停堆按钮给出手动停堆指令。手动停堆信号也作用于停堆断路器的失压线圈和分励线圈。

反应堆保护系统共有八个紧急停堆断路器，分别对应于A、B、C、D四个序列。每个断路器有一个失压线圈和一个分励线圈。自动信号与手动控制同时作用于两个线圈。失压线圈失电或分励线圈得电时打开断路器。

专设安全设施系统逻辑与紧急停堆逻辑相比，有两点不同之处：

(1) 专设安全设施装置的驱动器需要一个持续的保护动作触发信号(维持触发后的状态)。而对于紧急停堆来说，停堆断路器只要有极短时间的释放，控制棒就能下落，停闭反应堆。在有些情况下，专设安全设施装置的驱动器经过规定的时间以后，又允许恢复到触发前的状态，以便操纵员进行某些操作，使安全系统重新组态。

(2) 专设安全设施驱动系统逻辑的输出及输出到安全设施驱动器的控制信号采用的是有电动作的原则。采用有电动作的原则是因为专设安全设施驱动器的动作通常是需要有电源驱动的，同时也考虑到驱动器的虚假触发可能会损坏设备。

10.2.7 棒电源系统

下面从系统功能和系统方案两个方面描述棒电源系统。

1) 系统功能

棒电源系统(RRS)的功能主要是确保为控制棒驱动机构的线圈连续供电。

2) 系统方案

RPC系统主要组成如下：

控制棒束运行的设备包括棒控逻辑柜、棒控电源柜、用于手动操作和运行监视的主控室设备、控制自动运行的调节装置。

棒位监测的设备包括棒位测量柜、棒位处理柜、主控室监视设备。

当需要反应堆紧急停堆时，无论是处于静止的还是运动的所有棒束，都必须迅速地落入堆芯。当反应堆保护系统触发停堆时，切断驱动机构的供电。由于失电，所有的停堆棒和控制棒在重力作用下，全部落入堆芯。棒束的下插使反应堆立即引入大量的中子吸收体，抑制了核反应，使反应堆处于次临界状态而停堆。控制棒落棒停堆由停堆断路器打开触发，棒控棒位系统不执行安全功能，为非安全级系统。

反应堆正常启堆期间，在满足临界所需的所有条件后，将棒束置于手动控制方式，并逐步提升棒组，直到反应堆临界。在零功率的正确压力和温度值已经达到后(热停堆),用手动方式提升控制棒,以提高反应堆功率并保证产生足够的蒸汽,以便汽轮机能够开始运行。当功率达到 20%额定功率时,控制棒自动提升,禁止信号被解除,控制系统被置于自动控制方式并跟随二回路负荷,提升控制棒和硼稀释以提升功率,控制硼浓度以保持控制棒 R 组在运行区内。

反应堆正常停堆期间,当功率低于阈值时,控制棒在手动工作方式下插入,而停堆棒组则处于全提出状态(热停堆)。控制棒组在重叠方式下插入并自动停止在底部 5 步位置。所有控制棒组在 5 步时,停堆棒组才能插入并自动停止在 5 步位置,通过掉棒使所有棒束处于全插入位置。

棒控系统还存在失步校正的运行方式,失步校正是指单棒束的控制或一组中部分棒束的控制。

若由电子控制设备故障或机械卡住使棒束已经失步,就采用这种运行来校正棒束。这种特殊的运行需要在主控室将方式选择开关置于失步校正位置,并选择需要保持不动的棒束,在主控室再进行插入或提升操作使棒束校正。在失步校正时,操纵员用失步校正步计数器来检查校正棒束的运动步数。通过各自的棒位显示和失步报警的清除,可检查是否已正确地完成了校正工作,然后由操纵员恢复反应堆正常工作。

10.2.8　多样化保护系统

下面从系统功能和系统方案两个方面描述多样化系统。

1) 系统功能和特点

多样化保护系统(RDA)是一个自动的逻辑保护系统,它根据浮动核电站特定物理参数的变化,通过向控制棒驱动机构电源柜发出反应堆紧急停堆指令和向安全驱动器发出专设驱动指令,从而在反应堆保护系统发生共模故障而无法提供所需的保护功能时,与有关的手动保护功能一起将反应堆维持在安全状态。

与反应堆保护系统相比,ACP100S 的 RDA 系统具有如下设计特点。

(1) 采用与反应堆保护系统不同的设备构建多样化的系统。这种不同具体体现为 RDA 系统所采用的仪控平台与保护系统所采用的仪控平台不同,RDA 系统监测相关参数所使用的传感器与保护系统所使用的传感器不同,RDA 系统与现场安全驱动器的接口与保护系统不同。上述三方面的不同保证了即使保护系统发生共因故障,RDA 系统仍然能够对反应堆的安全提供保护。

(2) 作为一种多样性的设计,RDA 系统产生的紧急停堆信号是送到控制棒驱动机构电源柜而不是送到停堆断路器。

(3) 从时间顺序上看,同一种保护参数首先触发保护系统的保护信号,随后才触发 RDA 系统的保护信号。

(4) RDA 系统不应从反应堆保护系统接收输入信号,或者将 RDA 系统的信号通过反应堆保护系统软件处理后再发出,从而确保反应堆保护系统的软件故障不会妨碍 RDA 系统执行其保护功能。

(5) 为了尽可能减少 RDA 系统由于故障而误动作的概率,从而不至于降低电厂的可用性,其不再遵循故障安全的设计原则。

2) 系统方案

RDA 系统包括以下功能:

(1) 仪表(传感器、变送器等)监测浮动核电站的相关变量。

(2) 信号采集、运算及逻辑处理单元,将模拟量信号转换为开-关信号,并在进行逻辑处理后,将产生的保护动作指令发送到安全驱动器。

RDA 系统设置有两个自动的冗余子系统,每个系统均包括电源模块、处理器模块、通信模块与输入输出模块。另外,在主控室中设置专门的 RDA 盘,具有手动驱动现场设备的能力。手动控制功能需要同时操作两个开关才能完成。

RDA 系统采集由传感器送来的保护参数信号,经过处理后进行定值比较,产生用于保护逻辑的"局部脱扣"信号,在 RDA 系统内部再进行逻辑表决处理(2/2),产生停堆和专设驱动信号。

为了减少 RDA 系统误动作的概率,不同于反应堆保护系统,把 RDA 系统产生的紧急停堆信号设计成有电动作的方式,机柜或者卡件失电不会触发紧急停堆。RDA 系统输出到专设安全设施驱动器的控制信号与反应堆保护系统相同,采用的是有电动作的原则。采用有电动作的原则是因为专设安全设施驱动器的动作通常是有源的,同时也考虑到避免产生误动作的风险。

10.2.9 棒控和棒位系统

下面从系统功能和系统方案两个方面描述棒控和棒位监测系统。

1) 系统功能

棒控和棒位系统的主要功能是根据来自控制台的操作控制信号、反应堆控制系统的功率调节信号和来自反应堆保护系统的停堆信号等的要求驱动控制棒驱动机构，提升、插入和保持控制棒束，改变反应堆堆芯反应性；同时，测量并监视反应堆每一束控制棒束的位置。

棒控和棒位系统的功能有以下几点：

(1) 调节棒自动控制功能。功率调节时，棒控和棒位系统根据反应堆控制系统输出的方向信号和速度信号控制调节棒组向下或向上运动，并维持反应堆功率在需求的水平上。

(2) 控制棒手动操作功能。通过操作开关、按钮可以手动控制一组或多组控制棒升降运行。为了检查驱动机构是否工作正常，或在正常运行中出现单棒、多棒失步需要校正时，可通过挂棒及校正按钮等操作实现对选定的控制棒驱动机构实施控制。

(3) 控制棒保持功能。稳态运行时，棒控和棒位系统提供固定的驱动电流给控制棒驱动机构，确保控制棒驱动机构处于保持状态，将控制棒保持在一定位置。

(4) 停堆响应功能。停堆时，保护系统停堆断路器切断供给棒控和棒位系统的动力电源，驱动机构定子失电，控制棒在重力作用下快速插入反应堆堆芯。

(5) 棒位测量及显示功能。实时测量控制棒的给定棒位、实测棒位和极限位置状态，并完成所有控制棒的给定棒位、实测棒位的显示和上下限位置的指示。

2) 系统方案

棒控和棒位系统包括棒控系统、棒位系统与直流棒电源系统三部分。

(1) 棒控系统方案。棒控系统采用基于现场可编程门阵列(FPGA)的数字化控制棒驱动方案，将动力电转换成三相低频交流电流输出到驱动机构磁阻电动机的定子线圈，来控制驱动机构运动。棒控系统所需的直流动力电由直流棒电源系统将动力电转换成直流电后给出。棒控系统所需的控制指令由控制台、反应堆控制系统和反应堆保护系统发出，经集中处理后发送给各棒控装置，进而实现相应的控制功能。同时将棒控系统的运行状态信息发送给上层系统。

(2) 棒位系统方案。棒位系统采用线圈式棒位探测技术方案，基于电磁原理对控制棒的实际位置进行测量。探测器安装在驱动机构附近，实现具体的位置探测；变送器设置在棒位指示柜中，提供探测器所需激励并根据返回信号实现控制棒位置的测量。同时，将测量得到实测棒位发送至棒位显示设备进行显示。

(3) 直流棒电源系统。直流棒电源系统将外部电网的输入交流动力电转换为直流动力电,为棒控系统提供动力。为提高系统的可靠性,直流棒电源系统采用模块化设计方案。直流棒电源系统分为A、B两组,可由两路独立电源供电。每组直流棒电源装置由一定数量的功率单元组成。两组直流棒电源装置互为备用,当一组发生故障或失去交流电源输入时,由另一组直流棒电源装置为棒控系统供电。同时,当任一组功率单元发生故障时,会自动退出供电,由其余功率单元为棒控系统供电。直流棒电源系统采用就地控制方式,其状态信息和报警信号除了在系统设备上显示外,还可发送至上层系统。

10.3 常规岛机组监测和控制系统

下面从系统功能和系统方案两个方面描述常规岛机组监测和控制系统。

1) 系统功能

常规岛机组监测和控制系统以DCS作为常规岛监视和控制的核心,由DCS完成常规岛的数据采集和处理、模拟量控制和顺序控制等功能,配以汽轮机数字电液控制系统、汽轮机紧急跳闸系统、汽轮机监视仪表等自动化设备,以及极少量的重要后备仪控设备等构成一套完整的自动化控制系统,完成对常规岛汽轮机、各辅机系统、厂用电系统的控制与监视。

汽轮机数字电液控制系统保证机组在所要求的任何运行方式下安全经济地运行,还应能充分适应其他的包括机组事故工况和工艺系统要求的各种启动方式在内的启停运行要求。该系统具有转速控制、负荷控制、压力控制、超速保护、热应力计算、阀门在线试验等功能,并提供与机组DCS之间的数据通信接口和满足相互约定的通信软件,可靠地接收和发送满足机组安全运行所需的所有信息,实现汽轮机数字电液控制系统与DCS对操纵员站的共享。

汽轮机紧急跳闸系统接受来自汽轮机监视仪表、汽机油系统、凝汽器真空、发电机跳闸、反应堆紧急停堆、手动跳闸等停机信号,经逻辑处理后驱动相应的遮断继电器完成汽轮机紧急跳闸功能,同时向外发出跳闸原因及指示信号。此外,汽轮机紧闸系统还具有汽轮机跳闸在线试验功能。

汽轮机监视仪表连续地在线检测汽轮机机组诸如转速、轴振动、键相、大轴偏心度、汽缸绝对膨胀或相对膨胀、轴向位移和零转速等与汽轮机机组安全运行相关的本体机械参数,在检测参数超过设定值时,能发出可靠的停机信号供汽轮机紧急跳闸系统使用，使汽轮机发电机安全停机。

2）系统方案

常规岛机组监测和控制系统包括 DCS 控制系统和专用仪控系统，其中专用仪控系统主要包括汽轮机数字电液控制系统、汽轮机紧急跳闸系统、汽轮机监视仪表系统、汽水分离再热器控制装置、常规岛辅助系统、常规岛暖通空调系统等，主要方案如下。

（1）数据采集和处理。该功能的实现与核岛完全相同，即通过过程控制机柜在线检测过程参数并进行采集和预处理，然后送入操作和管理层，对电站所有信息进行统一的处理，为运行人员监视生产过程提供画面显示、越限报警、制表打印、性能计算、事件顺序记录、历史数据储存和操作指导等功能。

（2）模拟控制。正常运行时，核电站采用机跟堆运行模式，系统能在额定负荷和最小负荷之间的任一负荷工况下使机组稳定运行。系统也应能满足快速降负荷机组稳定运行的控制要求。常规岛的模拟量控制系统主要包括凝汽器水位控制、除氧器水位和压力控制、低压加热器水位控制、常规岛闭式冷却水温度调节以及根据汽轮机和热力系统特点设置的其他自动调节项目等。

（3）顺序控制。通过不同的功能等级的控制功能实现对各种辅机或设备的顺序控制。

10.4　控制室系统

下面从系统功能和系统方案两个方面描述控制室系统。

1）系统功能

控制室为操纵员提供了达到电站运行目标所必需的人-机接口及有关的信息和设备。在核电站正常运行、在预期运行事件和事故工况下，支持操纵员掌握核电厂的运行状态，正确地做出决策，及时采取必要措施，减少人为失误，确保核电厂的安全。

控制室的主要目标是实现电厂在任何工况下的安全有效地运行。

ACP100S 控制室系统包括主控制室、应急控制室、技术支持中心、运行支持中心、应急指挥中心、就地控制站和位于这些场所的人机接口。这些人机接口设备提供了监视和控制电厂所需的人机接口资源。

2）控制室方案

下面主要介绍主控制室和应急控制室方案。

(1) 主控制室方案。主控制室的人机接口设备包括操纵员控制台、值长控制台、专用安全盘、RDA 系统盘和大屏幕。

操纵员控制台由三套配置完全相同的计算机化工作站组成。操纵员控制台为启动、操纵、停闭电厂等提供所需的显示和控制。操纵员控制台为非安全级设备。

值长控制台设置一套与操纵员控制台配置相同的计算机化工作站。通常值长控制台的控制权限被闭锁，在某个操纵员控制台失效后，值长控制台的控制权限可以被激活，完全替代失效的操纵员控制台，以维持电厂的正常运行控制。值长控制台也是非安全级设备。

主控制室内还设有专用安全盘。专用安全盘为操纵员提供安全级系统或部件的显示和控制功能，以及执行系统级安全动作的常规控制器。专用安全盘为安全级，满足抗冲击要求。

RDA 系统盘，作为反应堆保护系统的冗余，提供显示、报警及单独的控制器，用于手动驱动反应堆停堆和选定的专设安全设施。同时，通过常规仪表提供了执行相关操作所需监视的电厂关键参数信息。RDA 系统盘为非安全级抗冲击设备。

大屏幕为主控制室人员提供主要的电厂参数、系统状态和报警信息的动态显示。大屏幕的布置允许操纵员和值长在主控制区内的任何位置都能方便清楚地看到大屏幕上的信息。大屏幕不具备控制功能，为非安全级设备。

主控制室内的其他设备包括火灾探测和消防盘、闭路电视盘、规程柜、短信息平台和调度站等。

主控室内除 RDA 系统盘以外的非安全级设备虽然不要求在冲击条件下保持功能完整性，但在结构上必须考虑抗冲击设计，从而在冲击条件下保持结构的相对完整性，以免损害安全级设备或危及人员安全。

(2) 应急控制室方案。应急控制室的功能是在主控制室不可用时进行安全停堆及余热导出操作，使反应堆进入安全状态。

应急控制室的主要设备为应急控制盘。当主控制室可用时，应设置联锁使应急控制盘不可操作。当操纵人员因主控制室不可用而撤离至应急控制室时，应利用撤离通道上或者应急控制盘上的切换开关闭锁来自主控制室的任何不该有的命令。应急控制盘上主要设置与反应堆停堆及余热导出有关的操作开关、按钮及显示仪表。通常情况下，应急控制盘通过硬接线与现场设备连接。

在进行浮动平台布置设计时，应考虑从主控室撤离至应急控制室至少有两条不同的撤离路径。

10.5　辐射监测系统

下面从系统功能和系统方案两个方面描述辐射监测系统。

1）系统功能

ACP100S 辐射监测系统的主要功能包括电厂辐射监测功能、控制区出入口监测功能和环境辐射监测功能。

（1）电厂辐射监测功能：① 工艺辐射监测，连续监测可能被放射性污染的工艺流体或厂房空气，以检查燃料包壳、系统压力边界等屏障的完整性，防止放射性物质通过各道屏障泄漏或释放；② 流出物监测，连续监测废水、废气流出物中的放射性活度水平，确保排出物中的放射性活度低于国家标准规定的限值，以保护环境和确保公众的辐射安全；③ 场所辐射监测，及时发现工作场所放射性辐射水平的异常变化，确保工作人员免受高辐射照射。

（2）控制区出入口监测功能：① 控制区出入口监测指控制工作人员进入控制区，防止未被授权的人员进入控制区；② 测量和记录工作人员在控制区停留期间所接收的累计辐射剂量；③ 指示现场实时照射剂量率，并在实时剂量率超过预定的报警阈值时发出报警；④ 记录进入控制区人员姓名、单位、进出时间、累计辐射剂量及其他相关信息，建立电厂工作人员的外照射剂量档案。检查退出控制区工作人员的全身及携带工具的表面污染，避免放射性污染被带出控制区。

（3）环境辐射监测功能：① 连续监测厂区环境（包括浮动平台周边环境）γ 辐射水平；② 连续监测厂区气象参数；③ 采集周围环境各种介质样品供环境实验室测量分析。

2）系统方案

ACP100S 辐射监测系统由电厂辐射监测子系统、控制区出入监测子系统和环境辐射监测子系统组成。

（1）电厂辐射监测子系统。该系统由若干个辐射监测通道组成。单个辐射监测通道一般由探测装置、就地处理显示箱、接线箱等部件组成。

非安全级监测通道的测量数据通过其信息管理系统采集后，由通信网络传送到 DCS，在主控室进行显示。安全级监测通道与非安全级抗冲击监测通道均采用硬接线连接方式，直接将监测数据传送到相应的安全级 DCS 机柜，这些信号主要用于事故后监测系统和联锁逻辑，并在主控室集中显示。另外，DCS 还将这些监测数据发送到电厂辐射监测的信息管理系统，供运行人员查看和使用。

(2) 控制区出入监测子系统。控制区出入监测系统配置的主要设备包括个人剂量监测与管理子系统、全身 γ 污染监测仪、全身 β 及 γ 污染监测仪、手脚污染监测仪、小物品污染监测仪、衣物分检仪、人员 γ 污染监测仪等设备。

(3) 环境辐射监测子系统。环境辐射监测子系统主要包括如下内容：① 环境 γ 辐射监测站，连续记录浮动平台区域和周围大气 γ 辐射水平数据及降雨量，当 γ 辐射剂量率超过阈值时报警。此外，部分站点还获取气溶胶、碘、沉降灰、^{3}H、^{14}C 和雨水的测试样品。② 气象站，采集、处理和记录厂区区域气象数据用于 ACP100S 浮动核电站气载流出物约定排放和计算、评价气态放射性物质排放对该地区环境的影响。③ 中央站，连续收集环境 γ 辐射水平数据和气象数据，经网络服务器和工作站统一归档、数据处理，输出报表；接收并处理传感器故障报警、电源故障报警及阈值报警信号。④ 应急监测子系统，当遭遇极端外部事件导致环境 γ 辐射监测站全部或部分损坏时，应将备用的事故后辐射探测器快速布置在厂址周围，以快速恢复环境监测能力。

参考文献

[1] 宋丹戎，刘承敏. 多用途模块式小型核反应堆[M]. 北京：中国原子能出版社，2021.

第 11 章
ACP100S 平台系统设计

常规意义的船舶或平台侧重于海上人员安全，即优先考虑船舶或平台在事故工况下的人员安全，包括消防人员撤离、救生等。浮动核电站除了考虑人员安全外，更多地需考虑辐射安全，即应重点关注由外部条件所引发的可能直接或间接造成重大放射性风险的事件，包括外部自然事件和外部人为事件。

为保障核装置的安全和避免放射性风险，作为浮动核电站载体的平台系统应重点考虑外部自然事件和外部人为事件的影响，包括风、浪、流、水温、气温、冰、雪、船舶碰撞等。

作为核反应堆装置的载体和屏障，载体平台的安全性、成熟性、适应性对核反应装置的安全运行亦至关重要。即为满足不同工况（含超设计基准工况）下的核安全，浮动核电站载体的设计应充分考虑并满足核装置系统的安全和辐射安全。

浮动核电站平台的设计特点和设计要求如下：

（1）浮动核电站平台应为核装置系统提供保护屏障，保证其在船舶碰撞等外部事件下的安全。

（2）浮动核电站平台应为放射源提供多道连续完整的屏蔽层。

（3）浮动核电站平台应能防止地震、海啸产生的影响。

（4）浮动核电站平台应能适应渤海海域的海洋环境条件和各种工况下的平台运动（倾斜、摇摆等），并且加速度不超过核装置系统的极限值。

（5）总体尺度要求具备足够大且封闭的舱室空间，用于布置核岛、常规岛和船舶设备系统。

（6）反应堆的布置能满足核装置非能动安全系统的要求。

（7）核岛、常规岛等尽量采用模块化紧凑布置，减少载体排水量。

（8）核岛、常规岛、主控室、核应急备用电源、核电气仪表舱、居住生活舱室等重点舱段的总体布置应充分考虑碰撞破损、辐射分区、防火分隔的要求。

(9) 平台结构要求载体结构具有足够的强度能够抵抗各种可能的载荷,包括船舶碰撞等事故载荷及极端环境载荷,且平台的结构设计寿命应与核动力装置相匹配。

(10) 反应堆(安全壳)运行、维护等方便可靠,充分考虑换料和堆舱设备吊装的安全可靠性。

ACP100S平台主要设计参数如表11-1所示。

表11-1 ACP100S平台主要设计参数

设计参数	数值或描述	说明
总长/m	约228	
船体型宽/m	36	
船体型深/m	16.9	
工作吃水/m	10	
工作吃水排水量/t	约74 600	
拖航吃水/m	7	
拖航吃水排水量/t	约38 000	
工作人员/人	约60	
自持力/天	60	
换料周期/年	2	
换料方式	进坞	
设计寿命/年	40	
设计风速/(m/s)	51.5	
目标工作海域	渤海湾	
最大工作水深/m	20	

（续表）

设计参数	数值或描述	说明
作业极端海况	100 年一遇	包括拖航和 事故外迁作业
生存极端海况	500 年一遇	
作业工况	最大横摇角≤22.5° 最大纵摇角≤10°	
拖航工况	最大横摇角≤30° 最大纵摇角≤10°	
碰撞保护	5 000 吨级船舶，2 m/s 的速度撞击， 以及飞射物、重物坠落等外部事件	
海水水温/℃	0～32	极端水温： −3.7～33.9
空气温度/℃	−10～40	极端气温： −28.4～41.8
备用发电机组/kW	2×5 000	
应急发电机组/kW	4×1 000	
系泊系统	码头系泊系统	
救生艇/人	2×100	
救生筏/人	8×25	

11.1　平台设计

用于海洋油气资源开发的比较成熟的海洋工程载体平台类型主要有固定式平台（导管架平台、重力式平台、顺应塔式平台）、移动式平台（坐底式平台、自升式平台）、浮动平台（半潜式、单柱式、张力腿式、单船体式等），要设计浮动核电站平台首先要开展平台选型工作。

1) 浮动平台选型

以浮动核电站应用在渤海为例，固定式平台中重力式、顺应塔式平台在此区域应用较少，不建议作为备选方案；导管架平台在渤海湾应用较广泛，但受地震的影响因素较大，若需要满足核反应堆堆芯保持在水线面以下的布置要求，将使整个浮动核电站运行控制更为复杂。

自升式移动平台和坐底式移动平台，同样受地震的影响因素大且在渤海湾没有应用工程案例，不建议将其作为可选方案。

浮动平台一般适用于中深水海域，对于渤海湾仅有 30 m 水深的海域，不具备可行性。

单船体式浮动平台，无论考虑应用安全、功能实现还是海域适应性，都具备较强的可行性，即使应用于风浪条件更恶劣的南海，在一定的设计吃水下也可保持船体稳定性，采用单船体式船型方案作为核反应装置的浮动平台，具有以下明显优势：

(1) 能够满足非能动安全系统要求，避免了地震载荷影响，从本质上提高了核装置的安全性，双层壳体结构设计可以抵御事故载荷，保障了核装置的安全。

(2) 单船体型兼顾舱室空间大、完整、连续，便于浮动核电站的舱室布置。

(3) 借鉴 FPSO 设计理念，设计建造技术成熟且有较高的经济性。

(4) 适用《核商船安全规范》[1]和《俄罗斯的核动力船舶与浮式装置入级建造规范》[2]。

(5) 适用海域广，可以抵御 500 年一遇的极端海洋环境(渤海)。

(6) 浮动、可移动的单船体方案使得应急撤离、核燃料换料、海上设备安装维护、报废退役等活动更加灵活机动且安全可控。[3]

因此，选取单船体式浮动平台作为浮动核电站的载体，安全性好且技术成熟，能满足浮动核电站的各项技术要求。

2) 平台结构形式

船体中部设置双层底、双层壳，核反应堆及控制室局部区域采用双层甲板结构，并在核反应堆舱设置横向双层隔舱；船体首尾为单壳结构，设有首尾压载舱。全船主体采取纵骨架式，采用船用低碳钢全焊接结构。船体结构的材料和焊接应符合船级社相关规范要求，并符合船级社规范规定的构件腐蚀余量。

船体结构最大静水弯矩应按照实际的质量分布和装载来确定，波浪弯矩应根据 500 年一遇的极端海况进行计算。

结构设计寿命为 40 年，疲劳设计安全系数不小于 2，即设计疲劳寿命不低于 80 年。

除首尾部受线型影响局部采用横骨架式外，本船主体结构（包括核辅助舱、反应堆舱、汽轮机舱舱顶结构）均采用纵骨架式结构。以上纵向结构应沿船长尽可能连续至首尾，如必须中断，则构件端部应设有效过渡连接结构以保证适当的刚度延续。

ACP100S 在船中区域设双壳、双底结构，舷侧双壳与双层底结构内设压载舱。双壳内部各功能舱室包括内底与 2 层中间甲板，主甲板在核辅助舱、反应堆舱、汽轮机舱区域内根据布置需要进行开敞或局部开孔，各层甲板结构按照所在区域的设备载荷及规定的均布载荷设计，同时按照规范要求考虑相应的惯性加速度。

除双壳结构外，堆舱及机舱区域内不设连续的纵舱壁。采用垂直骨架式的平板横舱壁，在反应堆舱首尾均设置隔离舱结构。

ACP100S 船的首尾部分别布置单壳的尖舱结构，设置开孔的中纵舱壁与若干开孔平台或水平桁结构。除按布置的各种甲板设备进行局部加强外，船首尾部舷侧外板结构均考虑了加强抵抗波浪拍击的影响，同时考虑冰载荷，应进行抗冰的加强设计。

主甲板尾部设置有人员居住舱室、餐厅、厨房及办公室等。

船首与船尾系泊区域的甲板与舷侧外板结构，根据系泊载荷进行了必要的加强，主甲板与舷侧外板结构还按照甲板吊或救生艇的布置及其操作载荷进行了必要的加强。

平台结构（特别是反应堆舱结构）具有足够的强度，能够抵抗各种可能的载荷，包括碰撞、爆炸、搁浅、坠物等事故载荷及极端环境载荷。采用极限状态设计理念进行结构设计，以 100 年一遇的极端海洋环境载荷作为主船体结构强度评估和使用极限状态的评估工况，以 500 年一遇的极端海洋环境载荷作为极限承载力极限状态；按照规范评估核反应装置局部结构的碰撞强度及剩余极限强度。

3）设计寿命及防腐保护

浮动平台的船体主要结构疲劳设计寿命按照 40 年设计，相关设计寿命因数按照海工规范标准选取。

为防止腐蚀引起的船体损坏，所有钢结构都设置有效的保护。有效的保护系统一般包括涂层、金属镀层、阴极保护、牺牲阳极、腐蚀余量或其他认可的方法。防腐保护系统的设计参考中国船级社(CCS)《船舶结构防腐检验指南》的相关规定。

按照入级要求，船体采取循环检验的方式来替代每5年需要进行的特殊检验。

平台外部区域钢结构最小保护要求为全浸区的主船体用阴极保护和涂层共同保护，飞溅区的主船体用涂层保护，大气区的所有结构仅用涂层保护。

ACP100S船用水下检验代替坞内检验，船体水线以下部分应采用高效防腐蚀涂料。在海底阀箱内应设置防止海生物影响的措施。

压载舱等内部区域使用涂层保护或涂层与阴极同时保护。

该平台取得压载舱涂层标准PSPC(B)附加标志，所有专用海水压载舱保护涂层的设计、施工和检验应符合CCS《实施IMO〈所有类型船舶专用海水压载舱和散货船双舷侧处所保护涂层性能指标〉暂行指南》的相关规定，所有海水压载舱都应用环氧漆或其他相当漆进行有效保护。

不同金属的连接部分，应用有效的方法防止微电流腐蚀。

11.2　平台方案

ACP100S浮动核电站平台为单船体式，钢质、双壳、双底、单甲板、无动力推进，采用多点系泊的工作方式，配置两套相互独立的核蒸汽发电系统。

浮动平台舱室按功能划分为核电区舱室和平台舱室。核电区舱室由两个核岛和两个常规岛组成，平台舱室由船舶辅助系统舱室及生活居住区组成。

两个核岛布置于浮动平台中部，核岛边界设置了防碰撞或冲击的结构屏障，受到双底双壳和上部多层甲板的保护。

每个核岛都包含反应堆舱、安全壳、“三废”舱、通风及电缆管系通道等舱室。反应堆由一个小型钢制安全壳包容，形成一个独立的核蒸汽供应系统模块。

常规岛包含汽轮发电机舱、核电气仪表舱室、主控室、应急控制室、通风间及电缆管系间等舱室。两个常规岛纵向前后对称布置，并通过隔离舱和通道与核岛物理隔离。

平台尾部为船舶辅助系统舱室及生活居住区，布置有备用发电机舱、应急发电机舱、泵舱、压载舱和人员生活居住的配套舱室，浮动平台总体布置如图11-1和图11-2所示。

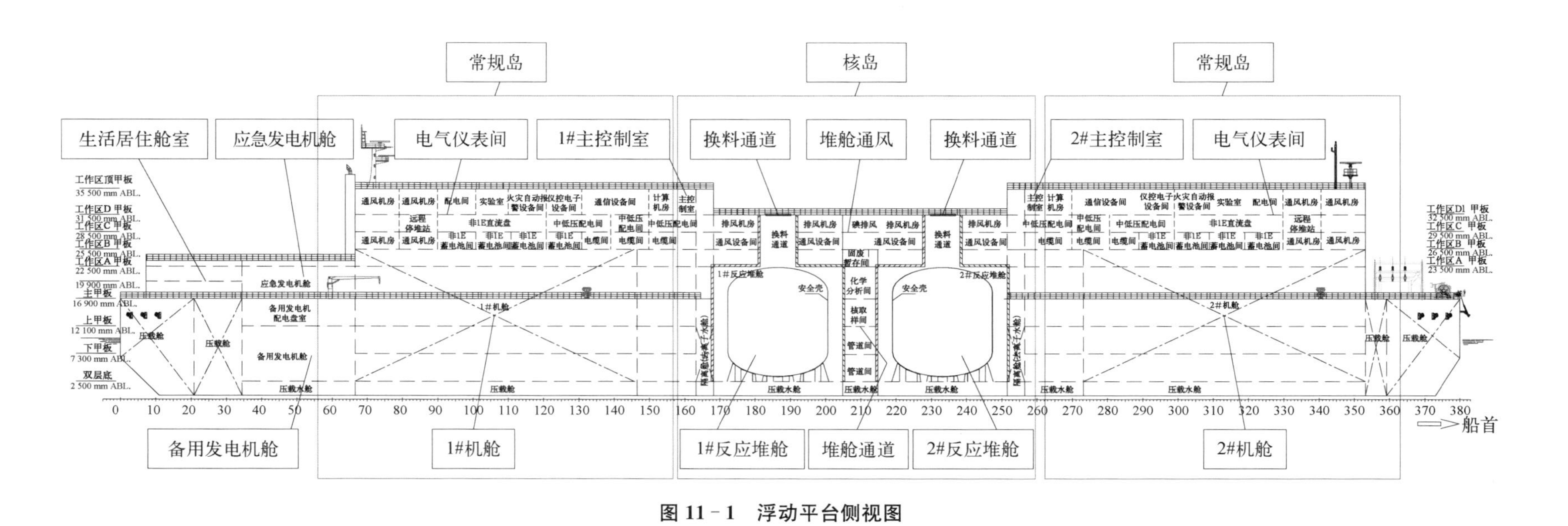

图 11－1　浮动平台侧视图

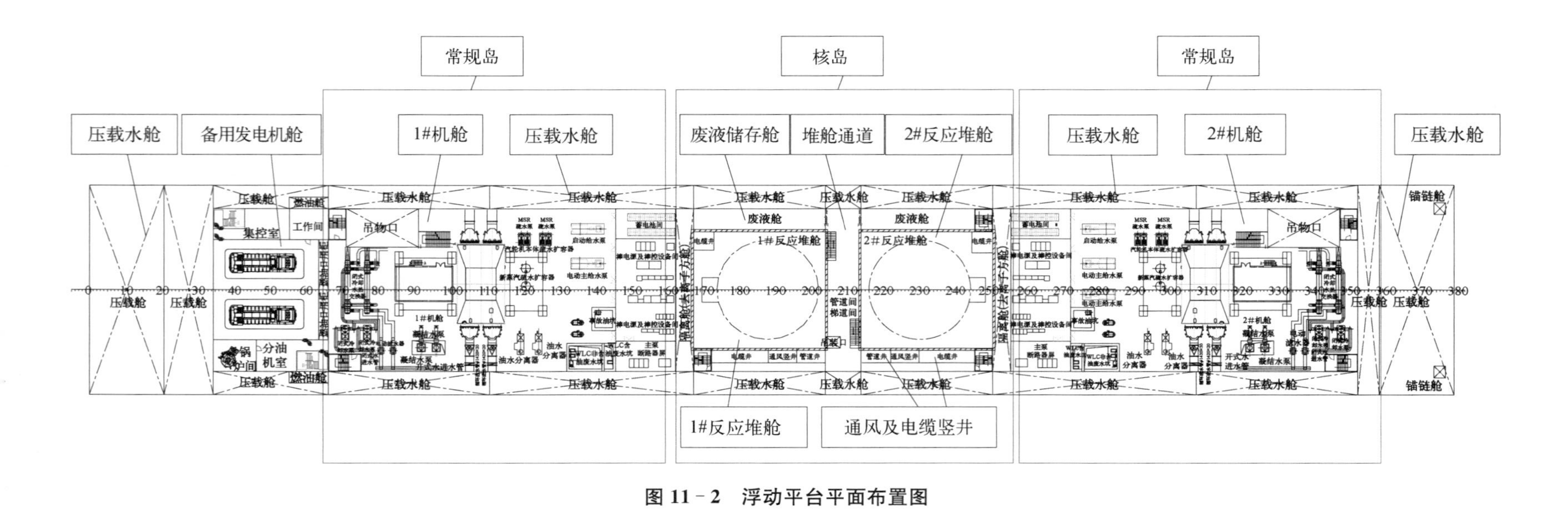

图 11-2　浮动平台平面布置图

11.2.1　核电区舱室布置

核电区舱室布置主要包括核岛布置和常规岛布置。

1）核岛布置

核岛由反应堆舱、安全壳、“三废”舱、通风及电缆管系通道等舱室系统组成。反应堆、主泵、蒸汽发生器等一回路设备系统布置于反应堆舱中部的安全壳内，安全壳为放射性包容的压力边界。

安全壳布置于平台中部的反应堆舱内，作为第四层屏障的堆舱舱壁包围着安全壳结构和反应堆中所有放射源，在正常工况和事故工况下，对现场工作人员提供辐射防护，同时保护反应堆各系统免受外部灾害的危害。

反应堆舱为放射性控制区，人员可在位于 B 甲板的冷热更衣间更衣后通过全封闭式楼梯间下行至操作平台经人员闸门进入，人员的进出由保健物理办公室进行控制。

安全壳及反应堆舱顶部均设有设备闸门，作为反应堆干式换料及安全壳内大设备安装更换的竖向通道。

核岛纵向和横向布置分别如图 11 - 3 和图 11 - 4 所示。

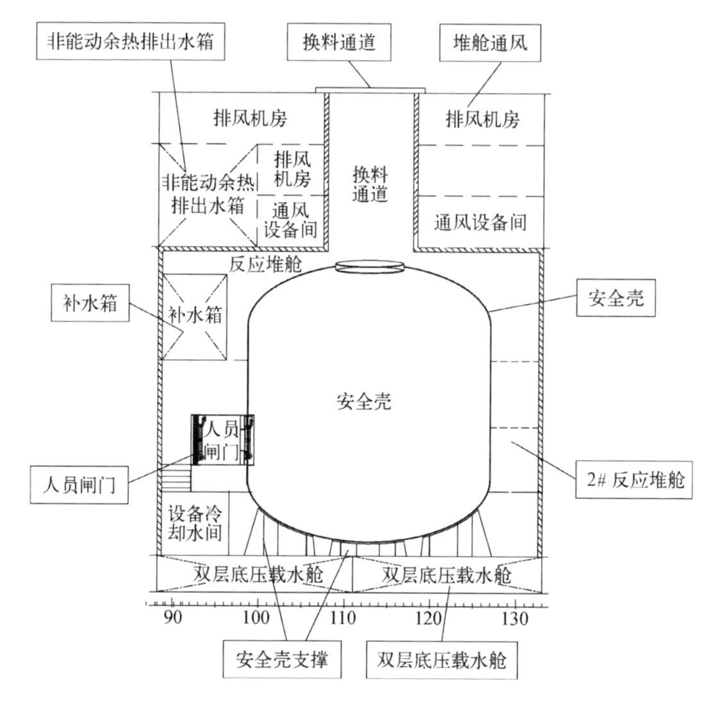

图 11 - 3　核岛纵向布置图

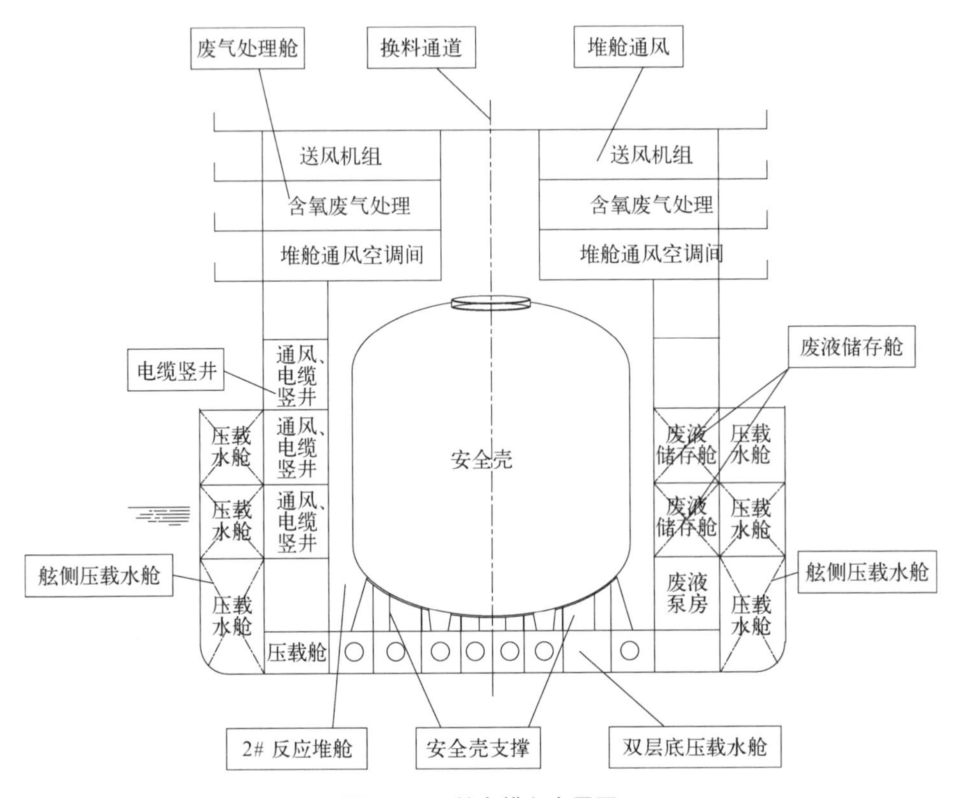

图 11-4　核岛横向布置图

2）常规岛布置

汽轮发电装置及非电联供装置布置于常规岛下部的机舱内，机舱布置有汽轮发电机、汽水分离器、除氧器、凝汽器、低压加热器及给水泵等辅机设备、电气设备及就地控制室、供热供水设施等。

常规岛上部的 B 甲板和 C 甲板上布置有应急控制室、核电设备仪表间、不间断电源（UPS）间和电气舱室。电气舱室主要布置有 1E 级/非 1E 级蓄电池及 UPS 等直流/交流电源、核级及非核级仪表和控制电气柜、电气舱通风系统和排烟系统、通风冷冻水系统等设备系统。

主控室布置于常规岛上部的 D 甲板，主控室主要为运行人员提供监控和干预电站运行的场所，保证电厂在正常运行和事故工况下的安全。主控室区域设置了应急逃口、应急避难所、UPS 电源和独立的消防系统。

常规岛布置如图 11-5、图 11-6、图 11-7 和图 11-8 所示。

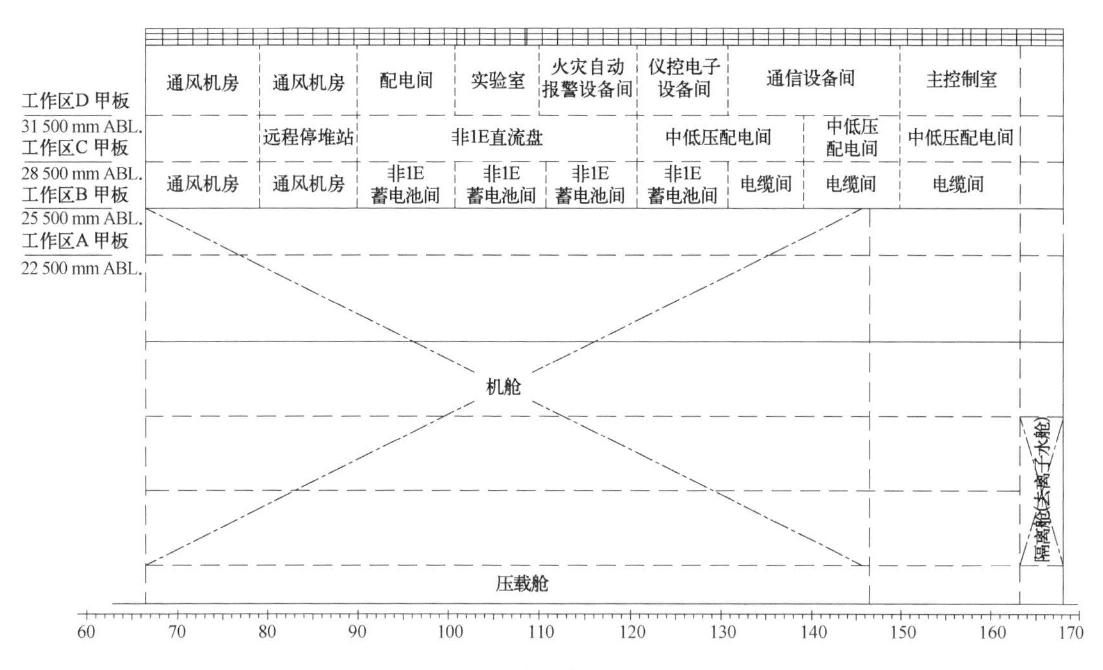

图 11－5　常规岛纵向布置图

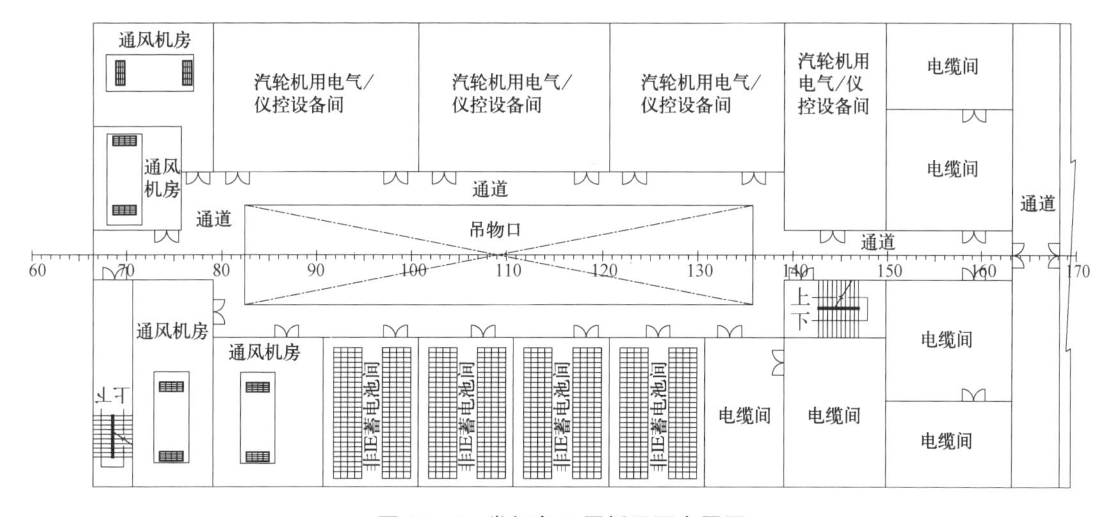

图 11－6　常规岛 B 甲板平面布置图

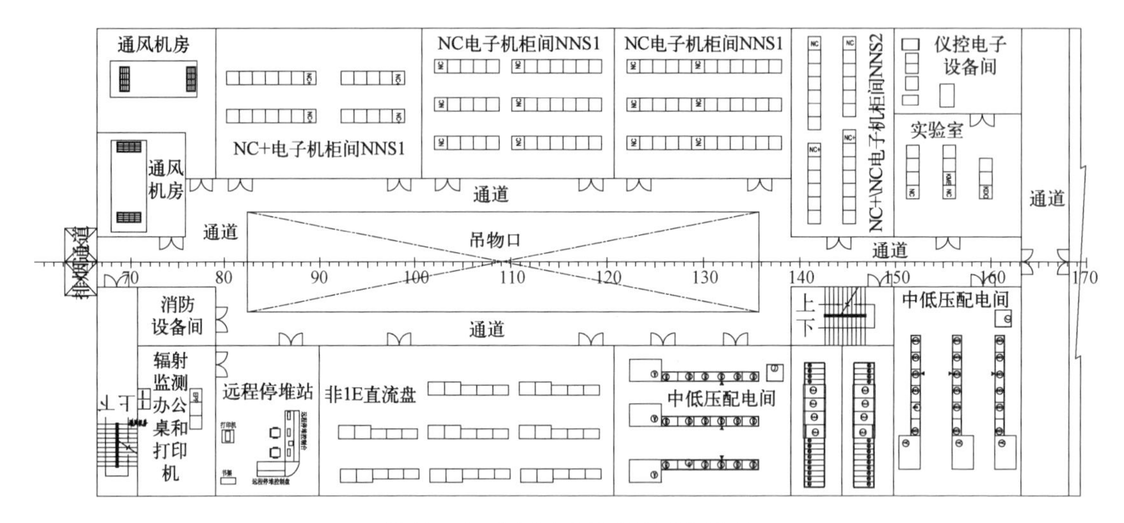

图 11－7 常规岛 C 甲板平面布置图

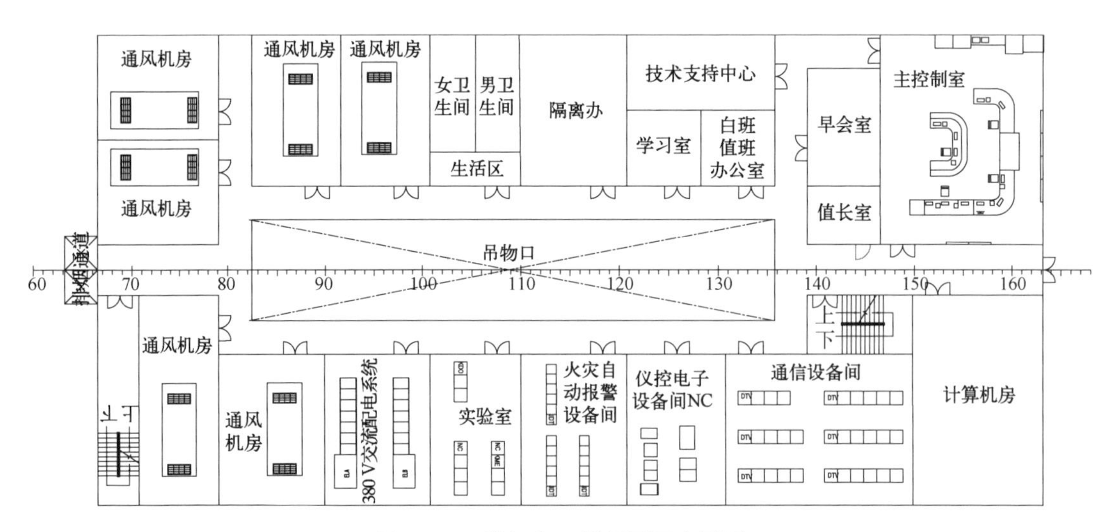

图 11－8 常规岛 D 甲板平面布置图

11.2.2 平台舱室及系统布置

平台舱室及系统布置主要包括主电力系统，应急配电系统，外输变/配电设备，防火、消防及救生，机械舱室，生活舱室的布置。

1）主电力系统

主电力系统由主发电机、备用发电机和主配电系统组成，向船舶设备和反应堆设备供电。

主发电机采用两台汽轮发电机，布置于两个发电机舱内，其蒸汽来源于两个核反应堆。

备用发电机采用两台柴油发电机组，设置两个相互隔离的核堆备用发电机舱，配置两个独立的燃油舱和日用柜。备用发电机舱位于船舶尾部的船舶常规舱室区内，在 1 号发电机舱的尾部，顶部是备用发电机配电盘室。

主配电系统由两组配电板组成，在主发电机舱的顶层 A 甲板设置变压器间、蓄电池间、仪表间、核用电气设备间等。该区域设有两个进出口，并经过门卫值班室。

2）应急配电系统

应急发电系统至少含有两台应急发电机和两个相互独立的应急配电系统。

浮动平台设置两个相互隔离的应急发电机舱，每个舱内布置两台应急发电机组。应急发电机舱根据《核商船安全规范》[1]的要求布置在安全区域或受到保护区域。

3）外输变/配电设备

高压外输及配送电设备设置于岸边陆地上，由于外输及配电设备需要与用户匹配，不同用户的需求不同，高压外输及变/配电设备放在陆地更能提高核电船的灵活性。

4）防火、消防及救生

平台防火设计满足《核商船安全规范》的要求，同时参照常规船舶平台标准规范及核电站相关防火标准的相关要求，堆舱区域的防火分隔与辐射分区、脱险通道等综合考虑。

堆舱按《核商船安全规范》要求设置消防系统，考虑在堆舱上部防撞保护层设置消防舱室和非能动水舱。

救生设备配备按照沿海Ⅲ级客船标准执行，满足全船人员逃生需要。

5）机械舱室

船舶的尾部区域为船舶机械舱室布置区，设置有两个泵舱，布置压载系统、舱底水系统、船舶消防系统、燃油系统等的泵组和辅助设备。

配置两套压载泵组，一用一备，并满足相关规范的要求。

两台备用发电机组分别布置于两个机舱内，并且配电盘室也与之一一对应，分成两套独立的备用电源系统。

机舱的尾部设置有排烟及通风通道，从居住区的尾部直通到露天甲板。

上甲板布置有锅炉间，为核岛工作提供辅助蒸汽。

双层底内设置有污油舱、污油水舱、滑油舱、舱底水舱等。机舱区的左右舷设有 2 个燃油舱。

为提高船舶的可靠性，船舶系统如消防系统、烟火探测及报警系统等，与核岛区域的系统完全独立配置。

在下甲板备用发电机配电室的两舷，布置有机械工作间和辅助设备间，工作间内布置简单的机修设备，辅助设备室内布置空气压缩机等辅助设备。

6）生活舱室

生活区布置在船舶的尾部、辅机舱的顶部。居住区域和核辐射区域有隔离带加以隔离。生活区按照“动-静”分离、“净-脏”分离的设计原则。

生活区设置有最大可供 70 人生活居住的单人间，并配有厨房、餐厅、更衣室、洗衣房、办公室、休闲室、小型医院等。生活区采用中央空调通风系统，并配有生活污水处理设备。

主甲板设置有厨房、冷库、餐厅、更衣室和洗衣房，方便食物或垃圾的运输，同时方便工作人员更换衣服，不允许穿脏的工作服进入干净的生活区域。

A 甲板是办公区域，配有 40 人办公卡位，设置有站长办公室、副站长办公室、技术办公室、维修办公室、会议室、咖啡室，同时设有一个医务室。

B 甲板是居住区域，配有单人间和双人间，至少可供 70 人居住。同时，救生设备和集合站布置于该甲板。

为生活区服务的中央空调间、生活污水处理设备间、水处理间位于机械区的上甲板，避免影响生活区的舒适性。

11.2.3 稳性分析

ACP100S 平台稳性分析包括确定稳性衡准、建立静水力模型、空船重量估算、风倾力矩计算、进水点信息确定、许用重心高度计算等工作。

1）稳性衡准

浮动平台的完整稳性设计满足中国船级社《海上浮式装置入级规范》[4]的要求。

2）静水力模型

基于平台的主尺度运用 NAPA 软件建立静水力模型，如图 11 - 9 所示。

本模型采用右手笛卡尔坐标系，坐标位于基线和船中线面的交点，X 轴向船首为正，Y 轴向左舷为正，Z 轴向上为正。

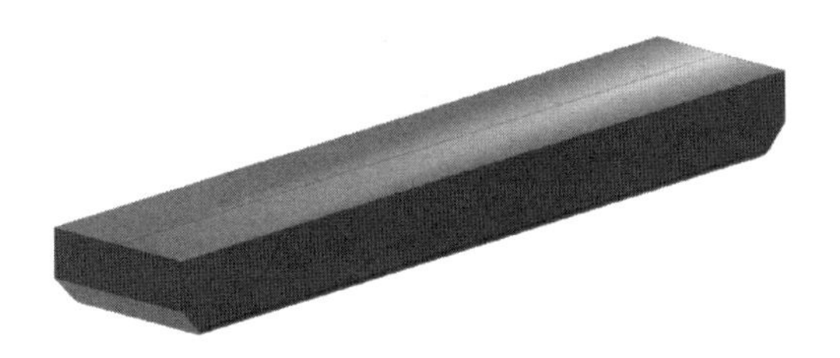

图 11-9　静水力模型

3）空船质量估算

参考类似船型的质量信息，本船的空船质量、重心估算如表 11-2 所示。

表 11-2　空船质量、重心估算

空船质量/t	LCG/m	TCG/m	VCG/m
36 900	116	0	6.19

注：LCG—重心纵向坐标；TCG—重心横向坐标；VCG—重心垂向高度。

4）风倾力矩

由于本船的船长(228 m)远远大于船宽(36 m)，因此仅考虑侧面受风的最危险工况。侧面受风轮廓如图 11-10 所示，风速按照自存工况 100 节(kn)考虑。

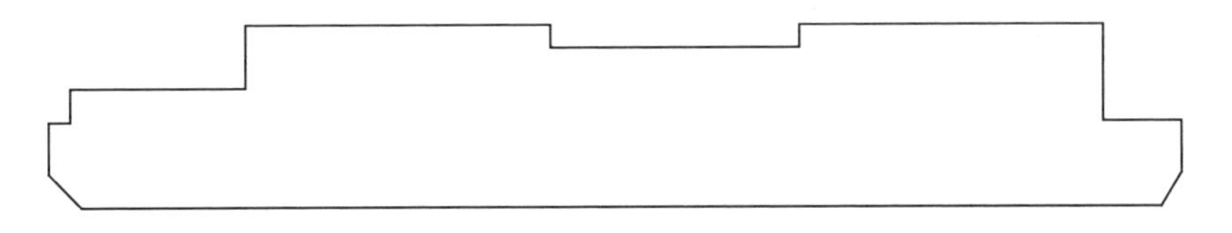

图 11-10　侧面受风轮廓

5）进水点信息

参考总布置图，通风筒开口和透气管开口作为稳性分析的进水点，位置坐标信息如表 11-3 所示。

表 11-3　进水点位置

序　号	X/m	Y/m	Z/m
1	13.2	14	21.40
2	13.2	−14	21.40

(续表)

序　号	X/m	Y/m	Z/m
3	174.4	14	21.40
4	174.4	−14	21.40
5	0.0	18	17.66
6	0.0	−18	17.66
7	183.4	18	17.66
8	183.4	−18	17.66

6) 许用重心高度

平台设计吃水为 10 m,自存工况下平台结构吃水为 12 m。按照吃水范围为 5～12 m 进行完整稳性计算,计算出的各吃水下的许用重心高度汇总如表 11-4 所示。

表 11-4　许用重心高度汇总表

吃水/m	许用重心高度/m
5	14.8
6	17.2
7	17.4
8	16.6
9	15.8
10	15.0
11	13.2
12	8.8

通过装载计算分析,本平台在自存工况和拖航工况下,保证核堆舱不破损,均满足完整稳性要求,分析结果如表 11-5 所示。

表 11－5　平台完整性分析结果

工　况	吃水/m	自由液面修正后的重心高度/m	许用重心高度/m	是否满足完整稳性要求
自存工况	12.0	7.26	11.0	是
拖航工况	5.0	6.21	15.5	是

11.2.4　系泊分析

系泊系统装置从形式上主要分为单点系泊系统、多点系泊系统、动力定位。

单点系泊系统适用于长宽比比较大的船型，具有风标效应，允许船体绕系泊点做 360°的自由旋转运动，使浮体总是处于合力最小的位置上。单点系泊主要有以下几种形式：塔架软刚臂单点系泊系统、悬链式浮筒单点系泊(CALM)系统、单锚腿浮筒单点系泊(SALM)系统、内转塔式单点系泊系统、外转塔式单点系泊系统。单点系泊技术主要由国外公司垄断，投资比较高。该系统适用于浅水、可抗冰、可解脱环境，技术成熟安全可靠。

多点系泊通过多点锚泊定位，为较成熟的系泊方式，广泛应用于各种类型的船舶、海洋工程。没有风标效应，适合于船体长宽尺寸接近且海洋环境平缓的工程中。

动力定位完全或部分借助船体上的推进器或侧推器，由计算机统一管理和操纵，能使船体遭遇最小的环境载荷，并使浮体定位于某一定点海域。布置动力定位系统需要一定的舱室，而且耗电量较大，建造运行成本显著增加，对于长期系泊的核电船不建议采用。

塔架软刚臂单点系泊、多点系泊作为该核电船的可选系泊方案。

1) 系泊定位系统选型

塔架软刚臂单点系泊系统(见图 11－11)在渤海湾 FPSO 上应用有较多的工程经验，主要优势如下：适应于渤海浅水水域，具有风标效应可减小船体承受的载荷，抵抗海洋环境条件能力强，可以系泊较大型 FPSO。

核电船与 FPSO 在安全要求、功能定位、船体尺寸、解脱频率等方面存在较大的不同，塔架软刚臂单点系泊应用到核电船中存在以下不足：

(1) 绕单点旋转大大增加了碰撞发生的概率，也增加了安保范围及防御

图 11-11　单点系泊

半径；

(2) 受到国外技术垄断，有一定的技术风险；

(3) 设计、建造、安装、维修等过程均需要国外公司实施，成本费用高昂；

(4) 核电船每 2～3 年进行换料作业，单点系泊解脱对海况要求较高等；

(5) 存在单点系泊塔架抗冰、抗地震设计等技术难点。

多点系泊(见图 11-12)通过多点锚泊定位，广泛应用于各类海洋工程中，

图 11-12　多点系泊

技术较为成熟且适用于渤海较为平缓的海洋环境。

采用多点系泊方案具有以下优势：

(1) 发生碰撞的概率低，安全防御范围小，安全性更高。

(2) 国内设计单位可对多点系泊进行分析设计，成本较低。

(3) 多点系泊方案解脱方便。

同样，对于多点系泊应用于渤海湾也存在一些关键问题需要突破，如冰载荷对锚链的影响、浅水海域锚链悬链效应较弱等。

单点系泊与多点系泊方案对比分析如表 11－6 所示。

表 11－6　单点系泊与多点系泊方案对比分析

项　　目	单点系泊方案	多点系泊方案
船形尺寸	较大船舶，长宽比较大（风标效应明显）	中等尺度，较大船舶较困难
适应海域	范围广（浅、深水）、恶劣环境条件	中等水深、环境较温和
抵抗台风能力	较强	一般
安全保障范围	大	小
船体碰撞风险	高	低
地震影响	对塔架有影响	影响较小
解脱作业（2～3 年需要解脱一次）	较复杂（一般为永久系泊）	较方便
安装、更换、维修	复杂	容易
成本、费用	高昂（8 亿～10 亿元）	便宜（1 亿元左右）

2) 多点系泊系统方案设计及计算分析

浮动平台锚泊定位系统布置如图 11－13 所示，采用 16 根锚链系泊，分为 4 组，每组 4 根，同一组内相邻两根锚链之间的夹角为 5°。

锚链采用 R4K4 studlink，参数如表 11－7 所示。

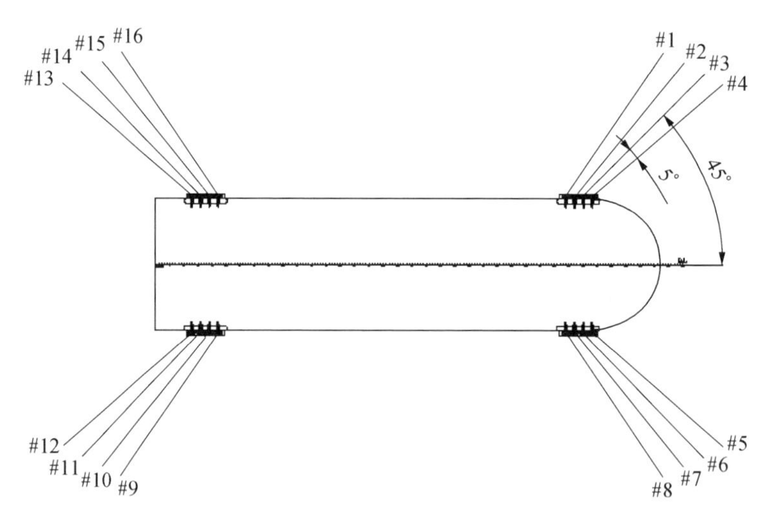

图 11-13　锚泊定位布置图

表 11-7　锚链参数

参　　数	数　　值
直径/mm	120.00
空气中质量/(kg/m)	315.36
水中质量/(kg/m)	274.14
破断强度/kN	13 572.86
长度/节	1 000

采用 BV 船级社开发的系泊分析软件 ARIANE 进行了锚泊定位能力分析。ARIANE 是基于准动态时域方法，衡准按照通用海洋工程船级社规范的要求。

分别对以下几种工况进行了计算。

工况 1：100 年一遇的风、浪、流极端载荷叠加工况。

工况 2：200 年一遇的风、浪、流极端载荷叠加工况。

工况 3：200 年一遇的风、流、冰极端载荷叠加工况。

计算结果表明：在 200 年一遇极端环境载荷下，无冰情况下完整状态多点系泊方案的安全系数在 1.81 以上，单根破损状态安全系数在 1.56 以上，满足安全要求;有冰情况下完整状态多点系泊方案的安全系数在 2.62 以上,单根破损状态安全系数在 1.97 以上,满足安全要求。

多点系泊初步计算结果表明完整、破损工况下多点系泊方案能够抵抗渤海湾极端海洋环境条件(200 年一遇的极端海洋环境条件,风速 40.7 m/s,浪有义波高 5.4 m/s,周期 10.5 s,流 2.14 m/s,冰厚 48 cm)。

浮动平台部署于渤海湾距岸约 10 km 处,锚泊区水深约 20 m 左右,故采用多点系泊方案。

11.2.5　HSE 分析

浮动核电站作为一个安全性能要求极高的设施,电站的设计是保证核反应设施安全性和稳定性的必要因素,其设计安全性和核反应设施的安全性要求同等重要。因此,有必要对浮动核电站的安全性能进行全面的分析和评估(HSE 分析),找出潜在的风险因素,并将其消除或降低到可控制水平。

浮动核电站全面的 HSE 分析涵盖概念设计、基础设计、详细设计、建造调试、运营的各个阶段的风险,并从设计安全性、人员操作安全性及舒适性到操作和运行安全性出发全方位地对平台各方面展开 HSE 分析,发现潜在风险问题,并提出应对措施,从而保证平台具有良好的安全性能。

HSE 分析主要分为以下几类。

(1) 风险识别分析:包括初步设计阶段、详细设计阶段、调试及运营阶段的风险识别分析。

(2) 关键系统的可靠性和脆弱性分析:包括关键系统的分析——初步设计阶段、关键系统的分析——详细设计阶段、关键系统的分析——调试阶段的测试方案、调试及试航阶段的测试审查、数字化仪控系统可靠性建模分析(覆盖安全级仪控系统的典型功能)。

(3) 工作环境分析:包括危急干预和可操作性分析、人员可靠性分析、物料运输分析、工作环境设计分析。

(4) 噪声和振动分析:包括噪声和振动预测、噪声测试、振动测试。

(5) 其他主要风险分析:包括火灾爆炸风险分析、直升机事故风险分析、船舶碰撞风险分析、系泊系统相关风险分析、逃生风险分析、极端气象事件风险分析、海上操作风险分析(吊装、补给、重物坠落、人员倒班)、航行和就位操作风险分析、核风险相关的概率安全评价(PSA)、其他危害的风险识别。

11.2.6 拖航方案

拖航方案主要包括主拖轮的选择、护航拖轮的选择、拖带指挥小组的选择、航前准备、接拖和出港、海上拖带航行、克服偏荡、抵达目的地的解拖等。

1) 主拖轮的选择

由平台拖航阻力推算主拖拖轮至少需要 8 826 kW。

2) 护航拖轮的选择

为提高安全系数,在作业过程中,一般至少配备一艘拖轮进行护航并保证其完成以下任务:

(1) 拖航过程中对影响航行的渔船等进行驱赶,为船组扫清航道;

(2) 拖航途中对拖缆、其他拖带索具和被拖物进行检查;

(3) 当主拖带船发生故障时,能及时控制被拖物;

(4) 当主拖带船组发生险情时,能及时给予相应的协助和救援。

3) 拖带指挥小组的选择

由港方、被拖方、拖方等相互协调沟通,制订出接拖、出港、航行和进港及应急等的详细方案。被拖方应组织拖航代理、引水、船舶交通服务系统(VTS)及保险方案。拖轮公司代表召开航前协调会议,对整个作业过程进行风险评估,制定安全措施,明确各环节中各单位应该承担的责任和义务。

4) 航前准备

航前准备包括被拖物的准备与主拖船的准备。

(1) 被拖物的准备:① 对所有舱口、人孔、通风筒、排气管、门窗等需要保证水密性的口孔进行检查,其水密性和稳性必须满足海上适拖要求,并取得船检部门发放的适拖证书;② 有满足适合拖带的 4 个拖力点(其中 2 个作为应急用),有相匹配的拖带索具;③ 调整适当的吃水差,一般为(1.2%～1.5%)船长;④ 备有应急锚和应急拖缆,应急拖缆的配置应便于拖轮捡起和连接;⑤ 按规定悬挂号灯、号型,号灯电池电量应能满足整个航次的需要;⑥ 被拖物上所有可移动物应固定牢靠。

(2) 主拖船的准备:① 配备具有大型拖带经验的船长、大副和相关人员;② 对机械设备、拖带索具、应急设备等进行检查,确保设备时刻处于良好可用状态,取得船检的适拖证书;③ 配有应急拖缆;④ 根据气象、海况并结合被拖物的实际情况,制定的航线必须有足够的回旋余地,远离渔区和船舶密集区,并且在沿途选择适当的避风区;⑤ 收集气象资料,选择开航时间,一般应在具备 3 天 6 级风以下的良好天气条件下开航。

5）接拖和出港

被拖物事先连接好龙须链（缆），卸扣、短缆、应急缆等在甲板上固定好。主拖轮尾部尽量靠近被拖物伸出短缆的下方，拖轮船员用引缆将短缆绞至拖轮上固定，再与主拖缆连接，在连接过程中应注意以下几点：

（1）接拖地点必须有足够宽阔的水域。

（2）必须有足够的、性能可靠的、操作灵活的港作业拖轮协助。

（3）拖轮离被拖物较近，需要船长充分运用良好船艺尽力保持船位，确保接拖过程中船员和船舶的安全。

（4）拖缆接好后，主拖轮应缓慢加车，使短缆略微带力，此时应仔细检查短缆、龙须链（缆）、三角板、卸扣等索具连接是否正常，如有缺陷应立即消除。

（5）起拖时，主拖轮应以微速进车，当拖缆逐渐被拉直时马上停车，待拖缆松弛时再微速进车，使被拖物逐渐加速而慢慢前进，当被拖物有了一定速度且无异常情况时，主拖轮可逐渐增加速度，每次增速最好不要超过 1/2 kn。

（6）由于锚地水域受限且船舶较多，所以在整个过程中必须有足够的拖轮协助，这些拖轮必须直到主拖轮船长同意后方可离开。

平台拖航如图 11 - 14 所示。

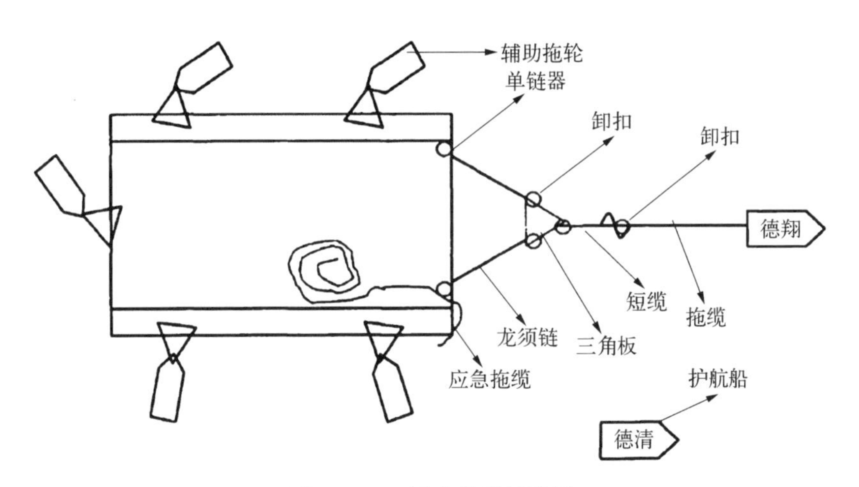

图 11 - 14　平台拖航示意图

6）海上拖带航行

海上拖带航行应做好以下工作：

(1) 及时收集气象资料，如有恶劣天气来临，应迅速做出反应，比如保护拖缆、更改航线等。

(2) 保证主拖轮、被拖物、护航船之间的通信顺畅，每个航行段至少通信一次，互报情况。

(3) 转向时严禁用大舵角急转弯，如航线转向角度较大时，可分几次进行，每次转向不要超过 20°，风流较大时转角不宜超过 5°。

(4) 经过船舶密集区且能见度、海况、气象状况不良时，需要充分运用船艺，以保证安全。

(5) 被拖物受水的阻力较大，拖带速度一般控制在 5 kn 以内。

(6) 拖航过程中，主拖轮的驾驶员应每 4 h 通过 VHF16 广播即时进行航行警告，告诫过往船舶注意加强警戒避让。

(7) 通过船舶密集区时要增加播报次数。

7) 克服偏荡

大型拖带时，被拖物受风浪影响大，另外受航速、拖缆等的影响，被拖物容易发生偏荡。偏荡的出现增大了拖缆所受的张力，加剧拖缆的磨损和应力集中，增加了拖带操作的难度，严重时甚至会造成断缆事故。因此，应针对具体原因采用不同的方法来抑制偏荡，具体操作如下：

(1) 调整被拖物使之成为尾倾状态，以增加其航向稳定性，但不宜用注入压舱水的方法，以避免浮力减少。

(2) 降低拖航速度以减少偏荡。

(3) 适当缩短拖缆长度。

(4) 将护卫拖轮连接到被拖物船尾，以增加被拖物的航向稳定性。

8) 抵达目的地的解拖

解拖过程主要包括以下几部分：

(1) 被拖物一般在锚地解拖，然后由引水员指挥港作业拖轮进港。

(2) 主拖轮根据现场情况调整航速和航线，使船组在白天抵达锚地，有利于解拖和进港安全。

(3) 主拖轮在抵达目的港前 24 h 报告抵达航站的时间(ETA)，然后每 4 h 报告一次 ETA，距目的地 12 h 时每 2 h 报告一次 ETA，以便港方提前安排引水员和辅助拖轮等。

(4) 主拖轮抵达解拖点前 4 h 减速收拖缆，根据当时的锚地船舶密度和气象海况等控制好余速。

(5) 租拖方安排好接拖港作业拖轮、引水员及足够的解拖作业人员提前在解拖点等候，待被拖物稳定后，引水员、作业人员才可登上被拖物。

11.3　平台辅助保障

平台辅助保障主要是指装卸料工艺、维修基地综合保障、海上安保系统、应急配置及装备、压载水系统、空调通风系统、消防系统、救生系统、生活居住等保障系统。

1) 装卸料工艺

ACP100S 浮动核电站主要采用返回基地换料的方式进行检修换料。基地换料的总体方案为在海岸边选取合理位置建设检修换料基地，在该基地内设置新燃料储存、乏燃料储存及处理、运输、废物处理、换料检修专用设备设施等，换料期间浮动核电站返回基地进行换料及检修维护。换料时浮动核电站停靠在基地港口，系泊调平后，采用装卸料专用屏蔽设备将已辐照燃料组件逐组从堆芯转运至乏燃料水池存放，经过相关组件倒换和主设备检修维护等工序后，再将新燃料组件和需要复装的组件按顺序逐组装入堆内。考虑换料往返时间，浮动核电站的换料检修时间约为 1 个月。根据浮动核电站运行周期和换料大修管理规定的要求，定期在基地内开展大修工作，对反应堆进行定期检修维护，大修工作约 10 年进行一次，每次工作时间约为 3 个月。当浮动核电站进船坞前等待时，配套建设码头可以为其提供临时停靠的场所，维保基地应考虑建设核动力平台停靠的码头，码头上配备吊机和登船梯，可供人员及货物上下。

根据实际工作需要(如远航需求等)也可以实施海上换料，为浮动核电站配备新、乏燃料储存，燃料屏蔽转运及主设备装卸等换料专用设施设备，进行自主换料。

2) 维修基地综合保障

根据浮动核电站综合保障方案，维修基地陆基设施主要负责保障反应堆换料及乏燃料组件的暂存、反应堆部件的检修、一回路系统的检修、二回路系统的检修等。

(1) 反应堆换料及乏燃料组件的暂存。反应堆部件的拆卸及乏燃料容器卸料主要在浮动平台内完成，陆基设施主要保障卸料容器从浮动平台转运至乏燃料储存设施内，利用乏燃料储存设施内的吊车将卸料容器移至乏燃料组件接收水池内，并在水下转运至保存水池的存放支架上进行湿法暂存。乏燃料在乏燃料储存设施内的暂存时间约为10年。

(2) 反应堆部件的检修。陆基保障设施保障的主要内容如下：反应堆堆顶结构的去污、检查、修理；控制棒驱动机构的去污、检查、修理与试验；压力容器紧固件去污、检查、修理；顶盖组件去污、检查、修理；反应堆堆内构件去污、检查、修理；已辐照燃料组件水下外观检查、冲洗、离线破损检查和池边检查等。

由于反应堆压力容器无法拆卸，压力容器的主螺栓孔、密封面检修以及压力容器内部检查等工作均在浮动平台上进行，陆基保障设施应具备在线保障能力。

(3) 一回路系统的检修。一回路系统设备管道的常规修理在浮动平台上进行，蒸发器、稳压器、主泵等大型设备的大修在陆基保障设施内进行。

3) 海上安保系统

除了核反应堆系统的固有安全系统和船体防护结构对核安全的保护，浮动核电站外围安全保障系统也是必不可少的。为了保证浮动核电站正常安全运行，预防水下蛙人、航行器、水面舰船、漂浮物和空中飞行物等对船舶及其设备的干扰与破坏，分水面及水下、空中各区域，按不同的距离范围对浮动核电站进行安全保护系统设计。初步确定安保系统由目标探测系统、数据处理与监控系统、目标处置系统组及安保控制中心组成。

目标探测子系统主要由固定式蛙人探测声呐、吊放式蛙人探测声呐、声栅栏、摄像机等组成，用于探测水下、水上及空中的移动目标，并将数据传送至数据处理与监控系统。由数据处理与监控系统对多种传感器的信息进行处理和融合，负责显示、报警和调控处置力量，目标处置系统对各种可疑物采取不同的处理方式。

浮动核电站的首部、中部、尾部较高位置安装有摄像头，用于探测水面、空中的可疑物。固定式声呐探测器负责近距离的目标探测，布置于船体首部、中部、尾部等区域；吊放式声呐探测器负责较远距离的目标探测，放置于锚链位置。声呐通过发射声波、接收回波可以准确发现和定位几百米至一千米以外的蛙人、船舶及其他航行器等可疑物。对于蛙人，声呐也可以通过发射声波使远距离的蛙人受到刺激、失去知觉或丧失攻击能力；对于水面船只可通过喊话、强光照射、高压水枪喷射等方式；对空中飞行物采取激光照射驱赶。

4）应急配置及装备

作为利用浮动平台建造的可移动的核设施，浮动核电站能够满足偏远孤岛和极地的供电、供热、海水淡化及海洋石油开采、化工等的特殊需求，不占用陆地面积，但正是这种行无定所、轨迹复杂、环境恶劣的运行实际使得平台的应急比陆上核电站更加复杂和困难。平台的应急既可能发生在对公众影响人数众多、后果严重的港口及近海，又可能发生在救援鞭长莫及、国际影响不利的远海，并且海洋环境又使得引发应急的摇摆、碰撞、触礁等外因事件更多，建立有效的平台并具备应急响应能力十分必要。

尽管浮动核电站会通过保守的设计及高质量的建造来预防各种故障、事件或事故的发生，但仍然存在着出现紧急状况（应急）的可能，这些紧急情况可能是设计中没有考虑到的情况，也可能是超过了设计基准的情况。在出现这些紧急情况时立即采取行动对这些紧急情况做出响应（即应急响应），是缓解这些紧急情况所致后果的最现实有效的手段，而提前做好应对这些紧急情况的准备（即应急准备）能实质性地保障应急响应。在核与辐射应急中，应急响应的目标包括重新控制局面和减轻后果、拯救生命、避免或最大限度减少严重的确定性效应，提供急救、提供关键医疗和设法处理辐射损伤、减少随机性效应危险，随时向公众通报情况和维持公众信任，尽可能实际减轻非放射后果，尽可能实际保护财产和环境，尽可能实际为恢复正常的社会和经济活动做准备；应急准备的目标是在应急过程中营运组织内部、地方地区、国家层面及酌情在国际层面上都具备做出有效响应的适当能力，该能力涉及一整套的基础结构要素，在应急准备中要对这一整套的基础结构要素进行落实（即应急安排）。

与固定式陆上核电站相比，我国浮动核电站核事故的应急责任主体更复杂，主要原因如下：

（1）浮动核电站的营运单位与其驻泊港的营运单位可能不同。核事故应急时，浮动核电站上人员的辐射安全由浮动核电站营运单位负责，浮动核电站以外、港界内人员的辐射安全由驻泊港营运单位负责。

（2）除非浮动核电站驻泊港的营运单位与其相同，否则浮动核电站的营运单位无法直接参与浮动核电站上的应急响应行动，也无法对浮动核电站上的应急响应行动进行直接指挥。

但是，通过建立完善的应急策略可以保障在应急状态下有效控制事故进程，减小放射性危害，表 11－8 给出了我国浮动核电站核事故应急组织及其职责的建议。

表 11-8　我国浮动核电站核事故应急组织及其职责的建议

<table>
<tr><th colspan="3">应急组织</th><th colspan="3">应急组织职责</th></tr>
<tr><td rowspan="3">主体</td><td>浮动核电站平台</td><td rowspan="3">应急指挥部</td><td rowspan="3">报告、批准和指挥职权范围内的所有应急响应行动；调配职权范围内的所有应急力量、装备和物资；向上级应急组织请求应急支援</td><td rowspan="3">防护目标人群</td><td>浮动核电站上应急人员、公众</td></tr>
<tr><td>浮动核电站营运单位</td><td>浮动核电站以外应急人员、公众</td></tr>
<tr><td>浮动核电站驻泊港（建造港、试验港、母港、寄泊港、事故地就近港）营运单位</td><td>港区内应急人员、公众</td></tr>
<tr><td rowspan="8">专业组</td><td colspan="2">通知报告组</td><td colspan="3">各级应急组织之间和内部定期或重要应急节点的通知、报告</td></tr>
<tr><td colspan="2">技术决策组</td><td colspan="3">故障、事件或事故诊断，提出缓解行动建议；辐射监测、环境监测、放射性后果评价和预测，提出防护行动建议；提醒上级应急组织开展辐射监测、环境监测、缓解行动、防护行动、医疗救治、搜寻救援和其他应急响应行动</td></tr>
<tr><td colspan="2">通道控制组</td><td colspan="3">对进出警戒区的人员、物资进行核查、检测、控制</td></tr>
<tr><td colspan="2">缓解行动组</td><td colspan="3">控制核动力装置及其相关设施安全；减少放射性物质释放；与上述两项相关的工程抢险</td></tr>
<tr><td colspan="2">防护行动组</td><td colspan="3">向浮动核电站上工作人员、应急人员、其他人员和浮动核电站周围受影响人员、应急人员发出危险警告；印发行动指南；通知并协助人员采取掩蔽、撤离、碘甲状腺阻断、控制误摄入等紧急防护行动，防止食品、水、商品被污染、摄入、使用等早期防护行动</td></tr>
<tr><td colspan="2">医疗救治组</td><td colspan="3">人员去污；辐照损伤救治；非辐照损伤救治；医疗运输</td></tr>
<tr><td colspan="2">搜寻救援组</td><td colspan="3">帮助浮动核电站上人员和设施、浮动核电站周围受影响人员和设施脱险</td></tr>
<tr><td colspan="2">信息发布组</td><td colspan="3">收集和整理各级应急组织信息；定期或在重要应急节点之后向公众和媒体发布应急进展</td></tr>
<tr><td rowspan="3">常规保障部门</td><td>通信部门</td><td rowspan="3">应急指挥部</td><td colspan="3" rowspan="3">提供应急力量、装备和物资；服从应急责任主体调配</td></tr>
<tr><td>交通部门</td></tr>
<tr><td>运输部门</td></tr>
</table>

（续表）

<table>
<tr><th colspan="3">应急组织</th><th>应急组织职责</th></tr>
<tr><td rowspan="7">常规保障部门</td><td>电力部门</td><td rowspan="7">应急指挥部</td><td rowspan="7">提供应急力量、装备和物资；服从应急责任主体调配</td></tr>
<tr><td>治安部门</td></tr>
<tr><td>消防部门</td></tr>
<tr><td>后勤部门</td></tr>
<tr><td>航空部门</td></tr>
<tr><td>社会团体</td></tr>
<tr><td>中国人民解放军
（中国人民武装警察部队）</td></tr>
</table>

浮动核电站核事故一级应急组织的应急设施及核事故专用应急装备主要包括以下几项：

（1）为浮动核电站的应急指挥部及其下设 8 个专业组的应急人员分别配置相应的应急设施及核事故应急专用装备。

（2）主控制室、备用控制室这 2 个应急设施满足“应急人员可居留性准则”。

（3）除主控制室、备用控制室以外的其他浮动核电站上应急设施均满足“公众可居留性准则”，并且均设置在浮动核电站上最不可能遭受核事故所致照射的地方。另外，这一级应急组织的“公众撤离接收点”还应便于公众弃船撤离，“医疗救治点”还应便于伤员离船送医，“搜寻救援集结待命点”还应便于浮动核电站以外的力量和装备救援登船。

（4）考虑到浮动核电站空间限制，不在浮动核电站上单独设置公众掩蔽场所，仅设置“公众撤离接收点”，但要具备掩蔽的功能。

（5）考虑到浮动核电站空间较小，仅在浮动核电站上设置 1 个“医疗救治点”，浮动核电站上应急人员、公众均在这个应急设施中接受医疗救治。

（6）为了便于保持应急响应能力，浮动核电站上应急人员所需的防护衣具、呼吸面具、直读式个人剂量计都存放在“防护行动集结待命点”、应急人员和公众所需的碘片也都存放在“防护行动集结待命点”，在需要时由“防护行动组”的应急人员统一分配。

5）压载水系统

浮动核电平台的压载工况主要包括两种。一种是平台迁移前后的压载所需，平台建造完成后，拖行到指定目标地点定位后，需要用压载水将平台的吃水增加到 12 m。在平台需要入坞维修或者换核燃料时，又要排出大量的压载水。另一种是平台正常工作时所需的调载工况，所需的压载水调载量很小。因此，如何配置压载水系统，在这两种截然不同的需求中寻求平衡，是压载水系统研究和设计的主要任务。此处配置两台 300 m^3/h 的压载水泵，两台压载水泵分别布置在两个泵舱中，可同时运行。用这两台压载泵注入和排出压载水，可以在 48 h 内完成。如果业主或者其他相关方要求在更短的时间内完成所有压载水的注入或排出，可以通过提高泵的容量或者增加泵的数量的方式实现。

所有舱室都被围护在压载舱的保护中，外部碰撞触底等造成的舱室浸水风险相对较小，正常情况下，浮动核电站发生较大横倾和纵倾的可能性极小，加之平台也没有空余的压载水舱来作为防横倾舱，因此不考虑配置防横倾系统。正常工作情况下的微小调载需求通过压载水系统的注入和排出压载水来实现。

6）空调通风系统

浮动核电站所有控制室、住舱办公室、值班室、病室、餐厅、控制室、通道等均设有中央空调系统，夏季提供冷气，冬季提供暖气，中间季节提供 100%全新风。部分舱室根据需要配置风机盘管或单位式独立空调。

中央空调系统采用间接式系统，主要由组装式冷水机组、循环水泵、若干台间接式空调器及风机盘管等组成。制冷工况冷源为冷水机组，采暖工况采用蒸汽或电加热。

空调风管系统采用单风管空调送风系统，采用舱室布风器送风、走道回风。餐厅、洗衣间、医务室等舱室不回风。新回风比通过风量平衡确定。

生活楼及普通机械舱室设置机械通风或自然通风。通风系统的配置满足舱室一定的换气次数或舱内设备正常工作需要，而处于空调区域的舱室，其通风系统的设置则需要兼顾维持空调区域正压的要求。机械通风采用船用离心或轴流或管道风机。

生活楼设一个伙食冷库，库容及库温满足定员及自持力需要。

采用装配式冷库，库内设若干不锈钢货架，与冷库隔热板配套供应。制冷设备采用 2 套压缩冷凝机组，一用一备。每间冷库配 1 台或 2 台冷风机。

核反应堆舱、核辅助舱、汽轮机舱、电气仪表舱的通风及空调系统，参考核商船安全规范，并借鉴俄罗斯核动力船舶规范、陆上核电站相关规范开展研究与设计工作。

7）消防系统

参考 GB/T 22158—2008《核电厂防火设计规范》《核商船安全规范》和俄罗斯的《核动力船舶及浮动海上平台入级与建造规范》，借鉴陆上核电站消防系统设计经验。

反应堆舱的防火结构及防护设备设计基本原则如下：反应堆舱的防火结构应该是完整一致的，避免和隔离舱或者其他舱室（低于 A－60）的防火结构相混合。在反应堆舱、反应堆控制室和堆舱灭火系统控制室内均应采用防火材料。浮动核电平台将配备水消防系统、CO_2 气体灭火系统、水雾灭火系统、水喷淋系统和直升机甲板泡沫灭火系统。其中，水消防系统包括两台 100%容量备用的水消防泵、一台消防水稳压泵和一个消防水稳压柜、消防水环管和其他阀门附件等设备。消防栓的配置满足 CCS 规范的要求和核电站的特殊要求。消防水环管中，至少应有一条支管引到直升机平台泡沫单元，为直升机平台泡沫消防系统提供消防水。直升机平台泡沫消防系统主要包括一个泡沫单元、泡沫比例混合器、三台消防炮等主要设备。为提高人员、财产及平台的安全性，在平台的上部舱室设置了上层建筑水喷淋灭火系统；该灭火系统作为全平台消防水系统的一个子系统并从消防水系统的消防水环管中引入至少一条支管。配备局部水雾系统，为备用发电柴油机、应急发电柴油机、分油机等提供局部水雾灭火系统。局部水雾灭火单元布置在泵舱中，整体考虑配备 CO_2 灭火系统，用于机舱、汽轮机舱、应急发电机舱的灭火。

8）救生系统

救生设备按 IMO MODU 2009（简称 MODU）进行配置。MODU 规定，对水面式平台，每舷配置的救生艇，其总容量应能容纳平台上人员总数。浮动核电站在岗工作人员为 60 人，因此全船必须配备 12 艘 60 人的全封闭救生艇。此外，还应配置救生筏，并能从平台的任何一舷下水，总容量应能容纳平台上人员总数。如果这些救生筏不能随时转移到平台的任何一舷降落下水，则每舷所配备的救生筏总容量应能足以容纳平台上的人员总数。按此要求需配备 20 人救生筏 63 支。另外，由于救生艇筏存放位置距尾部、首部超过 100 m，还需要在尾部、首部增设 1 只 6 人的救生筏。此外，MODU 还规定每座平台应配备至少一艘救助艇。如果救生艇及其降落回收装置也符合对救助艇的要求，则可接受将其作为救助艇。因此，可把这一艘救生艇兼作救助艇以满足规范要求。

9）生活居住等保障系统

生活居住保障系统包括生活起居设施、医疗救助、补给设施及直升机转运系统等。

浮动核电站码头系泊运行时，电站工作人员居住于岸上基地，可不设置居住舱室，只设置值班室、医务室、盥洗间及卫生间等基础保障系统，在主甲板首部设有五层的生活楼作为生活起居处所，上设有13个单人间、32个双人间，以及满足约77人生活起居所必需的各种服务处所、公共处所及储藏处所。

生活楼内部配置有1间医务室，内设有必要的医疗设施和急救药品，可为浮动核电站医疗救助服务提供支持。浮动核电站在两舷各配置1部起重机，服务于船上设备的日常操作维修和日常补给物资的吊运，另外配置吊笼，还可利用起重机从供应船上吊运人员。

浮动核电站在首部生活楼顶设置有钢制的直升机平台，可起降直升机，快速转运人员。直升机平台是由平台板、纵桁、强横梁、横梁组成的平面板架结构。直升机平台边界设有流水槽。在直升机平台和甲板室顶部之间有支柱桁架结构支撑直升机平台。其他辅助设施（如安全网、防滑网、系留点、边界灯等）按有关要求配齐。船舶右舷侧设置防撞装置、悬梯等，方便供应船舶停靠。

浮动核电站远离岸基运行时，需要在船体设置以上设备保障生活居住系统，考虑到浮动核电站整体尺寸较大，可以满足保障船体生活居住需求。

参考文献

[1] International Maritime Orgnization. Code of safety for the nuclear merchant ship [M]. London: IMO, 1981.

[2] 俄罗斯船舶登记局. 俄罗斯核动力船舶和浮动设施的分级和建造规范[S]. 俄罗斯：俄罗斯海洋船舶登记局，2019.

[3] 王玮，刘聪，陈智，等. 浮动式核电站载体初步技术方案研究[J]. 科技视界，2015(36)：37-38.

[4] 中国海事局. 海上浮式装置入级规范[S]. 北京：中国船级社，2014.

第 12 章
ACP100S 安全分析

根据 HAF 102—2016《核动力厂设计安全规定》[1]，核电厂总的核安全目标是建立并保持对放射性危害的有效防御，以保护人员、社会和环境免受危害。为此，核电厂的系统、设备和工程设计采取了可靠的安全措施、留有足够的安全裕量并选用合适的材料。在核电厂设计、建造和运行过程中，严格执行各项质量保证和质量控制的法规及措施，把“安全第一、质量第一”作为工程设计、建造和运行的基本指导思想。

12.1 概述

核反应堆总的核安全目标是建立并保持对放射性危害的有效防御，反应堆设计要求达到的安全目标是实现反应性控制、堆芯热量的导出与放射性包容。

为达到上述安全目标，反应堆设计采用纵深防御原则，运行管理上考虑了五个防御层次，具体为稳态运行，减少偏离；纠正偏离，防止事故；限制事故发展，防止堆芯熔化；严重事故缓解，保持放射性包容；落实应急响应计划，减轻放射性物质释放后果。

1）安全设计理念及事故缓解措施概述

ACP100S 采用一体化反应堆设计，可从设计上消除某些传统大型压水堆相关事故隐患，如大破口失水事故等。采用能动加非能动的安全系统设计理念，通过引入抑压水池设计，实现了安全壳设计小型化。ACP100S 在安全设计上有如下特点：

（1）采用一体化设计，从设计上取消了反应堆冷却剂主管道，消除了大破口失水事故发生的可能性。

（2）相对于较低的反应堆功率，反应堆相对水装量较大，事故后瞬态进程相对较慢，为事故缓解赢得了时间。

(3) 采用较低线功率密度设计，设计裕量较大，同时通过24个月长周期换料手段，可使经济性得到一定补偿。

(4) 燃料初装料少，事故后源项较少，同时堆芯本身具备固有安全特征，为取消厂外应急创造了充分的技术条件[2]。

创新设计的核反应堆必须具备卓越的安全性能，确保反应堆在事故工况下具有足够的应对能力，维持反应堆的安全性。综合上述设计理念，针对ACP100S制定了合理可行的事故预防和缓解策略。主要包括以下策略：

(1) 应对设计基准事故时，采用了能动加非能动的安全系统。采用二次侧非能动余热排出系统(PRS)在全厂断电事故下持续导出堆芯余热，采用堆芯补水箱和低压安全注射泵保证在中小破口失水事故下的堆芯持续冷却，采用抑压水池预防破口类事故下安全壳的短期超压，采用安全壳喷淋持续长期降低安全壳温度和压力。

(2) 应对未熔堆的设计扩展工况(DEC－A)时，除了安全系统之外，还充分利用非安全相关系统实现纵深防御功能。应用多样化保护系统实现紧急停堆和触发保护动作，利用正常余热排出系统执行低压安全注射功能，通过在安全壳内主蒸汽管道上设置全压事故隔离阀防止放射性物质旁通安全壳。通过非能动与能动相结合的方式，以及安全系统和非安全系统的共同作用，保证设计扩展工况下的反应堆安全。

(3) 应对导致熔堆的严重事故(DEC－B)时，实施了专门的严重事故预防缓解措施。采用非能动氢气复合器，将严重事故下安全壳内的氢浓度控制在安全范围之内，避免发生氢气燃爆。通过手动触发稳压器释放阀实现主系统卸压，有效避免高压熔堆。采用堆腔注水系统冷却压力容器下封头，实现堆芯熔融物压力容器内滞留(IVR)。

2) 海洋环境引入的挑战

面临复杂多变的海洋环境，是ACP100S区别于陆上核电站的典型标志。海洋条件的引入也给ACP100S的安全分析带来若干需要解决的新问题，主要涉及外部事件、事故缓解、分析程序。

(1) 外部事件。在ACP100S的设计中，应关注作业海域或规定航线的外部事件，包括风浪流、海冰、海生物等自然事件，以及船舶碰撞、直升机坠毁等人为事件。应综合考虑核电、船舶及海洋工程领域的分析方法，确立环境要素等设计基准，以作为厂址安全评价、环境影响评价和船体结构设计等工作的基本输入条件[1]。

(2) 事故缓解。在海洋条件的作用下，ACP100S 平台将呈现多自由度的运动形态。在正常及事故工况下，海洋条件引入的作用力会影响反应堆冷却剂的流动与换热行为，破坏基于自然循环等机理的非能动安全系统的可靠运行，进而影响反应堆的事故缓解策略，在工程设计中，应确立不同工况下倾斜和摇摆的限定值(包括角度和周期等)，并针对不同类型的专设安全系统及设备开展适应性分析[3]。

(3) 分析程序。当前国内普遍使用的工程级安全评价软件，其程序功能设定并未考虑海洋条件的影响。对于 ACP100S 的安全评价，现阶段以在常规计算结果上叠加保守度或在验收准则上叠加保守惩罚的方法来考虑海洋条件的影响，将更具工程可操作性。与此同时，应尽早开展试验验证、不同程序对比验算等工作，为适用性程序的开发积累验证数据。

12.2　确定论安全分析

浮动核电站采用多重密封屏障，避免公众受到放射性物质释放的危害。这些屏障包括燃料包壳、反应堆冷却剂压力边界和安全壳。事故分析以针对上述三道屏障完整性所采用的一系列保守假设为基础进行。

12.2.1　事故分类及限制准则

根据浮动核电站的各种状态，参考有关核电厂工况分类标准，即按照预期事件发生频率和潜在的放射性后果对公众的影响，将运行和事故工况分成下述四类：

1) Ⅰ类工况——正常运行和正常运行瞬态

Ⅰ类工况包括的事件是指核电厂正常运行、换料和维修过程中，估计会经常或定期发生的事件。因为Ⅰ类工况的各种事件经常或定期发生，所以必须考虑它们对其他故障或事故工况(即Ⅱ类、Ⅲ类和Ⅳ类工况)后果的影响。因此，故障或事故工况的分析通常基于一组保守的初始工况进行，这些保守的初始工况对应于Ⅰ类工况运行期间可能发生的不利工况。

典型的Ⅰ类工况事件如下：

(1) 核电站的正常启动、停闭和稳态运行。

(2) 带有允许偏差的极限允许，如某些设备或系统不能工作，缺陷的燃料元件包壳发生泄漏，一回路冷却剂放射性水平升高，蒸汽发生器泄漏未超过技术规格书允许的最大值情况下的运行。

(3) 运行瞬态，如核电站的升温和降温，以及在允许范围的负荷变化等。

2) Ⅱ类工况——中等频率事件(或称预期运行事件)

预期运行事件是指在核电站运行寿期内预期至少发生一次偏离正常运行的各种运行过程。由于设计时已采取适当的措施，它只会迫使反应堆停堆，不会造成燃料元件损坏或一回路、二回路系统超压，只要保护系统能正常动作，就不会导致事故工况。

典型的Ⅱ类工况事件如下：

(1) 给水系统功能失效(如给水温度降低、给水流量增加等)引起热量的过度导出。

(2) 反应堆冷却剂强迫流量部分丧失。

(3) 在功率运行时，非能动余热排出系统意外投入运行。

3) Ⅲ类工况——稀有事故

稀有事故是核电站在其寿期内可能发生但发生频率很低的事件。对于稀有事故，预计在一座浮动核电站的整个寿期中不会发生，但在可能建造的这类堆型的总体中有可能会发生。在该工况下，可能导致少量燃料元件的有限损害，但堆芯的几何形状不被破坏，释放的放射性物质不足以终止或限制居民使用非居住区半径以外的区域，放射性后果不超过国家标准规定的限值。

典型的Ⅲ类工况事件如下：

(1) 反应堆冷却剂泵电机事故保护停机或失去电源，冷却剂强迫循环流量全部丧失。

(2) 反应堆冷却剂压力边界内各种假想的管道小破口引起的冷却剂丧失事故。

(3) 给水管道、蒸汽管道小破口。

4) Ⅳ类工况——极限事故

极限事故在寿期内是不太可能发生的，但出于安全考虑仍将它们归于设计基准事故之中。该类事故工况可能导致燃料元件的严重损坏，但堆芯的几何形状未被破坏，释放到周围环境的放射性裂变产物不应对居民的健康和安全造成危害，放射性后果不超过国家标准规定的限值，并且不足以终止或限制居民使用非居住区半径以外的区域。单一的事故工况不应使针对这类事故所需的系统功能丧失。

典型的Ⅳ类工况事件如下：

（1）给水管道双端断裂。

（2）蒸汽管道双端断裂。

（3）反应堆冷却剂泵卡轴或断轴事故等。

在每个工况的相关设计要求中，应用的基本原则是最有可能出现的工况，对公众产生的放射性风险应最小；而对公众潜在的放射性风险最大的工况，则应极不可能出现，同时应当遵守安全准则和放射性物质释放准则。在适当的情况下，假定反应堆停堆系统和专设安全功能在考虑诸如单一故障准则等条件下，仍满足这个原则。

采用确定论分析方法对这四类运行工况进行了分析，相应的限制准则如表 12－1 所示[4]。对Ⅱ类和Ⅲ类工况事件的分析规定了反应堆保护系统的要求，并确定这些系统的整定值。对Ⅳ类工况事件的分析确定了专设安全设施性能，以满足安全准则要求并使任何放射性释放的后果最小。对Ⅲ类、Ⅳ类工况事件的分析可以验证专设安全设施设计的正确性。

表 12－1　四类运行工况及限制准则

工　况	放射性	限制准则
Ⅰ类工况		不应达到触发保护系统动作的整定值
Ⅱ类工况		一个孤立的Ⅱ类工况事件不得引起一个后果更为严重的Ⅲ类、Ⅳ类工况事故，不得引起任何一道屏障的破坏 必须确保燃料包壳完整性 一次侧和二次侧压力不得超过限值
Ⅲ类工况	全身≤5 mSv 甲状腺≤50 mSv	可能导致少数燃料元件的有限损坏，但不得破坏堆芯的几何形状，以确保堆芯冷却 一个Ⅲ类工况事故不应引发一个Ⅳ类工况事故，并且不得损坏反应堆冷却剂系统和安全壳屏障
Ⅳ类工况	全身≤10 mSv 甲状腺≤100 mSv	核电厂设计应能防止给公众健康和安全带来过度风险的裂变产物释放。堆芯几何形状不受影响，并可以保证堆芯冷却 任何一个Ⅳ类工况事故不得导致缓解事故后果所必需的系统丧失相应的功能，包括安全注射系统的功能。反应堆冷却剂系统和安全壳建筑物不得受到其他损坏

12.2.2 设计基准事故分析

按照基本安全功能退化影响的分类方法，ACP100S 的事故分析将设计基准事故划分为① 二次侧排热增加；② 二次侧排热减少；③ 反应堆冷却剂系统流量降低；④ 反应性和功率分布异常；⑤ 反应堆冷却剂装量增加；⑥ 反应堆冷却剂装量减少。下面将以事故特征为基础，对各类事故从事故起因、现象和结果分析等方面进行介绍。

12.2.2.1 二次侧排热增加事故

二次侧排热增加事故引起二次侧排热能力提高，一次侧冷却剂温度下降。由于冷却剂的温度反应性系数处于负值，导致核功率快速上升，并有可能导致堆芯发生偏离泡核沸腾(DNB)，以损害燃料元件包壳的完整性。这类事件包括以下各项：

(1) 给水系统故障引起给水温度下降；

(2) 给水系统故障引起给水流量增加；

(3) 二次侧蒸汽流量过度增加；

(4) 主蒸汽系统事故泄压；

(5) 蒸汽管道破裂；

(6) 非能动余热排出系统意外投入。

上述事件中，除小蒸汽管道破裂是Ⅲ类工况事故以及主蒸汽管道破裂是Ⅳ类工况事故外，其余都是Ⅱ类工况事故。本节详细讨论主蒸汽管道破裂(SLB)事故。

1) SLB 事故描述

主蒸汽系统管道破裂最保守的假设是主蒸汽管道双端剪切断裂，这是引起一回路最大程度冷却的工况。从破口喷放的蒸汽导致事故初期蒸汽流量增加，之后随着蒸汽压力的下降，破口蒸汽流量逐渐减小。蒸汽发生器二次侧排热的增加导致反应堆冷却剂温度和压力下降，由于慢化剂的负反馈效应，反应堆内会引入正反应性。若停堆后具有最大负反应性的一组控制棒卡在完全抽出的位置，则事故过程中反应堆很可能重返临界。

2) SLB 事故分析结果

下面在热态零功率工况下对主蒸汽管道破裂事故进行分析。相对于热态零功率，反应堆功率运行时，部分能量储存在燃料元件中，拉长了达到反应性停堆裕量所需的时间。表 12－2 给出了整个事故序列，冷却剂温度、堆芯补水箱(CMT)流量和反应性等如图 12－1 至图 12－3 所示。主蒸汽管道发生双端剪切断裂后，反应堆入口冷却剂温度低信号触发了 S 信号、主蒸汽隔离。随后 S 信号触发反应堆冷却剂泵停泵、主给水隔离及 CMT 的投入。事故过程中，堆芯没有重返临界，不会发生 DNB，不会导致燃料元件损坏。

表 12－2　SLB 事故的事件序列

事　　件	时间/s
主蒸汽管道双端断裂	0.0
PRS 投入	0.0
反应堆入口温度低定值到达	5.9
S 信号产生	11.4
蒸汽管道隔离	16.4
主泵惰转	16.4
主给水隔离	21.4
CMT 投入	21.4

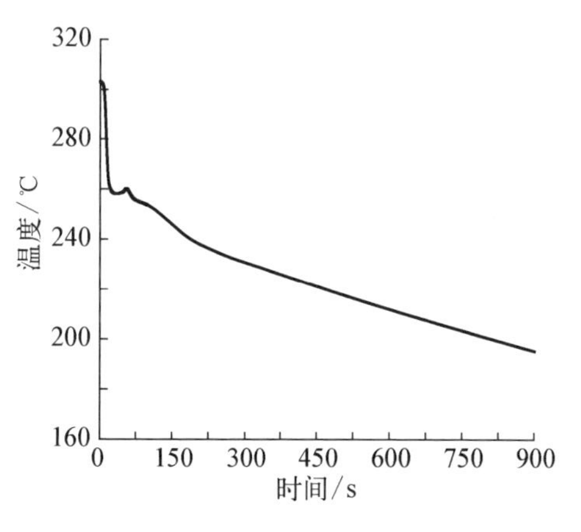

图 12－1　反应堆冷却剂平均温度(SLB)

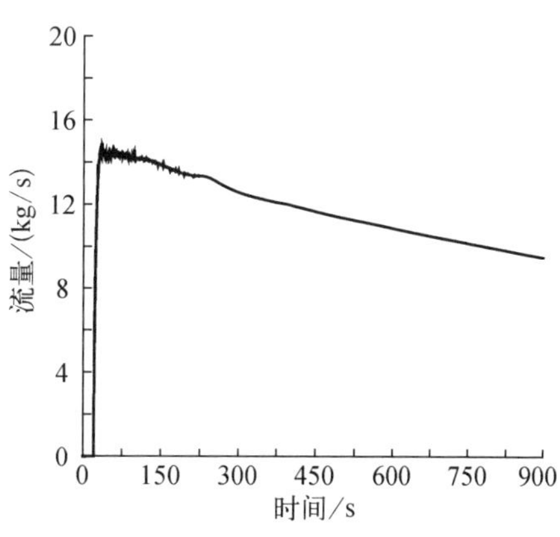

图 12－2　CMT 流量(SLB)

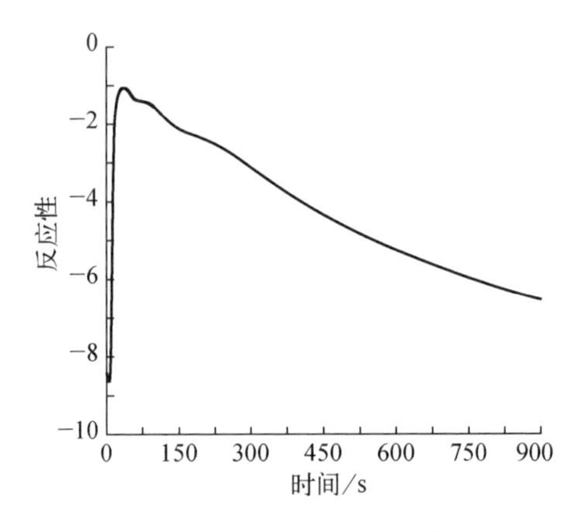

图 12-3 反应性(SLB)

12.2.2.2 二次侧排热减少事故

二次侧排热减少事故引起二次侧排热能力减小,一次侧冷却剂温度上升,有可能导致堆芯发生 DNB,损害燃料元件包壳的完整性,同时也可能导致一次侧系统超压,危及压力容器的完整性。这类事件包括以下情况:

(1) 外部负荷丧失。

(2) 汽轮机停机事故。

(3) 主蒸汽隔离阀意外关闭。

(4) 冷凝器真空丧失及其他导致汽轮机停机事故的事件。

(5) 电站辅助设备交流电源丧失。

(6) 正常给水流量丧失。

(7) 主给水系统管道破裂。

上述事件中,除主给水管道破裂是Ⅳ类工况事故,其余都是Ⅱ类工况事故。本节详细讨论汽轮机停机事故。

1) 汽轮机停机事故描述

当流体压力丧失作为若干汽轮机事故停机信号之一触发汽轮机停机事故时,汽轮机截止阀立即迅速关闭。

一旦截止阀关闭,流往汽轮机的蒸汽流量就突然停止。截止阀上的传感器探测到汽轮机事故停机,便引发蒸汽旁路排放。蒸汽流量丧失使二回路温度和压力迅速升高,其结果是蒸汽发生器内的传热能力下降,导致反应堆冷却剂温度上升,继而又依次引起冷却剂膨胀、稳压器正波动和反应堆冷却系统(RCS)压力上升。

蒸汽旁路排放系统在正常情况下能自动排放过量的蒸汽。如果蒸汽排放系统和稳压器压力控制系统正常发挥作用,则反应堆冷却剂的温度和压力不会增加很多。如果蒸汽旁路排放系统不能运行,则主蒸汽安全阀打开,将蒸汽排入大气。此外,停堆后堆芯余热可通过非能动余热排出系统(PRS)导出。

2）汽轮机停机事故分析结果

对事故瞬态过程偏离泡核沸腾比(DNBR)及 RCS 压力瞬态进行了分析。0 s 时主汽轮机进气阀速关,发生汽轮机停机事故,同时假设主给水流量丧失,不考虑蒸汽旁路排放系统功能。DNBR 分析中考虑稳压器喷雾对减少或限制冷却剂系统压力的作用,厂外电有效时,由稳压器压力高 3 信号触发反应堆紧急停堆;厂外电无效时,由冷却剂泵转速低信号触发反应堆紧急停堆。RCS 超压分析中不考虑稳压器喷雾的作用,保守假设不考虑第一个出现的紧急停堆信号。

分析结果表明,稳压器压力高 3 信号触发反应堆紧急停堆。瞬态过程最小 DNBR 为 1.94,大于安全限值,堆芯内没有发生偏离泡核沸腾;RCS 超压分析结果表明瞬态过程中,系统峰值压力为 18.42 MPa,不超过安全限值。瞬态过程中反应堆安全性能是有保障的。

12.2.2.3　反应堆冷却剂系统流量降低事故

此类事故的特点是,反应堆冷却剂系统流量快速降低,导致一次侧热量不能及时传给二次侧,冷却剂温度压力上升,堆芯可能发生 DNB。这类事件包括下列情况:

(1) 反应堆冷却剂强迫流量部分丧失;

(2) 反应堆冷却剂强迫流量全部丧失;

(3) 反应堆冷却剂泵轴卡住(转子卡住);

(4) 反应堆冷却剂泵轴断裂。

上述事件中,冷却剂流量部分丧失事故是Ⅱ类工况事故,冷却剂流量全部丧失是Ⅲ类工况事故,冷却剂泵卡轴和断轴是Ⅳ类工况事故。本节详细讨论冷却剂流量全部丧失(LOFT)事故。

1）LOFT 事故描述

反应堆冷却剂强迫流量全部丧失的可能原因是所有反应堆冷却剂泵的电源同时丧失。如果发生事故时反应堆处于功率运行,则直接导致冷却剂温度迅速升高,温度升高可能导致 DNB,随之损伤燃料。

反应堆冷却剂强迫流量全部丧失发生的概率较低,因此属于Ⅲ类工况事故,在进行反应堆设计时,可采用简单有效的设计手段,将其事故后果限制为

Ⅱ类工况事故的水平,即不发生偏离泡核沸腾。

ACP100S 设计时,除在反应堆进入高温高压时设置及时有效的停堆信号以外,还考虑了反应堆冷却剂泵具有一定的惰转流量,以确保事故后短期内仍有足够的流量进入堆芯,确保堆芯安全。根据 ACP100S 反应堆冷却剂泵设计要求,其失电惰转的半流量时间需要大于 3 s,以确保停堆前的堆芯安全。

2) LOFT 事故分析结果

对 4 台冷却剂泵全部丧失电源进行全部失流瞬态分析。表 12-3 给出了整个事故序列,事故发生后,冷却剂泵低转速信号可快速触发反应堆停堆,事故后 3 s 内,堆芯仍有不小于 50%的流量,可有效导出反应堆热量,确保堆芯安全,在反应堆停堆后,功率迅速下降,堆芯 DNBR 上升,随后可通过余热排出系统导出反应堆余热,使反应堆始终处于安全状态。堆芯流量、功率、系统压力、DNBR 等相关参数变化如图 12-4 至图 12-7 所示。

表 12-3　反应堆冷却剂强迫流量全部丧失事故事件序列

事　　件	时间/s
反应堆冷却剂泵失电惰转	0.0
达到触发停堆的冷却剂泵低转速整定值	0.3
控制棒开始下插	1.1
最小 DNBR(1.81)发生	2.5
汽轮机停机与主给水隔离	6.1

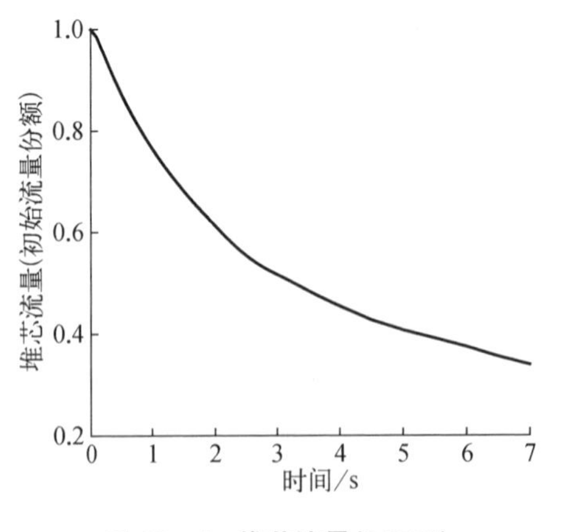

图 12-4　堆芯流量(LOFT)

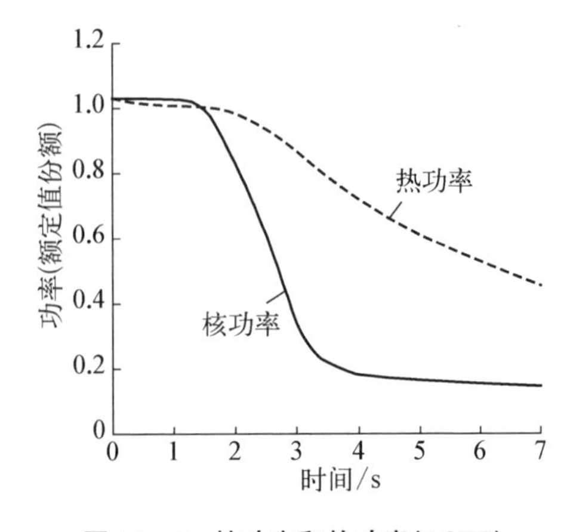

图 12-5　核功率和热功率(LOFT)

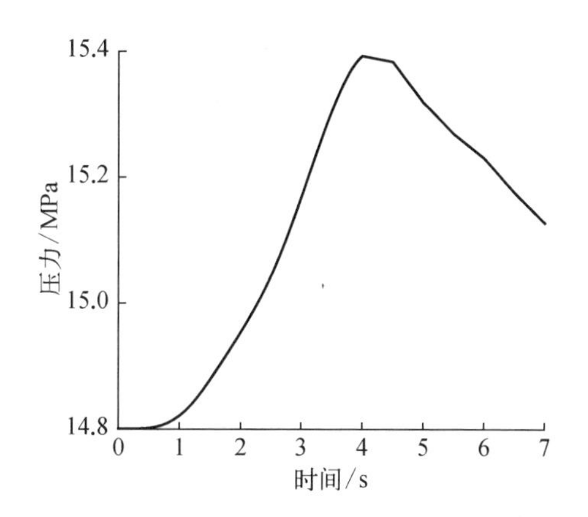

图 12-6　反应堆冷却剂系统压力(LOFT)

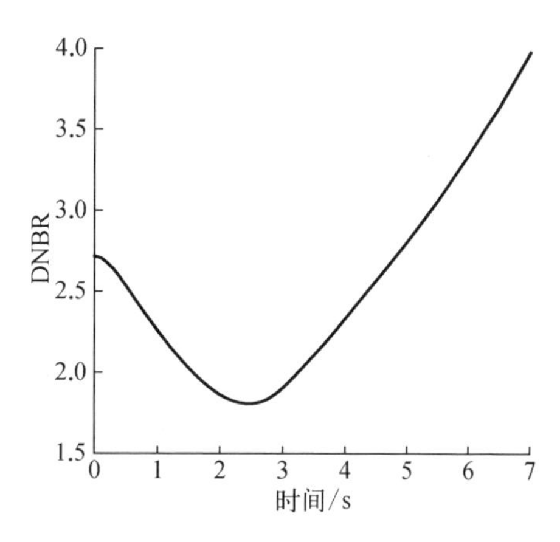

图 12-7　DNBR(LOFT)

12.2.2.4　反应性和功率分布异常事故

反应性和功率分布异常事故是指由于堆内控制棒组件移动导致反应性和功率分布异常这一类事故。控制棒组件的提升、落下及弹出，都可能使功率水平和功率分布发生变化，可能导致堆芯发生 DNB 或者部分烧毁。这类事件包括以下情况：

(1) 次临界或低功率状态下控制棒组失控抽出；

(2) 功率运行时控制棒组失控抽出；

(3) 控制棒组件错列，单个控制棒组件或控制棒组下落，功率运行时单个控制棒组件抽出；

(4) 化学和容积控制系统故障导致反应堆冷却剂内硼浓度下降；

(5) 燃料组件装位错误；

(6) 控制棒组件弹出事故。

上述事件中，除弹棒事故是Ⅳ类工况事故外，燃料组件装位错误是Ⅲ类工况事故外，其余都是Ⅱ类工况事故。本节详细讨论弹棒事故。

1) 弹棒事故描述

该事故是由于控制棒驱动机构耐压壳机械损坏，导致控制棒组件和驱动轴弹出堆芯外。这种机械损坏将导致正反应性的快速引入和堆芯不利的功率分布畸变，事故中可能引起局部的燃料棒损坏。

单个控制棒组件弹出事故属于Ⅳ类工况事故(极限事故)，由于发生弹棒事故的概率很低，因此事故过程中一些燃料棒发生损坏是可以接受的。

为保证事故过程中只有很少或没有燃料扩散到冷却剂、保证栅格没有总体变形或受到严重的冲击波，采用限制准则包括① 热点处燃料芯块的平均焓，对于新燃料应低于 942 kJ/kg，对于受辐照的燃料应低于 837 kJ/kg；② 即使热点处燃料芯块的平均焓低于上面的限制值，热点处燃料芯块熔化的份额也应低于燃料体积的 10%；③ 热点处包壳的平均温度应低于包壳可能发生脆化的温度；④ 反应堆冷却剂的压力峰值应低于使应力超过故障工况应力的限值。

即使假定控制棒驱动机构的耐压壳发生了破裂，采用化学毒物运行的电厂中，弹棒事故的严重性受到固有的限制。通常，反应堆运行时只允许控制棒插到能进行负荷跟踪的深度，堆芯燃耗和氙瞬态所引起的反应性变化由改变反应堆硼浓度进行补偿。此外，在堆芯核设计中控制棒位置和分组的选择考虑了减小弹棒事故的严重性。因此，如果在满功率运行时一个控制棒组件从其正常位置弹出堆芯外，在最严重的情况下也只有较小的正反应性引入。

然而，有时可能会要求控制棒插入深度超过其正常位置，考虑到这方面的原因，将控制棒插入极限定义为功率水平的函数。控制棒运行在插入极限之上能保证足够的停堆余量和可接受的功率分布。在控制室，对所有控制棒棒位都进行连续的显示，任何一个控制棒组件达到其插入极限或任一控制棒束偏离其控制棒组，都会产生报警信号。运行规程要求在控制棒低位报警时进行冲硼，在控制棒低低位报警时进行紧急冲硼。

事故过程中堆芯核功率的快速上升可被多普勒效应反馈中止。

反应堆保护系统由中子注量率高信号(低整定值和高整定值)以及中子注量率正变化率高信号触发。

堆芯出口冷却剂温度高和稳压器压力高这两个信号可提供第二级的保护。

2) 弹棒事故分析结果

该事故的计算分析包含 6 种工况：满功率寿期初(HFP_BLX)、满功率寿期中(HFP_MOL)、满功率寿期末(HFP_EOL)、零功率寿期初(HZP_BLX)、零功率寿期中(HZP_MOL)和零功率寿期末(HZP_EOL)。

表 12－4 给出了各寿期、各功率水平的主要计算结果，图 12－8 至图 12－10 给出了最恶劣循环(HFP_EOL)时发生弹棒事故后反应堆功率、包壳及芯块温度、RCS 压力随时间变化的曲线。

计算结果表明，热点处最大的燃料芯块平均焓值低于可接受的准则值。三个计算工况下的计算结果证明，热点处包壳温度的最大值低于包壳的脆化温度。热点处燃料芯块中心温度的最大值低于燃料的熔化温度，发生 DNB 的燃料棒份额均低于 10%，满足安全准则要求。事故过程中稳压器压力未达到安全阀开启压力整定值。其中,零功率寿期初工况未触发停堆保护,反应堆功率保持在很低的水平。即使在最保守的情况下,有关燃料和包壳的安全准则都能得到满足。因此,该事故中没有燃料突然扩散到冷却剂中的危险。因为系统的压力峰值没有超过故障工况的应力极限,因此反应堆冷却剂系统也没有受到进一步损坏的危险。

表 12-4　控制棒组件弹出事故主要结果

工　况	最大包壳内表面温度/℃	最大燃料中心温度/℃	最大燃料焓/(kJ/kg)	燃料棒烧毁份额/%	主泵出口处峰值压力/MPa
HZP_BLX	461.4	597.1	145.4	0	15.37
HFP_BLX	868.3	1562.0	314.7	0	15.59
HZP_MOL	587.4	791.4	194.6	7.0	15.43
HFP_MOL	705.8	1369.3	280.5	0	15.61
HZP_EOL	601.0	830.9	203.8	8.0	15.60
HFP_EOL	784.0	1408.1	304.7	0	15.71

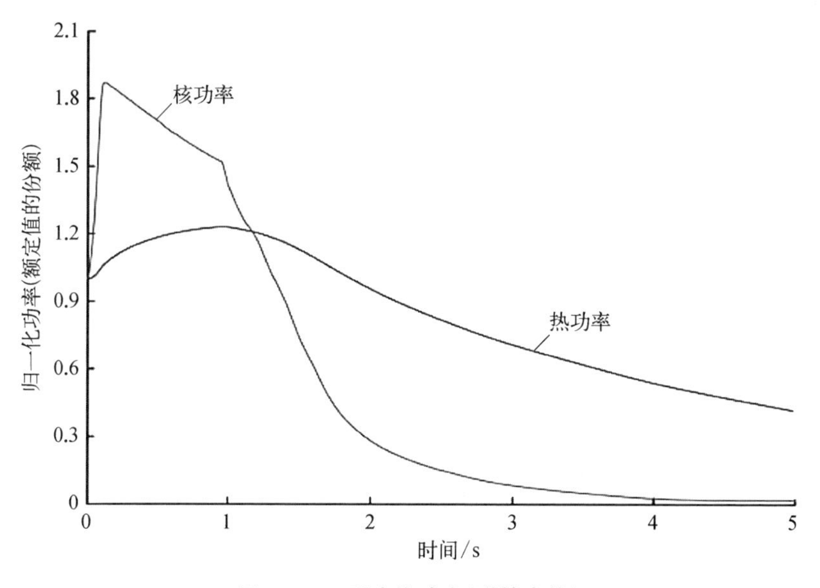

图 12-8　反应堆功率(弹棒事故)

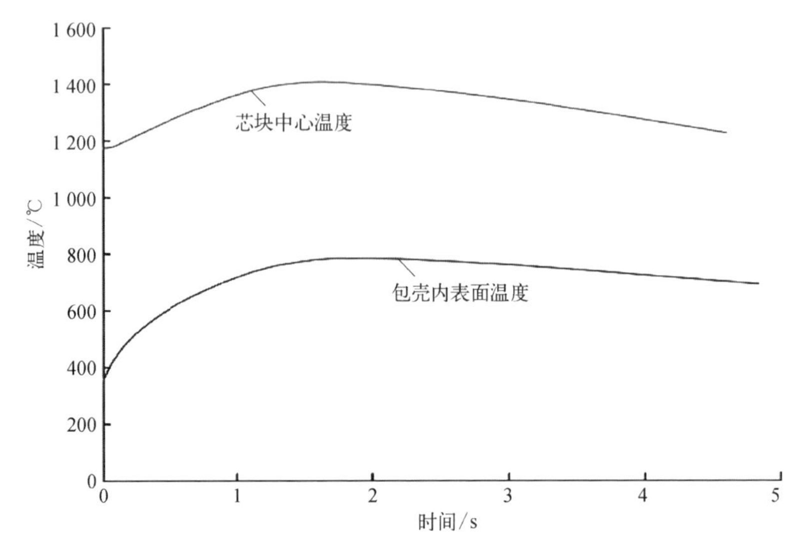

图 12-9　包壳及芯块温度(弹棒事故)

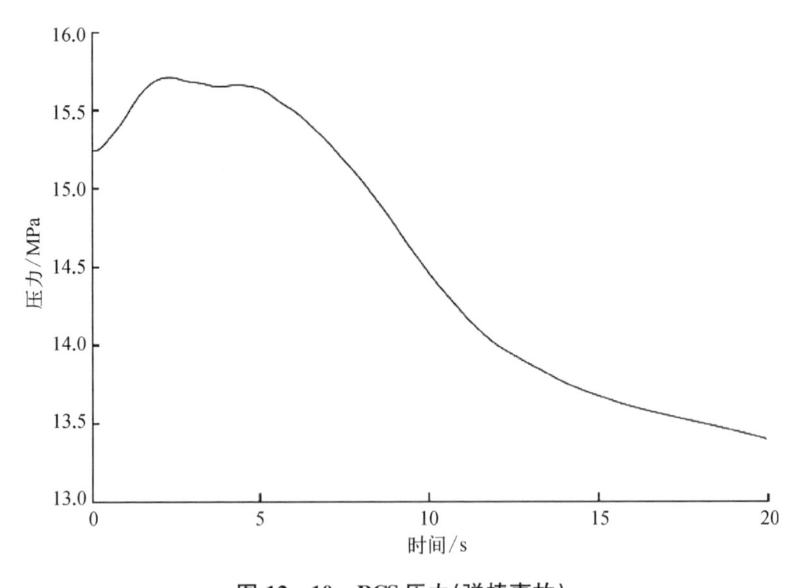

图 12-10　RCS 压力(弹棒事故)

12.2.2.5　反应堆冷却剂装量增加事故

由于安全注射系统或补水系统的误投入将会导致反应堆冷却剂系统的水装量增加,可能引起稳压器满水、系统超压和堆芯发生 DNB。这类事件包括下列两种:

(1) 功率运行时堆芯补水箱误动作。

(2) 引起反应堆冷却剂装量增加的化学和容积控制系统误动作。

上述事件都是Ⅱ类工况事故，本节详细讨论化学和容积控制系统(RCV)误投入事故。

1) RCV 误投入事故描述

引起反应堆冷却剂装量增加的 RCV 误动作的原因可能是操作员误动作或化学和容积控制系统故障。

如果化学和容积控制系统误动作，稳压器压力及水位会升高，当达到稳压器液位高 2 信号时，误动作的化学和容积控制系统会被隔离，隔离之后稳压器水位不会继续上升，因此整个事故过程不会造成反应堆紧急停堆，并且稳压器不会满溢。

2) RCV 误投入事故分析结果

当发生化学和容积控制系统误动作事故时，由于化学和容积控制系统水温较主系统温度更低，因此稳压器压力及水体积在事故初始会有小幅下降。随着化学和容积控制系统不断向一回路注水，稳压器压力和水位上升，当稳压器水位达到高 2 信号报警整定值时，经过一定的时间延迟后化学和容积控制系统被隔离。由于化学和容积控制系统被及时隔离，稳压器压力和液位不再持续上升，整个事故过程不会造成反应堆紧急停堆，稳压器也不会满溢。

在整个事故过程中，DNBR 最小值为 2.156，大于安全限值。由于没有发生 DNB，反应堆冷却剂带走燃料棒释热的能力没有明显减弱，不会产生燃料元件和包壳损坏。

12.2.2.6　反应堆冷却剂装量减少事故

反应堆冷却剂系统出现破口，冷却剂向安全壳或蒸汽发生器二次侧释放。由于冷却剂的丧失，反应堆冷却剂系统装水量减少，堆芯可能发生裸露，导致燃料元件烧毁。这类事件包括下列情况：

(1) 一台稳压器安全阀误开启或自动卸压系统阀门误启动；

(2) 蒸汽发生器传热管破裂(SGTR)；

(3) 蒸汽发生器传热管破裂叠加一个主蒸汽安全阀卡开；

(4) 由一系列假想的 RCS 压力边界管道不同尺寸破口引起的失水事故。

上述事件中，除稳压器安全阀误开启是Ⅱ类工况事故，SGTR 叠加主蒸汽安全阀卡开是Ⅳ类工况事故外，其余都是Ⅲ类工况事故。本节详细讨论失水事故(LOCA)。

1) 事故描述

反应堆冷却剂系统压力边界管道发生破损的事故定义为失水事故。失水事故发生后，反应堆冷却剂系统的冷却剂向安全壳喷放，反应堆冷却剂系统水装量减少，稳压器压力和水位下降，释放的冷却剂质量和能量导致安全壳压力和温度升高。随着稳压器压力下降，触发稳压器压力低反应堆停堆信号及 S 信号(即安全注射信号)，分别经过一定的时间延迟，反应堆停堆、CMT 投入和非能动余热排出系统投入。当稳压器压力低于低压安全注射泵启动整定值时，低压安全注射系统投入。

2) 事故分析结果

由于 ACP100S 采用一体化设计，本节分析中考虑的事故初因是稳压器波动管双端断裂事故、直接注入管线不同尺寸破口事故两类最为典型的失水事故。

分析中最大破口为稳压器波动管双端剪切断裂和直接注入管线双端剪切断裂，并对直接注入管线进行了破口谱分析。分析包括以下工况：

工况 1 为直接注入管线破裂，破口当量直径为 6.5 mm。

工况 2 为直接注入管线破裂，破口当量直径为 10 mm。

工况 3 为直接注入管线破裂，破口当量直径为 20 mm。

工况 4 为直接注入管线破裂，破口当量直径为 30 mm。

工况 5 为直接注入管线破裂，破口当量直径为 40 mm。

工况 6 为直接注入管线破裂，破口当量直径为 60 mm。

工况 7 为直接注入管线破裂，破口当量直径为 80 mm。

工况 8 为直接注入管线破裂，破口当量直径为 100 mm。

工况 9 为直接注入管线双端剪切断裂，破口面积等于实际管道破口面积的 1.02 倍。

工况 10 为稳压器波动管双端剪切断裂，破口面积等于实际管道破口面积的 1.02 倍。

图 12－11 到图 12－15 给出了直接注入管线双端剪切断裂的稳压器压力、堆芯水位、包壳温度、CMT 流量、低压安全注射流量随时间的变化关系。

发生 LOCA 事故后，对于较小的破口，CMT 的注入流量即可保证堆芯不裸露，通过破口及非能动余热排出系统可持续导出堆芯热量，对于较大的破口，需要低压安全注射泵投入，提供更大的注入流量来维持堆芯淹没。计算结果表明，以上各工况下燃料元件包壳峰值温度没有超过限值(1 204 ℃)；由于燃料包壳峰值温度远低于锆-水反应温度，因此不会发生锆水反应，也不会由此产生氢气，堆芯几何形状不会发生变化。

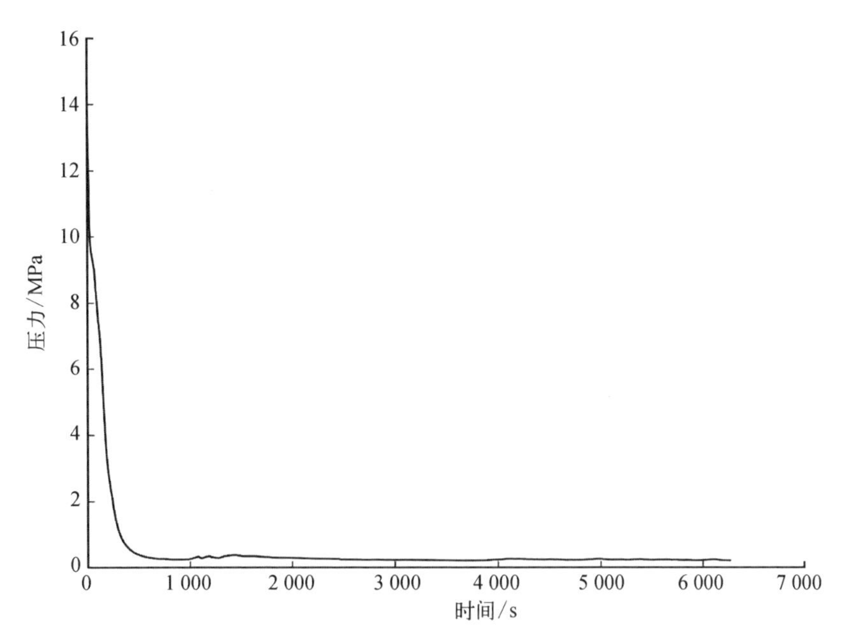

图 12-11　稳压器压力(LOCA)

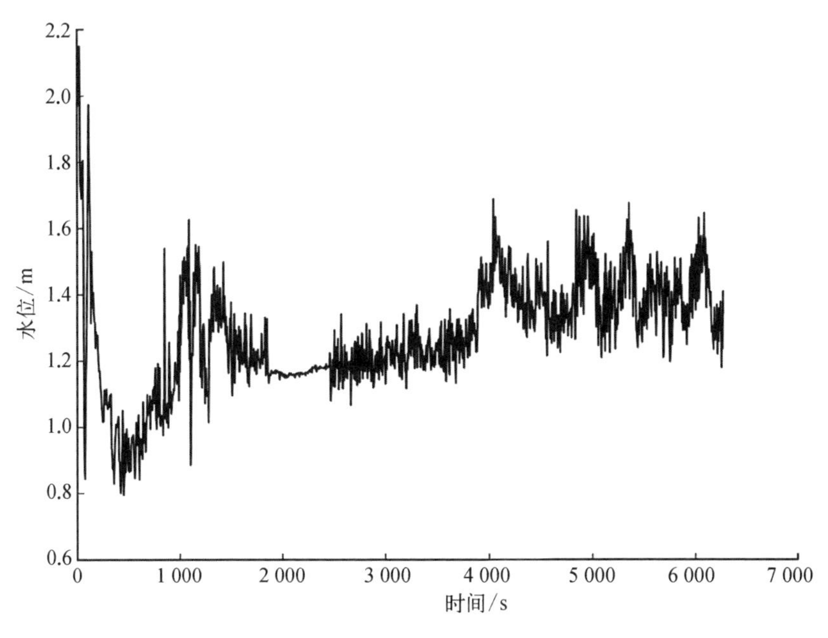

图 12-12　堆芯水位(LOCA)

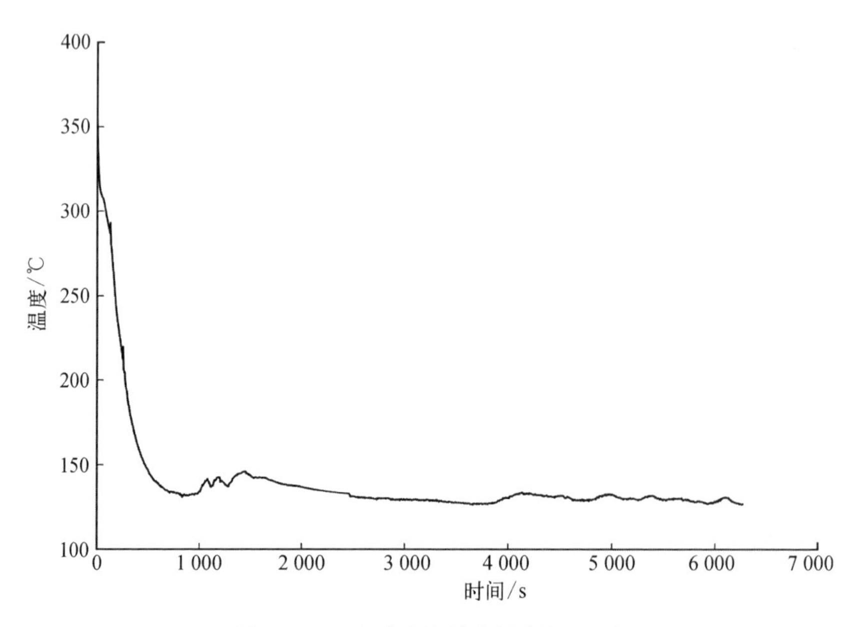

图 12-13　包壳表面最高温度(LOCA)

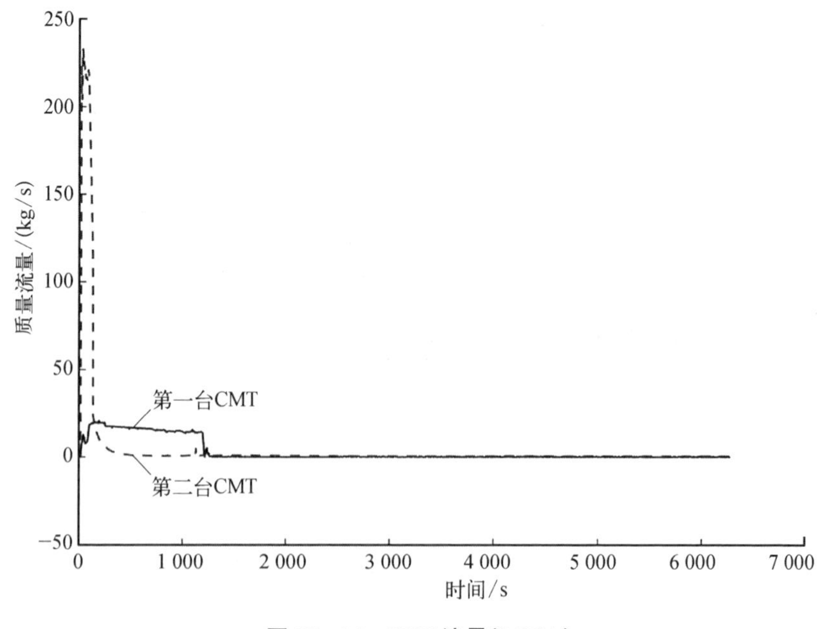

图 12-14　CMT 流量(LOCA)

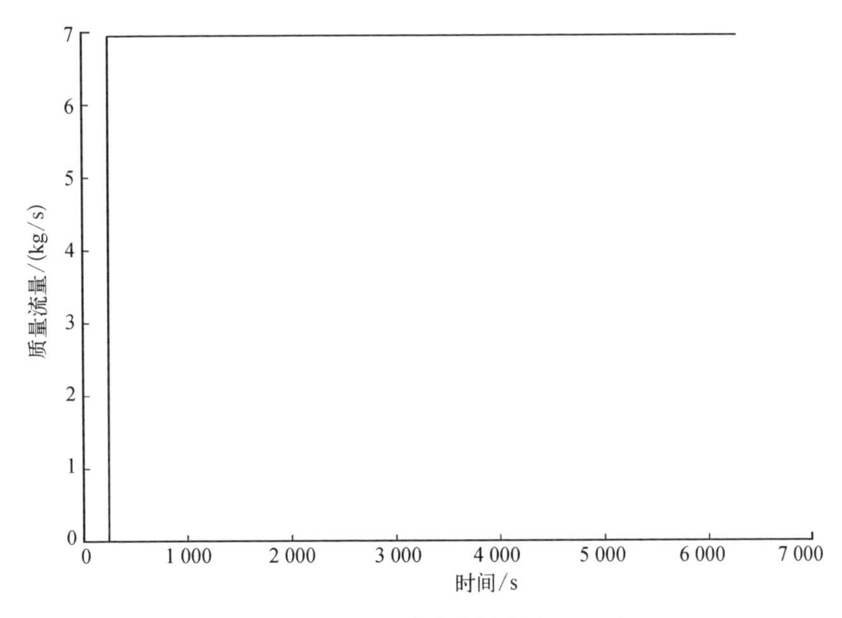

图 12 - 15　低压安全注射流量(LOCA)

12.2.3　设计扩展工况(DEC - A)分析

2016 年 11 月，国家核安全局发布了新版 HAF 102—2016《核动力厂设计安全规定》。其中，在“5.1.1　核动力厂状态分类”中引入了“设计扩展工况”的概念，并在“5.1.9　设计扩展工况”中对设计扩展工况的清单确定、分析论证、应对措施设计及最终安全目标等均提出了明确要求。HAF 102—2016 中要求：“必须在工程判断、确定论和概率论评价的基础上得出一套设计扩展工况，目的是增强核动力厂应对比设计基准事故更严重的或包含多重故障的事故的承受能力，避免不可接受的放射性后果，以进一步改进核动力厂的安全性。设计必须考虑这些设计扩展工况来确定额外的事故情景，并针对这类事故制定切实可行的预防和缓解措施。”

按照纵深防御层次的不同，一般将设计扩展工况划分为没有造成堆芯明显损伤的设计扩展工况(DEC - A)，以及堆芯熔化的设计扩展工况(也称为严重事故，DEC - B)。本节主要描述 DEC - A 分析中的主要方法、假设和要求。

1) DEC - A 的事故序列选取

按照 HAF 102—2016 的要求：“必须在工程判断、确定论和概率论评价的基础上得出一套设计扩展工况，……以进一步改进核动力厂的安全性。”以及

"如果由工程判断、确定论安全分析和概率论安全分析的结果表明事件组合将可能导致预期运行事件或事故工况,则必须主要根据其发生的可能性,将这些事件组合纳入设计基准事故或设计扩展工况"[1]。

在 ACP100S 的 DEC－A 分析中,使用概率安全分析(PSA)方法和模型来识别和确定极不可能事件和多重失效事件,同时考虑确定论和工程判断给出设计扩展工况,工况清单如表 12－5 所示。

表 12－5　DEC－A 工况清单及分析结果

事故清单	分析结果
ATWS 事故	机械卡棒导致的 ATWS:堆芯补水箱注硼控制反应性,非能动余热排出系统带走堆芯余热,稳压器安全阀开启防止一回路超压,稳压器安全阀回座保证一回路水装量 保护系统失效导致的 ATWS:多样化保护系统
SLB 叠加 SGTR	通过堆芯补水箱补水,操作员判断事故并隔离破损蒸汽发生器组,终止放射性释放,非能动余热排出系统带走堆芯余热
DVI 管破叠加低压安全注射失效	余热排出系统实现低压安全注射功能,维持反应堆的堆芯冷却,无堆芯熔化风险;安全壳抑压和喷淋可保障安全壳的完整性
全厂断电	堆芯余热可以由非能动余热排出系统导出,堆芯无烧毁风险
丧失厂外电叠加 RHR 安全阀卡开	丧失厂外电叠加 RHR 安全阀卡开可以认为是余热排出管线发生破口,此工况可以被 DBA 工况中注入管线双端剪切断裂事故分析结果包络
乏燃料水池丧失冷链	依靠乏池充裕的水装量维持较长时间的蒸发带出热,后续可通过消防水等进行补水

2) DEC－A 分析的假设及准则

通过对 DEC－A 序列开展事故分析,论证 DEC－A 序列设计的充分性,以证明用以缓解 DEC－A 事件的系统和功能设计是适用的。需要进行程序计算时,应进行与序列相关的电厂瞬态热工水力计算;无须进行程序计算时,应进行适当的工程判断。

选择和验证用于设计扩展工况分析程序的原则与设计基准事故分析选择

程序的原则相同。设计扩展工况的分析采用“最佳估算＋不确定性评价”方法,也可采用最佳估算程序和最佳估算方法。

(1) 初始工况。DEC－A 的事故分析初始工况与稳态运行工况一致,分析所采用的电厂初始状态参数选用保守偏差或名义值。设计基准事故分析对初始状态的保守假设也可以用于设计扩展工况分析。在进行不确定性计算或敏感性分析时,对特定参数进行选择和偏差确定。

(2) 最终状态。对于堆芯的要求如下：① 堆芯次临界;② 衰变热持续排出;③ 放射性释放满足验收准则要求。对于乏燃料水池的要求如下：① 燃料维持在淹没状态;② 乏燃料水池水位得到恢复或正在恢复并能证明其恢复到预定水位。

(3) 边界条件。DEC－A 序列评估的总的原则是,在设计扩展工况下可用的系统设备才可用于设计扩展工况分析。所开展的分析必须包括识别用于或能够预防和缓解设计扩展工况的设施。对于这些设施的要求如下：① 必须尽实际可能使发生频率更高的事故中使用的设施保持独立;② 必须能在 DEC－A 对应的环境条件中执行预期功能;③ 必须有与其要求实现的功能相符的可靠性。

根据纵深防御的原则,在设计扩展工况分析不考虑正常运行系统。但是,如果系统的运行会产生负面影响,则应考虑。

(4) 故障及人员假设。DEC－A 对系统设备故障和操纵员干预的假设与设计基准事故类似,要考虑系统设备的可用性和操纵员有效干预的时间。

DEC－A 序列的定义中已经给出了事故分析中应考虑的叠加故障,因此在叠加故障之外不需要再假定额外的故障,并且不需要考虑单一故障。此外,在 DEC－A 事故分析中也不考虑由于维修导致的系统和设备不可用。

考虑操纵员有效干预的时间(事故后或根据相应的事故规程达到操作指示信号后)为 30 min。

(5) 验收准则。确定事故分析验收准则的技术原则和放射性准则与设计基准事故类似,放射性释放应合理可行且尽量低。针对设计基准事故工况,目标是保证厂内外没有或仅有微小的放射性后果,并且无须采取任何场外防护行动。而对于设计扩展工况,“保护公众所采取的防护行动在持续时间和范围上必须是有限的,并必须有足够的时间来采取这些防护行动。”

在 DEC－A 事故分析中采用的验收准则可概述为① 堆芯活性区不发生裸露或采用简化的堆芯(如单通道堆芯模型,集总参数)模拟程序预测的包壳峰值温度不大于982 ℃;② 应进行放射性评估,评估后果应满足《小型压水堆核动力厂安全审评原则(试行)》的要求;③ 对于可能导致一回路超压失效的事故工况,以系统压力不超过22 MPa为限值;④ 应保障安全壳完整性,安全壳压力不超过设计压力。

3) 分析结果

ACP100S确定的DEC-A工况为未停堆预期瞬变(ATWS)事故、SLB叠加SGTR、DVI管破叠加低压安全注射失效、全厂断电、丧失厂外电叠加RHR安全阀卡开和乏燃料水池丧失冷链。分析结果表明ACP100S即使发生DEC-A工况,设计上依然有相应手段进行缓解,确保了反应堆的安全性。DEC-A工况清单及分析结果如表12-5所示。

12.3 严重事故

严重事故是指始发事件发生后因安全系统多重故障而引起的严重性超过设计基准事故,造成堆芯明显恶化并可能危及多层或所有用于防止放射性物质释放屏障完整性的事故工况。严重事故发生后,堆芯严重损伤,裂变产物进入压力容器和安全壳,并可能释放到环境,造成严重的经济和社会后果。国家核安全局2016年发布了新版HAF 102—2016《核动力厂设计安全规定》,对严重事故的预防和缓解提出了明确要求,要求核电厂设计过程中必须充分考虑严重事故的预防和缓解。

ACP100S采用安全性达到第三代核能技术水平的一体化小型压水堆,在设计过程中结合以往工程经验,参考国内外关于严重事故的研究成果及诸多电厂对严重事故的相关实践及经验反馈,在严重事故预防和缓解方面进行了全面深入的考虑,使得堆芯损坏频率和大量放射性释放频率控制在国家要求限值以内,预防和缓解严重事故的能力大大提高。

12.3.1 严重事故过程及现象

严重事故大体可以分为两类:一类为堆芯熔化事故,另一类为堆芯解体事故。堆芯熔化事故是由于堆芯冷却不足导致堆芯裸露、升温进而熔化的相对比较缓慢的过程,时间尺度为小时量级。堆芯解体事故是正反应性大量快速引入造成的功率骤增与燃料破坏的快速过程,其时间尺度为秒量级。轻水反应堆由于有固有的负温度反馈特性和若干专设安全设施,发生堆芯解体事故的可能性是极小的，相当于剩余风险水平。因此，对于 ACP100S 而言，严重事故只关注堆芯熔化。

1）堆芯熔化类严重事故主要过程

对于堆芯熔化类严重事故，事故过程可以分为压力容器失效前（压力容器内过程）和压力容器失效后（压力容器外过程）两个阶段。压力容器内过程主要是堆芯损坏、熔化和重置的过程。压力容器外过程主要是威胁安全壳的过程。

在严重事故的初始阶段，由于主冷却剂管道发生破口或冷却不足导致的稳压器安全阀开启，造成堆芯冷却剂流失。此时，如果堆芯得不到充足的冷却，将发生裸露，燃料温度不断上升，并且发生锆合金包壳与蒸汽的氧化反应产生氢气。随后，控制棒、燃料棒和支撑结构发生熔化并向下坍塌，堆熔混合物随着下栅板及下支撑板的失效掉入下腔室。如果熔融物掉落时下腔室内有残存水，会因冷却剂与熔融物反应而生产大量蒸汽和氢气。此时如果继续反应，熔融物将下封头熔穿并掉入或喷射到堆腔，堆腔底板及径向发生熔蚀并释放大量不可凝气体。由于可燃气体存在并在安全壳大气空间不断积聚，浓度不断上升，可能发生氢燃或者氢爆，威胁安全壳的完整性。同时，不可凝气体的不断积聚，最终可能导致安全壳超压失效。

2）严重事故过程中危及安全壳功能的主要现象

安全壳是反应堆和环境之间的实体屏障，在严重事故工况下，安全壳是纵深防御的最后一道屏障，能够预防或缓解放射性物质向环境的可能释放，因此必须尽可能保证安全壳的完整性。严重事故的发展过程是一个极其复杂的物理化学过程，并且其发展进程有相当大的不确定性。

（1）安全壳大气直接加热。在某些严重事故工况下，如果压力容器失效时反应堆冷却剂系统压力偏高，则熔融物将在高压作用下从压力容器内喷射进入安全壳，这种现象称为高压熔融物喷射（HPME）。熔融物碎片喷射入安全壳，将迅速对壳内气体进行加热，同时熔融物碎片中的金属成分将与安全壳大气中的氧气和蒸汽发生反应，释放出大量化学能并产生大量的不可凝气体，进一步对安全壳加温加压，这个过程称为安全壳直接加热（DCH）。一旦发生 DCH，会对安全壳完整性造成严重威胁。

（2）蒸汽爆炸。来自堆芯的熔融物倾入水中时会破碎成细小颗粒，从而形成巨大的与水的接触换热面积。如果这些碎片颗粒与水在极短的时间内混合，急剧的汽化就会形成蒸汽爆炸。这种蒸汽爆炸会形成强烈的冲击载荷,有可能对浮动核电站结构造成严重威胁。蒸汽爆炸对浮动核电站安全壳的威胁程度取决于参与的熔融物量的多少、参与水量的多少和熔融物的细粒化程度。

(3) 氢气燃烧及爆炸。严重事故下氢气的主要来源为锆水反应、水的辐照分解、结构材料的氧化等。氢气的产生速率和质量与严重事故序列、反应堆堆芯的燃料、冷却剂的质量和结构材料的成分、质量有关。氢气在安全壳内积聚到一定程度,在有点火源存在情况下会发生燃烧或燃爆,燃烧或燃爆会造成高温和压力脉冲,有可能威胁到安全壳的完整性。

(4) 衰变热引起的安全壳升温升压。在严重事故过程中,反应堆的衰变热使得反应堆冷却剂系统中的水不断蒸发,这些蒸汽会进入安全壳内,同时,熔融物衰变热大部分也释入安全壳。释放到安全壳内的气体和衰变热造成安全壳内的压力和温度不断升高,最终可能造成安全壳因晚期超压而失效。

12.3.2 严重事故预防与缓解

事故预防是在事故发生后采取一切可用的手段去终止事故演变,并防止堆芯损坏。事故预防需要确保以下安全功能。

(1) 反应性控制。始终维持反应堆处于次临界状态,防止重返临界状态。

(2) 堆芯热量导出。可采用的手段包括非能动余热排出、应急堆芯冷却等。

(3) 放射性包容。保证安全壳的完整性,避免放射性物质扩散到环境中,可考虑的措施包括安全壳隔离、安全壳喷淋及安全壳抑压等。

12.3.2.1 严重事故预防

为满足安全要求,按照纵深防御原则,设定了一系列的措施来预防严重事故的发生。

1) 反应性控制

在事故发生后,及早停堆是最为有效的事故干预手段。一旦停堆成功,堆功率迅速转入衰变热水平,即使失去二次侧排热能力,短期内也不会有严重后果。本项目系统设计采用了冗余的测量仪表通道和停堆断路器,并考虑设置多样化驱动信号。一旦自动反应性控制系统完全失效,可以通过手动方式确保反应堆停堆。

设计能够保证即使停堆后反应性价值最大的一组控制棒卡死在全抽出位置，反应堆仍可保持次临界状态。发生主蒸汽管道破损事故后堆芯不会重返临界状态。

2）堆芯热量导出

发生事故后如果能维持冷却剂装量，则可为事故后堆芯的冷却提供良好的条件。发生事故后应急堆芯冷却系统（堆芯补水箱、低压安全注射和再循环）向反应堆冷却剂系统注水以补偿冷却剂的流失。

维持堆芯热阱是保持堆芯完整性、防止堆芯熔化，同时使反应堆从事故状态转入最终安全状态的保障。不同情况下可选用不同的措施来维持堆芯热阱，防止事故发展为严重事故。本项目事故后主要依靠二次侧非能动余热排出系统排出堆芯余热，依靠一次侧应急堆芯冷却系统对一回路注水并利用余热排出系统来排出堆芯余热。

（1）二次侧排热。二次侧降温降压过程不会带来放射性释放和威胁安全壳完整性等后果。因此，在一次侧完好的事故情况下，应启动二次侧降温降压措施。二次侧降温降压主要依靠非能动余热排出系统，在事故工况下，相关安全信号的任意一个信号触发非能动余热排出系统出口的气动隔离阀自动开启。系统投入后，非能动余热排出冷却器管侧冷凝后的水注入蒸汽发生器二次侧，被一次侧反应堆冷却剂加热后变成蒸汽，经非能动余热排出系统蒸汽管道进入非能动余热冷却器管侧，将热量传递给压载水舱的水后再次冷凝，再返回蒸汽发生器二次侧，形成自然循环。非能动余排通过蒸汽发生器将反应堆冷却剂中的热量传递到非能动余热排出冷却器，然后传递给压载水舱中的水，进而通过压载水舱中水的蒸发将热量最终带出，保证反应堆安全。

（2）一次侧注水及排热。在一回路发生 LOCA 时，主要依靠应急堆芯冷却系统向反应堆堆芯直接注射冷却水，维持反应堆水装量。在二回路蒸汽管道破裂时，向一回路注入高浓度硼酸溶液，以补偿一回路冷却剂过冷而引起的正反应性，防止堆芯重返临界。

应急堆芯冷却系统由两个系列组成，每个系列包含一台堆芯补水箱、一台低压安全注射泵及相应的管道、阀门。事故后，安全驱动信号触发堆芯补水箱出口电动隔离阀自动开启，堆芯补水箱通过直接注入管线注入堆芯。当系统压力下降至整定值时，两台低压安全注射泵自动启动，通过直接注入管线向堆芯注水，当隔离舱达到低水位后，转入再循环阶段，再循环阶段经低压安全注射子系统注入堆芯，以实现长期冷却。

在丧失厂外电工况下或一回路水装量可维持的情况下，可利用余热排出系统执行一回路冷却功能，排出堆芯余热。

(3) 一次侧充/排冷却。一次侧充/排冷却过程本质上是制造一个主系统边界破口，形成可控的失水，同时对一回路系统进行注水，维持堆芯热阱。一回路充/排冷却过程可以通过自动卸压系统和应急堆芯冷却系统来完成，通过开启卸压阀使反应堆冷却剂系统卸压，从而使得低压安全注射系统投入运行，达到淹没堆芯，排出堆芯余热的目的。

3) 放射性包容

事故后维持安全壳完整性是防止大量放射性物质外逸的关键。通过对结构体及内部包容物环境条件的有效控制，可维持安全壳的完整性。控制措施主要有安全壳隔离、安全壳喷淋及安全壳抑压等措施。

(1) 安全壳隔离。在发生失水事故时，将除专设安全设施以外的穿过安全壳的管道及时隔离，从而减少放射性物质的释放；在安全壳外主蒸汽管道发生破裂时，及时隔离蒸汽发生器，以防止反应堆冷却剂过冷和核蒸汽向外释放。

(2) 安全壳喷淋。安全壳抑压系统用于在事故发生时，将安全壳内的温度和压力降至可接受的水平，保持安全壳的完整性，也用于去除事故后安全壳大气中气态裂变产物，从而减少气态裂变产物可能向环境的泄漏量。

(3) 安全壳抑压。安全壳抑压系统用于在事故发生时，吸收反应堆系统释放的热量，降低安全壳内的峰值压力，防止安全壳内压力超过设计限值，以保持安全壳的完整性。

12.3.2.2 严重事故缓解措施

ACP100S针对严重事故管理考虑的缓解措施主要包括压力容器内熔融物滞留措施、氢气风险缓解措施和一回路应急注水措施。本节针对这三项应对措施，依据其功能要求，对相应措施的缓解效果和能力进行分析研究。

1) 压力容器内熔融物滞留措施

在严重事故条件下，堆芯冷却不足，堆芯熔融物有可能熔化、坍塌至压力容器下封头，若下封头因受到过量热载荷而被熔穿，大量炙热堆芯熔融物进入安全壳会使壳内大气迅速加热，威胁安全壳的完整性，导致放射性产物大量释放。

浮动小型反应堆设计了压力容器底部冷却系统，在假想的严重事故期间，采用堆腔注水方式淹没反应堆堆腔，这一严重事故管理策略可有效地防止压力容器失效。利用水冷却压力容器外表面，将堆芯熔融物滞留在压力容器内，可防止反应堆下封头内的堆芯熔融物使压力容器失效或向安全壳迁移。

压力容器内熔融物滞留措施成功的准则主要有如下两点：① 坍塌到下腔室堆芯熔融物传到压力容器壁的热流密度要始终小于临界热流密度（CHF）；② 在下封头外壁各处的热流密度不超过其临界热流密度的情况下，压力容器壁面在内壁被熔融物熔化一部分后，其最小厚度足以维持压力容器的完整性。根据国内外的研究，熔融物完全迁移到反应堆压力容器下腔室后，向压力容器下封头壁面的稳态传热过程中所产生的热负荷是对压力容器完整性的最大威胁，只要堆腔中冷却水可以带走下腔室熔融物所产生的热量，压力容器就可以保持其结构完整性。

熔融物堆内滞留有效性分析方法如图 12－16 所示。首先，根据严重事故

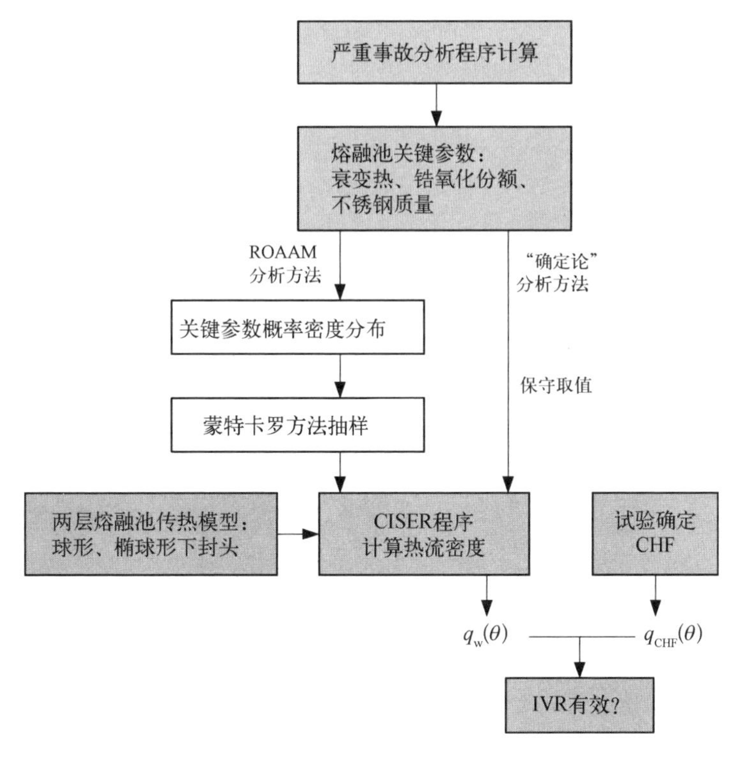

图 12－16　熔融物堆内滞留有效性分析方法框图

分析程序计算得到熔融池的关键参数(衰变热、锆氧化份额、不锈钢质量等),以作为熔融池热负荷分析的计算输入。CISER程序是一个下封头内熔融池传热分析程序,它假设压力容器下封头内熔融池形成一个金属层在氧化池上方的两层结构。CISER程序计算熔融池对压力容器下封头内壁面传热的热流密度,与试验研究的压力容器外壁面临界热流密度进行比对,从而评价熔融物堆内滞留(IVR)的有效性。

CISER程序可以进行风险导向事故分析(ROAAM)和"确定论"分析。ROAAM方法通过专家判断和工程经验确定熔融池中衰变热、锆氧化份额、不锈钢质量等关键参数的概率分布,通过关键参数抽样计算熔融池到下封头的热流密度。"确定论"分析方法不需要对熔融池关键参数进行抽样,只对确定的关键参数进行计算,适用于具体严重事故序列和关键参数保守选取时的熔融物堆内滞留有效性分析。选取保守的熔融池关键参数,采用"确定论"分析方法计算熔融池的极限热流密度。

CISER程序中假设了熔融池具有两层稳态结构。熔融池下层即氧化池由氧化物组成,主要以 UO_2 和 ZrO_2 为主,含有内热源;熔融池上层即金属层由未氧化金属组成,以锆和不锈钢为主。两层熔融池结构如图 12-17 所示。

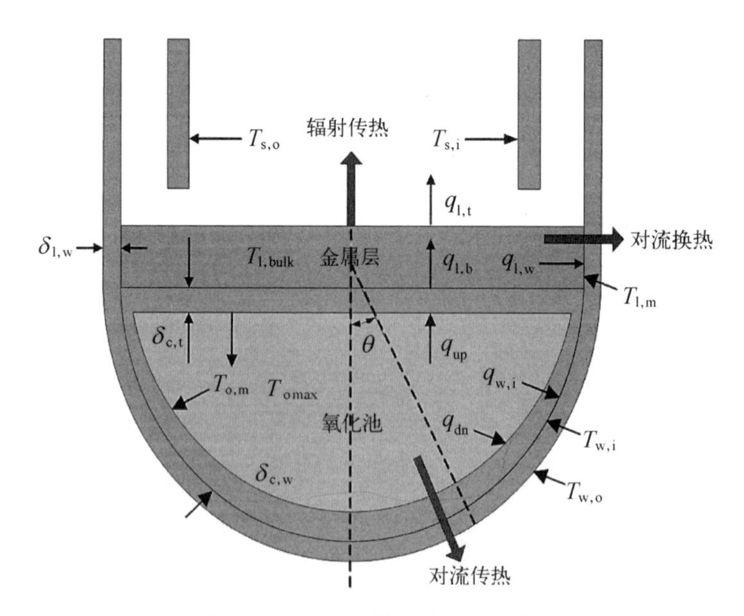

图 12-17　两层熔融池结构示意图

氧化池内部为充分发展湍流运动的自然对流传热,四周是等温的冷凝硬壳内壁面,硬壳与下封头内壁面接触。氧化池中的衰变热将向压力容器下封头壁面和上面的金属层传递。

金属层稳定流型也是高瑞利数的湍流,侧面以自然对流传热为主,顶部则是以热辐射传热为主。传热分为 3 个过程:① 氧化池顶部的壳层向金属层传热;② 大部分热量沿着金属层的侧面向压力容器壁面传出;③ 剩余的热量通过金属层上表面向上部堆内构件辐射传热而被带走。

针对反应堆椭球形下封头的特点,建立椭球形熔融池传热分析模型。采用熔融池衰变热取最大值、不锈钢质量取最小值、锆氧化份额取上下限值的保守方法,计算熔融池极限热流密度,分析熔融物堆内滞留有效性。分析表明,极限热流密度与临界热流密度比值的最大值为 0.72,熔融物堆内滞留具有一定的热工裕量,说明了压力容器滞留措施的有效性。

2) 严重事故下氢气控制措施

目前,针对严重事故下的氢气风险,可以采取的缓解措施主要有两种:一种是稀释氢气或氧气浓度,如事故前惰化、事故后惰化或事故后稀释;另一种是化学反应消氢,如利用点火器或非能动催化复合器(PARs)。为了实现各种氢气(风险)缓解措施的优势互补,还可以综合使用两种缓解措施,如联合使用氢气复合器与点火器等。针对 ACP100S,考虑的消氢措施如下:

(1) 催化复合。催化复合器是利用催化剂,使氢气和氧气在浓度低于可燃极限时发生化学反应消耗掉,从而降低安全壳内氢气浓度。最新的这种复合器能自动启动,依靠自身产生的热量使气流流动,不需要外部的电源加以混合,称为非能动催化复合器(PARs)。催化复合器的应用强化了气流在安全壳隔间内的对流,同时也加强了各气体组分的混合。但是催化复合器的氢气移除能力是有限的,它受到氢气产生速率的限制,如在氢气源附近时。

(2) 主动点火。主动点火的理论依据和假设是严重事故下安全壳内不可避免地存在随机的点火源(如电火花、电缆等),与其如此,不如在氢气"安全浓度"的范围内利用点火器主动点燃氢气,使之缓慢燃烧,从而消除氢气以避免更严重的氢气爆炸发生而威胁安全壳完整性。但主动点火方案点燃氢气可能会导致设备中重要部件的损坏,甚至威胁安全壳的完整性,对于 ACP100S 小型反应堆安全壳内,因设备布置紧凑,发生事故后氢气浓度较高,故不采用主动点火方案。

(3) 安全壳排气。采用电厂已有的通风系统或可用于排气的通道进行排气,以减小安全壳内的可燃气体浓度。将安全壳内可燃气体混合物通过排气通道排到安全壳外,从而缓解安全壳氢气燃爆风险。

3) 严重事故下应急补水措施

严重事故发生的根本原因在于事故发生后无法及时有效地排出堆芯产生的衰变热。为了缓解严重事故的后果,重新建立堆芯排热路径,在事故过程中应尽一切可能恢复堆芯冷却、阻止事故进一步恶化。福岛核事故表明在发生全厂断电事故且电源长期得不到恢复的情况下,核电厂应具有应急堆芯冷却措施。国家核安全局要求:"综合考虑核电厂全厂断电工况下满足反应堆堆芯冷却、乏燃料水池冷却、防止反应堆冷却剂泵发生轴封小破口失水事故和保持必要的事故后监测能力的要求,采取设置移动电源、移动泵和增设匹配接口的措施。"

福岛事故中暴露出的问题之一是在不可预知的外部灾害造成原有手段全部丧失的情况下,临时手段无法实施,如外接水源由于没有接入口而无法利用等,从而延误了严重事故的处置时机。关于 ACP100S 的严重事故应对,由于其布置空间和行动力的限制,不可能布置过多的严重事故专用缓解措施,这就需要从临时应急的方式上切入,更充分和合理地利用各种资源,甚至适度考虑海水的使用,在严重事故工况中首先保证堆芯热量排出,从而尽早终止严重事故的进程。

对于 ACP100S 应急补水措施,主要考虑一回路应急补水方案,另外若采用堆芯熔融物压力容器内滞留措施,还应考虑堆腔注水措施的应急补水方案。

ACP100S 因其独特的运行环境,在设计过程中应设置改动小但有效的临时补水手段,需要研究的问题包括临时水源的来源、临时应急补水的驱动力、临时注水管线和注水口的预留位置、临时应急补水需求的容量等。

在严重事故中堆芯再淹没后,仍然有必要排出持续产生的堆芯衰变热。排出堆芯衰变热的方式是 RCS 直接充排冷却。如果采用充排的方式,水必须持续地注入 RCS,因此 RCS 必须有开口(如稳压器安全阀),以饱和蒸汽的形式排出热量。

图 12-18 和图 12-19 给出了停堆后预期可以完全带走堆芯衰变热的注水流量,包含了 RCS 注水、RCS 再循环注水的情况。

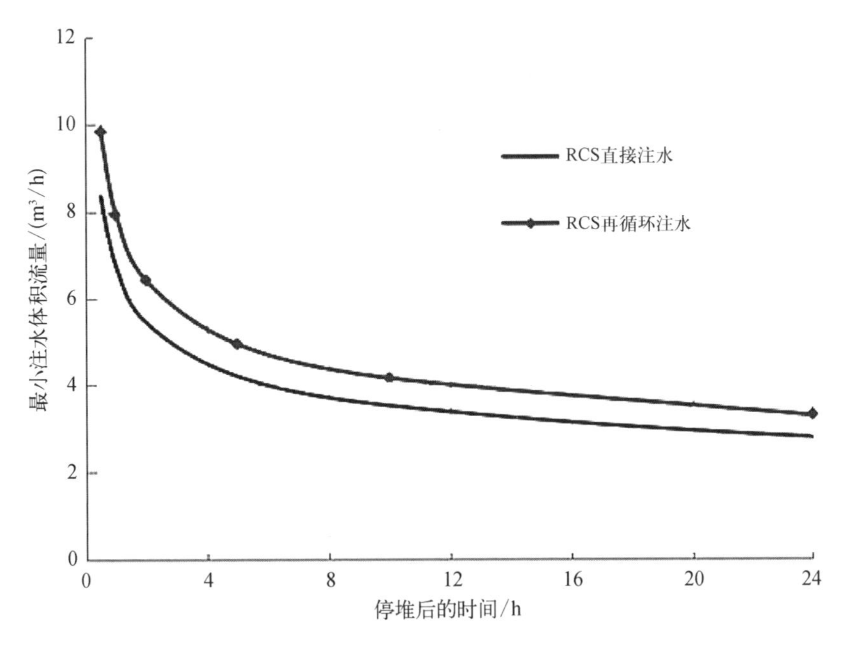

图 12 - 18　排出衰变热所需的最小注水流量(0～24 h)

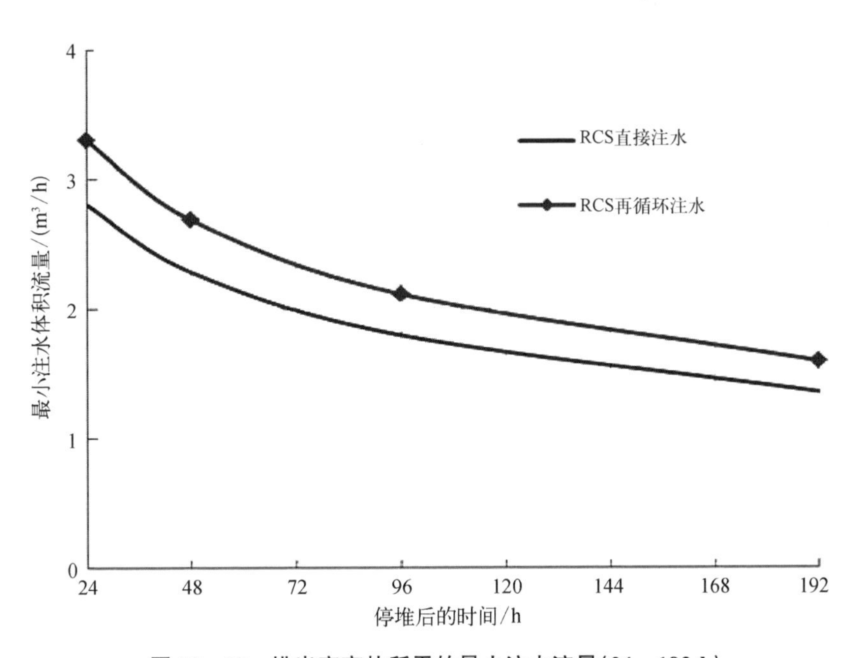

图 12 - 19　排出衰变热所需的最小注水流量(24～192 h)

12.4 概率论安全评价(PSA)

我国国家核安全局批准发布的核安全法规 HAF 102—2016《核动力厂设计安全规定》明确要求:“必须在核动力厂的整个设计过程中进行全面的确定论安全评价和概率论安全评价”。ACP100S 的概率论安全评价(PSA)工作在电厂设计过程中同时开展,贯穿于 ACP100S 的整个设计过程,用来满足核安全法规关于 PSA 的要求,确定电厂设计中的薄弱环节,论证设计是否符合安全目标,并提供基于 PSA 结果的相关见解等。

12.4.1 PSA 概述

下面从 PSA 的目的及范围和分析方法及准则两个方面介绍概率论安全分析。

1) PSA 的目的及范围

ACP100S 的 PSA 目标如下:① 提供堆芯发生严重损坏状态的概率评价,以及提供厂外早期响应的(特别是与安全壳早期失效相关的)放射性物质向厂外大量释放风险的评价;② 为响应瞬态和事故(包括严重事故)的性能提供整体的评价;③ 识别薄弱环节,为设计优化与改进提供输入和支持;④ 评价设计的平衡性,确保没有任何一个设施或始发事件对于总的风险会有过大的或明显不确定的影响;⑤ 确认设计参数的小偏离不会引起核电厂性能严重异常(陡边效应);⑥ 论证整体安全水平,确信符合总的安全目标。

ACP100S 的 PSA 工作将采用分阶段的方式逐步开展,本节描述了功率运行工况内部始发事件一级 PSA(简称一级 PSA)的相关要求。对于一级 PSA,其目的是得到堆芯损坏频率(CDF),确定可能造成堆芯损坏的重要风险项,从而对确定论设计起辅助作用,减小堆芯损坏的可能性。

2) PSA 分析方法及准则

为了完成 ACP100S 的 PSA 任务编制了 PSA 实施导则。根据这些导则可保证不同分析人员从事类似工作具有一致性,并使所选任务的分析方法标准化。ACP100S 的 PSA 方法主要包括以下几个方面:① 电厂运行状态(POS)划分——依据技术规范中确定的电厂运行模式及标准运行工况,进行 POS 划分;② 始发事件分析——实施评估以确定一套尽可能完整的始发事件,该评估包括对压水反应堆(PWR)运行经验、以往的 PSA 经验和本电厂特性的考虑;③ 事件树分析——对每个始发事件类别,均构建事件树以模化可能引起的事故序列；④ 成功准则——分析确定始发事件发生后缓解系统的成功准则；⑤ 系统分析——对预防或缓解严重事故有贡献的与安全相关和与非安全相关的前沿系统和支持系统进行定性分析，并构建系统故障树，该分析确定了每个系统内各部件的重要度；⑥ 人员可靠性分析——对始发事件前和始发事件后的人员可靠性进行了详细分析；⑦ 共因失效分析——通过分析来确定和模化设备失效的相关性（共因失效）；⑧ 数据分析——提供系统故障树定量分析和事件序列定量分析所需要的数据，这些数据包括设备可靠性参数、始发事件发生频率、共因失效参数、试验维修不可用及人误失效概率。

所谓概率安全准则（PSC）是为了使用并评价 PSA 的分析结果而确定的一组概率值。将核电站 PSA 的概率结果与其相应的 PSC 值进行比较，便可以判断核电站所具有的安全性如何，其设计是否达到了相应的概率安全目标。ACP100S 以 10^{-5}（堆・年）$^{-1}$ 作为堆芯损坏频率的安全目标，而放射性物质大量释放的安全目标则以 10^{-6}（堆・年）$^{-1}$ 作为标准。

12.4.2　PSA 结果

PSA 工作包括始发事件确定、始发事件分组、始发事件（组）频率分析、事件序列分析等内容。

12.4.2.1　始发事件确定

从确定始发事件清单的方法、分析过程、完整清单三个方面进行介绍。

1）确定始发事件清单的方法

国内外核电厂 PSA 中确定始发事件清单的方法通常有工程评价、参考以往的始发事件清单、运行经验反馈、演绎分析等几种。每一种方法都有其局限性，因此应该选择其中一种作为主要方法，其他方法作为补充或验证。

（1）工程评价：系统地审查浮动核电站各系统（运行所需和安全所需系统）和主要部件，以查明这些系统和部件的任何失效模式（运行失效、误运行、破裂、断裂、坍塌等）是否会直接地或与另外的故障合并造成堆芯损坏。系统的局部失效也应加以考虑。此外，应特别注意共因的始发事件。

（2）参考以往的始发事件清单：参考同类核电厂 PSA 报告的始发事件和安全分析报告中的始发事件有助于得到一个较为完整的始发事件清单。事实上，这可能成为列出始发事件清单的起始点。但是，同时要注意现有清单对电厂的适用性。

（3）运行经验反馈：需要查阅所进行 PSA 的核电厂的运行历史（如果有的话），以及同类核电厂的运行历史，以便查出需要追加到始发事件清单中的事件。同时,也可通过与核电厂运行人员、维修人员和安全工程师的现场访谈,来避免始发事件的遗漏。这一办法起到补充和完善始发事件的作用,虽然并不能指望由此找出低频率的事件,但可能由此办法发现共因的始发事件。

演绎分析(主逻辑图)方法以堆芯损坏为顶事件,类似故障树那样从顶事件开始按照逻辑逐步分解成不同类别的可能导致该后果发生的事件,最终从该逻辑图最底层的各个事件中选出始发事件。

2) 始发事件清单的分析过程

始发事件包括三大类:LOCA、瞬态和 ATWS 始发事件。通过以下方法确定本电厂的始发事件:

(1) 针对瞬态类始发事件,调研 NUREG/CR-3862《概率风险评价中的瞬态始发事件频率》中的始发事件,分析适用于浮动核电站的始发事件。NUREG/CR-3862 考虑功率运行工况导致紧急停堆的事件为瞬态始发事件,将导致压水堆核电厂紧急停堆的异常事件分为 41 类。本报告评估了这些事件对于浮动核电站的适用性,得出不适用或在本次 PSA 中不考虑的事件。

(2) 针对 LOCA 类始发事件,分析以往 PSA 的始发事件,结合浮动核电站特有的系统配置和成功准则,考虑这些始发事件的适用性。

(3) 详细分析浮动核电站所特有的设计特点和所特有的系统,识别可能导致的始发事件,并将其作为浮动核电站特有的始发事件。

(4) 应用主逻辑图进行演绎分析,核实始发事件清单的完备性,并给出始发事件分类的逻辑分析。内部始发事件导致的堆芯损坏可能源自堆芯冷却不足或堆芯功率增长。堆芯冷却不足是因为一回路冷却剂流失或排热不足。一回路冷却剂流失、排热不足和堆芯功率增长事件由连至各门的相应事件组引发。

3) 始发事件的完整清单

按以上方法确定的 ACP100S 浮动核电站功率运行一级 PSA 始发事件清单如表 12-6 所示。

表 12-6 ACP100S 功率运行工况一级 PSA 始发事件清单

始发事件类	子始发事件	来源
中 LOCA	中破口(∅>20 mm)	以往 PSA
	压力容器直接注入管线中破口	以往 PSA
	CMT 压力平衡管线中破口	本电厂特有

（续表）

始发事件类	子始发事件	来　源
小 LOCA	小破口(6.35 mm＜∅＜20 mm)	以往 PSA
	稳压器安全阀卡开	以往 PSA
	压力容器直接注入管线小破口	以往 PSA
	CMT 压力平衡管线小破口	浮动核电站特有
极小 LOCA	控制棒泄漏	NUREG/CR-3862
	一回路系统泄漏	NUREG/CR-3862
	稳压器泄漏	NUREG/CR-3862
压力容器破裂	压力容器破裂	以往 PSA
界面 LOCA	安全壳外与一回路相连界面系统的泄漏	以往 PSA
SGTR	蒸汽发生器传热管破裂	以往 PSA
一回路瞬态	一回路部分失流	NUREG/CR-3862
	失控提棒	NUREG/CR-3862
	控制棒驱动机构(CRDM)失效或落棒	NUREG/CR-3862
	稳压器低压	NUREG/CR-3862
	稳压器高压	NUREG/CR-3862
	安全壳压力问题	NUREG/CR-3862
	化学与容积系统故障——硼稀释	NUREG/CR-3862
	压力/温度/功率不平衡——棒位错误	NUREG/CR-3862
	完全丧失一回路流量	NUREG/CR-3862
	稳压器喷淋失效	NUREG/CR-3862
	误停堆——原因不明	NUREG/CR-3862
	自动停堆——无瞬态工况	NUREG/CR-3862
	手动停堆——无瞬态工况	NUREG/CR-3862

（续表）

始发事件类	子始发事件	来源
一回路瞬态	稳压器电加热器误启动	工程评价
	堆芯补水箱误启动	浮动核电站特有
	非能动余热排出系统误启动	浮动核电站特有
丧失给水	给水流量部分丧失或减少	NUREG/CR-3862
	完全丧失给水流量	NUREG/CR-3862
	所有主蒸汽隔离阀关闭	NUREG/CR-3862
	给水流量增加	NUREG/CR-3862
	部分丧失冷凝泵	NUREG/CR-3862
	丧失冷凝泵	NUREG/CR-3862
	丧失冷凝器真空	NUREG/CR-3862
	冷凝器泄漏	NUREG/CR-3862
	丧失循环水	NUREG/CR-3862
丧失外电源	丧失所有厂外电源	NUREG/CR-3862
丧失压缩空气	丧失压缩空气	以往 PSA
给水管道破口	给水管道破口	以往 PSA
蒸汽管道破口	安全壳内破口	以往 PSA
	安全壳外破口	以往 PSA
丧失热阱	丧失设备冷却水	NUREG/CR-3862
	丧失厂用水	NUREG/CR-3862
二回路瞬态	主蒸汽隔离阀部分关闭	NUREG/CR-3862
	给水流量增加	NUREG/CR-3862
	给水流量不稳定——操纵员失误	NUREG/CR-3862

（续表）

始发事件类	子始发事件	来源
二回路瞬态	给水流量不稳定——各种机械原因	NUREG/CR-3862
	二回路各种泄漏	NUREG/CR-3862
	蒸汽卸压阀突然打开	NUREG/CR-3862
	停汽轮机，节流阀关闭，电液调节系统问题	NUREG/CR-3862
	停发电机或发电机引发的故障	NUREG/CR-3862

12.4.2.2　始发事件分组

从始发时间分组原则与方法、始发事件清单两个方面介绍始发事件分组。

1）始发事件分组原则与方法

在确保风险分析的完备性基本得到保障的前提下，需要对已确定的始发事件进行适当的分组，以减少事件树与故障树分析的工作量，这是国际上 PSA 分析的通常做法。

始发事件归并分组的一般原则如下：

（1）电站（包括操纵员）响应、成功准则、允许响应时间（如更高要求，则还包括对电站可运行性的影响，以及操纵员和相关缓解系统的性能）均相类似。

（2）虽有不同，仍可归并到某一组，但在“新”的始发事件组中以最不利工况的要求作为该组的包络条件。在这种情况下，必须对所节省的工作量和所引进的保守性加以权衡。当始发事件对结果的影响与该组中其他始发事件的影响相当或更小，或者论证该组并不会显著影响堆芯损坏频率（CDF）时，这些始发事件方可归并入该始发事件组。

（3）在分组过程中如发现某些类别的始发事件因为电厂响应明显不同或者会有更严重的放射性释放可能（如大剂量早期释放频率），则需要进一步细分。例如：LOCA 事件需要按破口尺寸大小（有时还要按不同的破口位置）或其他特殊影响进行细分。

（4）对于可能直接导致堆芯损坏的始发事件，如压力容器破裂等始发事件，单独考虑为一组始发事件。

2）始发事件组清单

通过归并分组的始发事件清单详如表 12-7 所示。

表 12-7 归并后的始发事件组清单

始发事件组	编　号	始　发　事　件
中 LOCA	MLOCA	中破口(∅＞20 mm)
小 LOCA	SLOCA	小破口(6.35 mm＜∅＜20 mm)
DVI 管线破口	SI-SB	压力容器直接注入管线破口
BPL 管线破口	BPLBK	CMT 压力平衡管线破口
极小 LOCA	RCSLK	极小破口(∅＜6.35 mm)
压力容器破裂	RV-RP	压力容器破裂
界面 LOCA	ISLOCA	安全壳外与一回路相连界面系统的泄漏
PRS 传热管破裂	PRSTR	非能动余热排出系统传热管破裂
SGTR	SGTR	蒸汽发生器传热管破裂
丧失热阱	LCCW	丧失设备冷却水或厂用水
丧失给水	LOFW	丧失给水
丧失外电源	LOOP	丧失外电源
丧失压缩空气	LOIA	丧失压缩空气
二次侧管道破口	SLB	二次侧蒸汽管道或给水管道破口
通用瞬态	TRANS	一回路瞬态和二回路瞬态
ATWS	相应序列转移得到具体编号	未能紧急停堆的预期瞬态

ATWS 事故本身不是独立的始发事件,其他始发事件(如丧失主给水、丧失外电源等)发生后,由未能紧急停堆事故序列转发而产生 ATWS 始发事件。因此,归并分组后的始发事件清单中也列入 ATWS 始发事件。

12.4.2.3　始发事件(组)频率分析

ACP100S 是新研发的核电站,且正处于设计阶段。按照 ASME 标准针对始发事件频率能力等级 1 的要求,频率的选取以通用数据为主,新增的始发事件则以故障树或其他方法定量评价。参考 AP1000 的 PRA 报告或通用数据,如表 12-8 所示。

表 12-8　内部事件始发事件频率分析表

始发事件组	编　号	频率/(堆·年)$^{-1}$	不确定性分布	来　源
中 LOCA	MLOCA	3.57×10^{4}	对数正态(30)	计算得出
小 LOCA	SLOCA	8.00×10^{5}	对数正态(30)	计算得出
DVI 管线破口	SI-SB	7.89×10^{5}	对数正态(30)	计算得出
BPL 管线破口	BPLBK	1.57×10^{4}	对数正态(30)	计算得出
极小 LOCA	RCSLK	1.37×10^{3}	Gamma(0.5)	NUREG/CR-6928
压力容器破裂	RV-RP	1.00×10^{8}	对数正态(30)	URD 第 3 卷第 1 章附件 A
界面 LOCA	ISLOCA	5.00×10^{11}	对数正态(30)	AP1000 PRA 报告
PRS 传热管破裂	PRSTR	9.22×10^{5}	对数正态(10)	计算得出
SGTR	SGTR	4.15×10^{4}	对数正态(10)	计算得出
丧失热阱	LCCW	3.51×10^{3}	Gamma(1.39)	NUREG/CR-6928
丧失给水	LOFW	1.59×10^{1}	对数正态(2.1)	NUREG/CR-6928
丧失外电源	LOOP	9.69×10^{3}	Gamma(1.58)	NUREG/CR-6928
丧失压缩空气	LOIA	8.83×10^{3}	Gamma(0.5)	NUREG/CR-5750
二次侧管道破口	SLB	2.99×10^{3}	对数正态(30)	AP1000 PRA 报告
通用瞬态	TRANS	6.76×10^{1}	Gamma(17.8)	NUREG/CR-6928
ATWS	来自各事件树 ATWS 终态转发事件频率			

12.4.2.4　事件序列分析

事件序列分析是为了确定浮动核电站对每个(组)始发事件的响应。事件序列分析应确保在堆芯损坏频率(CDF)评价中反映重要的系统响应及操纵员动作。事件序列的模化方法通常有事件树(ET)方法、原因后果图(CCD)法、事件序列图法等,在 ACP100S 浮动核电站 PSA 中采用了核电厂 PSA 常用的事件树方法。

事件序列分析作为整个一级 PSA 的核心,为系统分析和故障树建模提供顶事件,为人员可靠性分析提供操纵员动作时间窗口,为最终的事件序列定量化提供事件树。同时,事件树的建立需要热工水力计算提供支持,以确定相关事件序列的后果、缓解系统的成功准则、操纵员动作的允许时间等。由于与其他 PSA 任务有紧密联系,事件树的建立是一个不断迭代的过程。

事件树的建立一般有小事件树/大故障树法和大事件树/小故障树法两种。前者在事件树题头中仅考虑前沿系统,而将前沿系统和支持系统的相关性放在故障树中考虑;后者将支持系统也放在事件树题头中,在事件树中考虑前沿系统和支持系统的相关性。可以通过布尔代数证明两种方法是等价的。本章采用核电厂 PSA 通用的小事件树方法,针对确定的始发事件组,建立相应的事件树,确定可能导致堆芯损坏的事件序列,软件采用瑞典 Relcon Scandpower 公司的 RISK - SPECTRUM 程序。

在进行事件树分析的过程中采用了如下总体假设:

(1) 在事故发生后,所有的人员操作都是按照规程进行的,如果在规程中没有规定操纵员的动作,则认为操纵员不会采取任何措施以缓解事故;

(2) 事件序列建模的任务时间一般取 24 h;

(3) 系统建模的任务时间取 24 h。

ACP100S 电厂堆芯损坏频率定量化的结果表明其 CDF $<1.0\times10^{-5}$(堆·年)$^{-1}$。具有较小的堆芯损坏频率,满足第三代核电厂的相关要求。

在 ACP100S 设计中没有大 LOCA,并且中 LOCA 和小 LOCA 的发生频率相对较小,这是由于堆芯采取了一体化设计,大大缩短了管道的长度。

对堆芯损坏频率影响较大的前两位始发事件类为安全注射管线破裂与中 LOCA;而 PRS 传热管破裂、丧失设备冷却水/重要厂用水、丧失主给水、丧失压缩空气、界面 LOCA、SGTR、丧失厂外电等事件类对 CDF 的影响不大。

从敏感性分析可以得知:人员动作对于保证核电站处于较高安全水平仍有较大作用,但进一步提高人员动作可靠性对减小风险的影响不大。

共因失效是可能导致风险增加的重要因素,对核电站 CDF 有重大影响,特别是在系统中有多列相同设备的共因失效(如 PCS 气动阀),在设计时应考虑其影响。

参考文献

[1] 国家核安全局. 核动力厂设计安全规定：HAF 102—2016[S]. 北京：国家核安全局,2016.
[2] 宋丹戎,刘承敏. 多用途模块式小型核反应堆[M]. 北京：中国原子能出版社,2021.
[3] 王钰,陈力生,蔡琦,等. 海上小型核动力厂设计中若干安全问题[J]. 科技技术与工程,2019,19(30)：9-15.
[4] 国家核安全局. 小型压水堆核动力厂安全审评原则(试行)[S]. 北京：国家核安全局,2016.

第 13 章
ACP100S 环境影响分析

ACP100S 浮动核电站服役期间，浮动平台将在靠近海岸线或海岛的位于陆地边缘附近的海水环境中运行。

相比于陆上核电站，浮动核电站运行厂址环境由固定式变为移动式，陆上环境变为海洋环境。浮动核电站的选址、事故及放射性源项分析、厂址周围公众可接受的安全性等环境影响分析需要考虑各种因素，并且需要综合考虑浮动核电站自身内部安全特性，再结合外部海洋环境进行研究分析。

13.1　概述

考虑到海洋环境的引入，浮动核电站环境影响分析目前尚未形成完整统一的标准体系和方法，所参照成熟的陆上核电站相关法规、标准、分析方法等，需要加以甄别、剪裁，甚至重新研究制定。美国、俄罗斯、中国、韩国等国际核能机构成员国近十来年正在开展国际小型反应堆技术研讨合作，以期解决包括浮动核电站等国际小型反应堆的设计与安全审评工作带来的新的问题与挑战。

用于海上平台的浮动核电站由于其所处环境的特殊性，在设计时应考虑以下两方面情况：一方面，由于其建造环境、运行工况等与陆上核电站有很大的差别，因此相对于陆上核电站，浮动核电站设计需要考虑海水围绕、倾斜、摇摆、加速度、振动、冲击等海洋环境特点，设计应考虑放射性物质排放对浮动平台、周围人员的影响及运输过程中放射性污染的预防措施；另一方面，不同种类的浮动核电站也因为任务和运行环境等的差别，彼此也有相应的不同特点。

目前，针对国内正在研发的浮动核电站，其监管体系尚在建立，涉及的监管部门众多。不仅需要考虑传统的陆上核动力厂的审评问题，还需要重点考虑海洋环境条件对于厂址安全、运行工况、事故工况及应急等方面的影响。

在浮动核电站环境影响分析方面，以下几方面共性问题需要研究解决。

(1) 在浮动核电站厂址环境方面，厂址选择更贴近居民生活区或工业生产区，其厂址整体风险评估相对于传统陆上核电厂的厂址风险评估更为复杂化。评估关注点在于应急计划区、规划限制区、非居住区范围的划分，重点关注设计上是否可以实现“实际消除大量放射性物质释放的可能性”，关注在技术上切实做到应急计划区、规划限制区、非居住区三区极小化，保障安全可靠性，以便能在靠近人口密集区部署反应堆，提高经济效益与布置应用的灵活性。

(2) 在浮动核电站环境放射性释放分析方面，浮动核电站设计目标是设计上实现“实际消除有大量放射性物质释放的可能性”，避免对海洋生态环境产生影响，事故源项的确定方式与这个目标应该是相适应的，需要克服源项选取过于保守和依赖程序计算分析的问题，结合海洋环境对放射性源项在严重事故各阶段行为进行研究，同时考虑各种缓解措施、控制途径，降低严重事故对公众和周围环境造成的影响。

(3) 在浮动核电站公众参与方面，应尽早推动当地公众与运输沿线周围公众的参与，做好核安全知识普及，主动公开核安全信息，增进公众对核安全的理解和重视，支持浮动核电站部署。

13.2 环境影响分析

环境影响分析主要包括应急计划区、非居住区边界、规划限制区划分，机理性源项研究和公众接受度评估三个方面。

13.2.1 应急计划区、非居住区边界、规划限制区划分

应急计划区是指在核电厂发生核与辐射事故时，能迅速地采取有效的防护行动和其他响应行动保护公众，在核电厂周围划定的、已经制订了详细的应急计划和做好了应急准备的区域。

场外应急的目的是通过采取行动缓解事故后果，实施场外应急防护行动，保护公众免于遭受不必要的辐射照射。场外应急的目标是确保公众在事故情况下遭受的放射性剂量尽量小，并不超过规定的通用优化干预水平。

应急计划区概念的提出有助于建立核设施附近的应急计划，提高应急效率，减轻事故后果，因此应急计划区成为应急计划重要的技术基础之一。

我国的现行标准 GB/T 17680. 1—2008《核电厂应急计划与准备准则》第 1 部分“应急计划区的划分”[1]将应急计划区划分为烟羽应急计划区和食入应急计划区。对于压水堆核电厂，在符合安全准则的前提下，其烟羽应急计划区的区域范围一般应考虑反应堆热功率的大小，在以反应堆为中心、半径 7～10 km 内确定；烟羽应急计划区内区的区域范围，一般应考虑反应堆热功率的大小，在以反应堆为中心、半径为 3～5 km 范围内确定。

但是，浮动核电站比我国目前大型商业核电厂的热功率更小、专设安全设施更优，因此目前大型商业核电厂应急计划区的划分方法不能完全适用于浮动核电站。GB/T 17680. 1—2008 中明确，对于发生概率极小的事故，在确定核电厂应急计划区时可以不予考虑，以免使所确定的应急计划区的范围过大而带来不合理的经济负担。因此，在保障安全基础上，应合理考虑将应急计划区缩小，以提高经济效益。同时，考虑应急计划区是否可与核电厂选址、设计、建造、运行阶段制定的非居住区和规划限制区合并管理。

13. 2. 1. 1　*术语概念*

环境影响分析的术语主要包括应急计划区、烟羽应急计划区、食入应急计划区、非居住区边界和规划限制区。

(1) 应急计划区(EPZ)。EPZ 为在核电厂发生事故时能及时有效地采取保护公众的防护行动，事先在核电厂周围建立的、制订了应急计划并做好应急准备的区域。

(2) 烟羽应急计划区。该区域是指针对烟羽照射途径(烟羽浸没外照射、吸入内照射和地面沉积外照射)而建立的应急计划区。这种应急计划区又可分为内、外两区，在内区做好能在紧急情况下立即采取隐蔽、服用稳定碘和紧急撤离等紧急防护行动。

(3) 食入应急计划区。该区域是指针对食入照射途径(食入被污染食品和水的内照射)而建立的应急计划区。但食品和饮水控制通常不属于“紧急”防护对策，一般情况下允许根据事故释放后所进行的监测与取样分析来确定实施此类应急响应的范围，在应急计划阶段考虑食入应急计划区的范围和安排有关应急措施时应充分考虑这些因素。

(4) 非居住区边界(EAB)。EAB 指反应堆周围一定范围内的区域，该区域内严禁有常住居民，由核动力厂的营运单位对这一区域行使有效的控制，包括任何个人和财产从该区域撤离;公路、铁路、水路可以穿过该区域,但不得干扰核动力厂的正常运行;在事故情况下,可以做出适当和有效安排,管制交通,以保证工作人员和居民安全。在非居住区内,与核动力厂运行无关的活动,只要不影响核动力厂正常运行和危及居民健康与安全的活动就是被允许的。GB 6249—2011《核电厂环境辐射防护规定》规定,非居住区边界离反应堆的距离不得小于 500 m。

(5) 规划限制区,国外称低人口密度区(LPZ)。LPZ 是指由省级人民政府确认的与非居住区直接相邻的区域。规划限制区内必须限制人口的机械增长,对该区域内的新建和扩建的项目应加以引导或限制,以考虑事故应急状态下采取适当防护措施的可能性。根据 GB 6249 - 2011 的规定,规划限制区半径不得小于 5 km。

13.2.1.2　确定应急计划区范围的方法

本节从确定烟羽应急计划区范围的安全准则、确定食入应急计划区范围的安全准则、确定应急计划区范围的一般方法、风险指引应急计划区划分方法四方面介绍确定应急计划区范围的方法。

1) 确定烟羽应急计划区范围的安全准则

在烟羽应急计划区之外,按所考虑的后果最严重的严重事故序列使公众和个人可能受到的最大预期剂量不应超过 GB 18871—2002《电离辐射防护与辐射源安全基本标准》[2]所规定放入任何情况下预期均应进行干预的剂量水平,如表 13 - 1 所示。

表 13 - 1　任何情况下预期均应进行干预的剂量水平

	器官或组织	2 天内器官或组织的预期吸收剂量/Gy
急性照射的剂量行动水平	全身(骨髓)	1.0
	肺	6.0
	皮肤	3.0
	甲状腺	5.0
	眼晶体	2.0
	性腺	3.0

（续表）

	器官或组织	吸收剂量率/(Gy/a)
持续性照射的剂量行动水平	性腺	0.2
	眼晶体	0.1
	骨髓	0.4

注：在考虑紧急防护的实际行动水平的正当性和最优化时，应考虑当胎儿在 2 天时间内受到大于 0.1 Gy 的剂量照射时产生确定性效应的可能性。

在烟羽应急计划区之外，对于各种设计基准事故和大多数严重事故序列，对应于特定紧急防护行动的可防止的剂量一般应不大于 GB 18871—2002 所规定的响应的通用优化干预水平，如表 13-2 所示。

表 13-2　通用优化干预水平

类　型	要　求
隐蔽	在 2 天内可防止的剂量为 10 mSv
临时撤离	在不长于一周内可防止的剂量为 50 mSv
碘防护	100 mGy(指甲状腺的可防止的待积吸收剂量)

2) 确定食入应急计划区范围的安全准则

在食入应急计划区之外，大多数严重事故序列所造成的食品和饮用水的污染水平不应超过 GB 18871—2002《电离辐射防护与辐射源安全基本标准》所规定的食品和饮用水的通用行动水平，如表 13-3 所示。

表 13-3　食品和饮用水的通用行动水平

放射性核素	一般消费食品剂量/(kBq/kg)	牛奶、婴儿食品和饮水剂量/(kBq/kg)
^{134}Cs、^{137}Cs、^{103}Ru、^{106}Ru、^{89}Sr	1.000	1.000
^{131}I	1.000	0.100

（续表）

放射性核素	一般消费食品剂量/(kBq/kg)	牛奶、婴儿食品和饮水剂量/(kBq/kg)
^{90}Sr	0.100	0.100
^{241}Am、^{238}Pu、^{239}Pu	0.010	0.001

3）确定应急计划区范围的一般方法

确定核电厂应急计划区范围应遵循下述一般方法：首先，确定应考虑的事故类型和源项；其次，计算事故通过烟羽照射途径使公众可能受到的预期剂量和采取特定防护行动后的可防止的剂量，并估计可能被污染的食品和饮用水的污染水平；最后，将所得到的剂量数据和污染水平与GB 18871—2002所规定的相应的通用优化干预水平或行动水平比较，确定应急计划区范围，使在所确定的应急计划区的范围外，事故可能导致的公众剂量和食品与饮用水的污染水平分别低于响应的通用干预水平和行动水平。

（1）事故类型和源项。确定核电厂应急计划区时，既应考虑设计基准事故，也应考虑严重事故，以使在所确定的应急计划区内所做的应急准备能应对不同严重程度的事故后果。对于发生概率极小的事故，在确定核电厂应急计划区时可以不予考虑，以免使所确定的应急计划区的范围过大而带来不合理的经济负担。例如，秦山核电厂应急计划中考虑的设计基准事故如下：主冷却剂管道小破口失水事故，主冷却剂管道大破口失水事故，安全壳外侧主冷却剂小管道破裂事故，弹棒事故，安全壳外侧的主蒸汽管道断裂事故，安全壳外侧的蒸汽管道小破裂。其中，场外后果最严重的设计基准事故是大破口失水事故——主冷却剂管道双端断裂（DBA－LOCA）。秦山核电厂应急计划中考虑的严重事故为堆芯严重损伤乃至堆芯熔化的事故，包括大量燃料包壳损伤导致大量放射性物质释入环境。

事故源项是指在根据故障树分析、概率风险评价和安全分析的假设等计算出的假想事故后释放到环境中的放射性核素种类及每种放射性核素的释放量、释放形式及释放时间和持续时间等。每一个假想事故都有其特定的事故源项。例如：释放到环境中的放射性核素种类比例不同，长寿命和短寿命放射性核素对人体的“毒性”不同，长寿命放射性核素在事故中期和后期影响显著，而短寿命放射性核素在事故初期影响显著；气体、挥发性、气溶胶和颗粒物放射性核素在环境中的行为和对人体的照射途径不同，气体和挥发性放射性核素更容易通过烟羽外照射途径对人体照射，颗粒物更容易通过地面沉积外照射途径对人体照射，而气溶胶和颗粒物更容易通过吸入内照射途径和食入内照射途径对人体照射。例如，秦山核电厂 DBA－LOCA 源项估算采用美国核管会 U.S. NUREG 的假设：假定堆芯中 100％惰性气体、25％碘可立即从安全壳中泄漏；可供释放的碘中，91％为元素碘、4％为有机碘、5％为粒子碘；安全壳内泄漏的速率：前 24 h 为 0.3％/d，以后为 0.15％/d。另外，在核电厂严重事故的研究工作尚不充分的情况下，可应用美国“反应堆安全研究（WASH－1400）”的结果。

（2）放射性核素在环境介质中的弥散。这里的环境介质主要指大气和水。

放射性核素在大气中的弥散需要确定的因素如下：在释放时间内与释放以后主要的气象条件，包括风速、风向、降雨、降雪和大气稳定度等；释放点的高度和周围地形，特别是烟羽主要方向上的地形条件。应当说明，烟羽输运和弥散时下垫面的地形（即下风向的地形）与主导风向上风向的地形都对烟羽的弥散有影响。释放出来的放射性物质与周围大气之间的温差，会引起烟羽的抬升。在某些严重事故时，放射性释放时伴随大量的热量释放，使释放高度大大增加。

放射性核素在水体中的弥散需要确定的因素如下：释放期间和释放以后盛行的水文条件；与接纳水体地势有关的排放点的位置和高度等。

（3）预期剂量、防护可防止的剂量、被污染的食品和饮用水的污染水平。

根据事故源项和放射性核素在环境介质中的弥散计算公众可能受到的预期剂量、采取防护行动后的可防止的剂量，以及可能被污染的食品和饮用水的污染水平。计算中应考虑的照射途径为烟羽 γ 外照射、地面沉积 γ 外照射、烟羽 β 外照射、皮肤和衣服沉积 β 外照射、吸入烟羽放射性核素内照射、吸入再悬浮放射性核素内照射和食入被污染食物与饮水内照射。

另外，如果没有合适的计算机程序，公众可能受到的预期剂量、采取防护行动后的可防止的剂量，以及可能被污染的食品和饮用水的污染水平的计算，可参考 GB/T 17982—2000《核事故应急情况下公众受照剂量估算的模式和参数》[3]推荐的计算方法。

（4）确定应急计划区范围的其他考虑。除了应遵循的安全准则和区域范围要求外，应急计划区范围的确定还应考虑厂址周围的具体环境特征（如地形、行政区划边界、人口分布、交通和通信等)社会经济状况和公众心理等因素,使最终划定的应急计划区的实际边界(不一定是圆形)符合实际,便于应急准备和响应。

4) 风险指引应急计划区划分方法

国际原子能机构成立了不需要现场换料的小型反应堆的联合研究项目(CRP),专门对小型反应堆的应急计划区的确定方法进行了分析,在 IAEA - TECDOC—1652 中提出风险指引的方法用于小型反应堆应急计划区的划分。该方法在先进反应堆的概率准则方法的基础上更进了一步,其截断概率不是事故发生的概率,而是事故发生后特定距离受照剂量超过给定剂量的概率,评估的指向性更明确,方法更为合理。风险指引法建立在当前实践中的概率论风险评价技术和确定论剂量评价技术等基础之上,通过对所有事件进行计算,得到在给定距离处达到规定剂量限值的概率[4]。

事故类型的选择尤为重要。事故类型决定了事故发生后向环境释放的源项。理论上讲,应急计划必须能够处理各种各样的可能事故,哪些事故是可能发生的事故需要用概率风险评价(PSA)进行判断,而目前我国还没有相应的标准规定那种概率水平下发生的事故是否是确定应急计划区范围时应该考虑的可能事故。秦山核电厂在确定应急计划区范围时,认为发生概率小于 10^{-7}/(堆·年)$^{-1}$ 的事故不予考虑。

事故源项是决定公众照射剂量及食品和饮用水污染水平的关键因素。这里的事故源项是指从核设施释放出来进入环境的放射性源项。如果核设施对事故发生后的放射性释放有良好的屏蔽作用,使得放射性核素在事故发生后没有或仅有少量的放射性物质释放进入环境,或者延迟事故发生到放射性核素从核设施释放到环境的时间,这将显著降低公众照射剂量及食品和饮用水污染水平,从而减小应急计划区的范围。例如,AP1000 由于采用了非能动安全壳冷却系统,在只采取正常的非能动安全壳冷却系统空气冷却的条件下,安全壳压力能至少在 24 h 内保持远低于此的失效压力,这可以将事故发生到开始释放之间的时间延长到 24 h 甚至更长,十分有效地缓解原有应急计划的紧迫性。但需要特别注意的是,概率风险评价中的源项分析计算有很大的不确定性,并且这种不确定性是跨量级的。这主要是由于事故发生时反应堆内的物理、热工过程及放射性核素在核设施内的行为特别复杂,而这些问题还有很多未被人们所认识。

13.2.1.3　确定非居住区、规划限制区范围的方法

确定非居住区、规划限制区范围应遵循 GB 6249—2011《核动力厂环境辐射防护规定》,以及参照国家核安全局发布的《小型核动力厂非居住区和规划限制区划分原则与要求》(2018 年征求意见稿)的如下规定:

(1) 选址过程中,应对周边可能影响小型核动力厂安全的设施(包括易燃、易爆、腐蚀性、有毒性物品的生产、储存设施等)进行安全评价。

(2) 对于小型核动力厂的设计扩展工况,非居住区边界上个人(成人)在整个事故持续时间内通过各种可能的途径,所接受的有效剂量应在 10 mSv 以下。

(3) 小型核动力厂规划限制区的划定主要从社会可接受性和应急预案的可扩展性等方面考虑。

(4) 规划限制区边界与反应堆的距离一般不得小于 1 km。

(5) 划定非居住区和规划限制区的实际边界时,还应考虑反应堆周围的具体环境特征(如地形、行政区划边界、人口分布、交通和通信等)、社会经济状况和公众心理等因素,使最终划定的非居住区和规划限制区的实际边界(不一定是圆形)便于控制和管理。

(6) 对于多堆场址,非居住区边界和规划限制区边界应包含按每个反应堆划定的非居住区边界和规划限制区边界的范围。

(7) 对于多堆场址,应对可能由于共模失效引起的多堆事故予以考虑,并根据相关联的反应堆放射性物质总量和释放后果,划定非居住区和规划限制区范围[5]。

(8) 发生选址假想事故时,考虑保守大气弥散条件,非居住区边界上的任何个人在事故发生后的任意 2 h 内通过烟云浸没外照射和吸入内照射途径所接受的有效剂量不得大于 0.25 Sv;规划限制区边界上的任何个人在事故的整个持续期间(可取 30 天)内通过上述两条照射途径所接受的有效剂量不得大于 0.25 Sv。在事故的整个持续期间,厂址半径 80 km 范围内公众群体通过上述两条照射途径接受的集体有效剂量应小于 2×10^4 人·希沃特。

(9) 在发生一次稀有事故时,非居住区边界上公众在事故后 2 h 内,以及规划限制区外边界上公众在整个事故持续时间内,可能受到的有效剂量应控制在 5 mSv 以下,甲状腺当量剂量应控制在 50 mSv 以下。

(10) 在发生一次极限事故时,非居住区边界上公众在事故后 2 h 内,以及规划限制区外边界上公众在整个事故持续时间内,可能受到的有效剂量应控

制在 0.1 Sv 以下，甲状腺当量剂量应控制在 1 Sv 以下。

(11) 实际划分非居住区、规划限制区时，应充分考虑假想事故、稀有事故和极限事故，对公众的有效剂量、甲状腺剂量进行综合分析。

13.2.1.4　应急计划区划分的技术挑战

浮动核电站热功率约为我国目前大型商业核电厂的热功率的 1/10，放射性积存量大大降低。另外，浮动核电站安全性能得到了大幅提升。因此，目前大型商业核电厂应急计划区的划分方法不能完全适用于浮动核电站。GB/T 17680.1—2008 中明确，对于发生概率极小的事故，在确定核电厂应急计划区时可以不予考虑，以免使所确定的应急计划区的范围过大而带来不合理的经济负担。

面临的一项重大问题是，在保障安全基础上，应合理考虑将应急计划区缩小，以提高经济效益。同时，考虑应急计划区是否可与核电厂选址、设计、建造、运行阶段制定的非居住区和规划限制区合并管理，以提高浮动核电站的经济性。

场外应急最小化可做如下理解：为使场址周围公众免受严重确定性健康效应、降低随机性健康效应的风险，在核电厂发生严重事故时，只需要在尽量小的区域内采取紧急防护行动，或者只需要采取有限的防护措施，不需要大规模撤离或长时间隐蔽。

2010 年 9 月，《非现场换料的小型反应堆：中子特性、应急计划和发展情况》(IAEA - TECDOC—1652[6])为考虑小型反应堆的经济因素，提出了根据剂量限值和频率限值确定应急计划区范围的方法，并在剂量评估中使用了机理性方法来计算源项。GB/T 17680.1—2008 中明确表示，对于发生概率极小的事故，在确定核电厂应急计划区时可以不予考虑，以免使所确定的应急计划区的范围过大而带来不合理的经济负担。

ACP100S 项目的研究经验表明，由于非能动安全设施的设计等技术进步原因，导致堆芯损坏频率(CDF)和大量放射性释放频率(LRF)比二代加等压水堆核电站大幅度降低，因此通过论证或必要的技术改进，各型功率核电站均具有进行场外应急最小化的条件。

取消场外应急可以作为最小化的一个特例，采取紧急防护行动的区域仅限于场区边界，也就是说，应急计划区边界即为场区边界。

但需要说明的是，取消场外应急应理解为取消与公众相关的干预行动，不代表没有任何涉及场外的应急行动，也不代表不需要向公众进行必要的信息发布。

如果应急计划区中的烟羽应急计划区最小化到浮动核电站及其配套设施的边界,并且非居住区、规划限制区的事故后果经过基于机理性程序的论证也能限制在该边界以内,则可以考虑将这几个区域统一合并在一起。理论上,浮动核电站采用了一体化反应堆技术和能动加非能动的安全系统,可以实现应急计划区、规划限制区、非居住区三区极小化。

针对浮动核电站面临的这些挑战,有如下几点解决思路:

(1) 为了推动不需要场外应急的研究和论证工作,有必要提出核电厂应急计划区相关的剂量限值和超剂量限值概率的具体指标。

(2) 需要进行全套事故谱的二级 PSA,对严重事故源项及放射性后果进行分析工作,为取消场外应急的论证提供充足的支持性信息,为相应的设计改进提供有效指引。

(3) 对可能存在的超剂量序列包括安全壳旁通、早期堆融和安全壳隔离失效等,未来还需要针对这些超剂量序列开展相应的设计改进工作,以进一步降低大规模放射性释放概率,提高反应堆安全水平。

13.2.2　机理性源项研究

机理性源项通常是指采用现实的物理模型分析得到的放射性核素及其射线的分布情况,分析过程应考虑放射性源项的产生、释放、迁移、去除等一系列过程,与 PSA、应急计划区划分息息相关,需要分析的工况应达到严重事故的程度。严重事故源项分析应包含反应堆事故的不同程度,应囊括各类事故谱。

1) 严重事故相关定义与分类

严重事故是指核反应堆堆芯大面积燃料包壳失效、威胁或者破坏核电厂压力容器或安全壳的完整性,并引发放射性物质泄漏的一系列过程。反应堆运行过程中,发生某种事故或瞬态,专设安全设施出现多重故障导致系统失效,或者操纵员在操作过程中判断失误导致人为误操作,就有可能引起严重事故。随着一回路水装量的减少和堆芯的裸露,堆芯无法保证有效冷却,堆芯过热、熔化,发展成严重事故。

按照堆芯损坏状况的不同,严重事故可分为两大类:第一类为堆芯熔化事故,第二类为堆芯解体事故。堆芯熔化事故是堆芯裸露导致堆芯不能被充分冷却,从而升温和熔化,该发展过程相对较为缓慢,时间尺度为小时量级。

堆芯解体事故是由于运行过程中快速引入了巨大的反应性，该发展过程非常迅速，导致堆芯解体，时间尺度为秒量级。美国三哩岛事故和日本福岛核事故属于第一类事故，苏联切尔诺贝利核电厂事故属于第二类事故。

严重事故堆芯熔化过程按压力容器熔穿时压力容器内压力的状态分为高压熔堆过程和低压熔堆过程。低压熔堆是在压力容器熔穿时，压力容器内压力处于低压（压力＜3.0 MPa）状态，堆芯熔融物是掉入堆坑的。高压熔堆使堆芯熔融物的喷洒范围更大，有可能造成安全壳直接加热，具有更大的潜在威胁。

2）严重事故源项行为

严重事故条件下，多数资料均按照元素的物理化学性质，将堆芯中的放射性核素分为以下几组（每组的释放份额和迁移行为有所区别）：惰性气体、卤素、碱金属、碲、碱土、贵金属、难熔氧化物。放射性物质的释放规律可参考表 13-4。

表 13-4　放射性物质释放规律

释放组	定义	释放组描述	释放量	释放时间	释放途径
IC	完整安全壳	在整个事故过程中安全壳保持完整；放射性向环境释放是因为正常泄漏；对于 IC 释放组，假设安全壳裂变产物的泄漏是经过辅助厂房通向环境的释放	正常泄漏	—	很可能的泄漏途径是通过安全壳贯穿件泄漏到辅助厂房，然后向环境释放
BP	旁通安全壳	裂变产物从反应堆冷却剂系统通过二次侧系统或其他界面系统直接向环境释放。旁通安全壳出现在堆芯损坏开始前	大量放射性释放	从事故开始到堆芯熔化	裂变产物从反应堆冷却剂系统同多破损的蒸汽发生器传热管，释放至二次侧系统并通过卡开的安全阀向环境释放
CI	安全壳隔离失效	由于关闭安全壳贯穿件的系统或阀门失效，裂变产物向环境释放。安全壳失效出现在堆芯损坏开始前	大量放射性释放	从事故开始到堆芯熔化	裂变产物从反应堆冷却剂系统向安全壳释放，而安全壳在事故开始就假设没有与环境隔离

（续表）

释放组	定义	释放组描述	释放量	释放时间	释 放 途 径
CFE	安全壳早期失效	裂变产物释放由于严重事故现象造成的安全壳失效;严重事故现象出现在堆芯损坏开始之后,但在堆芯熔融物迁移前。这样的严重事故现象包括氢气燃烧、蒸汽爆炸,以及压力容器失效	大量放射性释放	堆芯损坏开始到堆芯熔融物迁移结束	裂变产物从反应堆冷却剂系统向安全壳释放。在裂变产物气溶胶显著沉降以前,安全壳由于一个高能量事件(即氢气燃烧或蒸汽爆炸)而失效
CFV	安全壳排放	在使安全壳降压过程中,裂变产物通过安全壳排放管道释放	受控排放	堆芯熔融物迁移结束到堆芯损坏出现后 24 h	安全壳由于衰变热而正压,操纵员在安全壳压力低于它的失效压力以前,使安全壳排放,排放时假设没有过滤。在事故期间,出现长期的显著的气溶胶沉积
CFI	安全壳中期失效	裂变产物释放是由于严重事故产生的现象,如氢气燃烧或衰变热引起的长期升压,造成的安全壳失效。严重事故现象出现在熔融物移位之后 24 h 内	大量放射性释放	堆芯熔融物迁移结束到堆芯损坏出现后 24 h	安全壳失效时,安全壳内大气经过充分地混合,并且气溶胶已经开始显著沉积
CFL	安全壳晚期失效	裂变产物释放是由于严重事故现象造成的安全壳失效(如 24 h 后出现的非能动安全壳冷却失效)	大量放射性释放	堆芯损坏出现后超过 24 h 发生安全壳失效	安全壳由于丧失冷却而升压,并且最终由于超压而失效;由于安全壳失效较晚,在失效以前出现较长时间显著的气溶胶沉积
DIRECT	完整安全壳	为了考虑裂变产物旁通辅助厂房的去污效应的概率的不确定性,对 IC 组直接释放(DIRECT)的敏感性进行了研究。敏感性分析假设,裂变产物源项按安全壳的设计泄漏率直接向环境释放。DIRECT 释放是 IC 组的某种修改,它更为保守	安全壳的设计泄漏率	—	—

3) 严重事故源项简化分析方法

目前,中国、法国和美国在相关标准中提供了严重事故源项简化分析方法。

(1) 国内 GB/T 15761—1995[7]、法国 RFS V-1-a(1980)。GB/T 15761—1995 中 7.4.2.2.6“用于严重事故的放射性源项假设”。本节中假设严重事故情况下,采用的放射性源项假设如表 13-5 所示。

表 13-5 GB/T 15761—1995 规定的严重事故源项

裂变产物族	惰性气体(Kr、Xe)	卤素(I、Br)	碱金属(Cs、Rb)	碲族(Te、Se、Sb)	碱土金属(Sr、Ba)	贵金属(Ru、Rh、Pd、Mo、Te)	稀土(La、Nd、Eu、Ce、Pr、Pm、Sm);超铀元素(U、Np、Pu、Am、Cm)	Zr、Nb
释放份额/%	100	100	100	15	10	3	0.3	0.3

评价:该源项假设直接采用了法国 RFS V-1-a(1980)的二号源,该源项假设事故后瞬时全部释放,与美国 NUREG-1465[8]相比,它的释放时间、释放份额都过于保守。

(2) 美国 NUREG-1465。NUREG-1465 的源项释放过程如表 13-6 所示。主要分为四个释放阶段:

表 13-6 NUREG-1465 的各释放阶段持续时间及对应的释放份额

放射性核素	气隙释放阶段		早期压力容器内释放阶段		压力容器外释放阶段		晚期压力容器内释放阶段	
	持续时间/h	释放份额/%	持续时间/h	释放份额/%	持续时间/h	释放份额/%	持续时间/h	释放份额/%
惰性气体:Xe、Kr	0.5	0.05	1.3	0.950	2	<0.001	10	<0.001
卤素:I、Br	0.5	0.05	1.3	0.350	2	0.250 0	10	0.100
碱金属:Cs、Rb	0.5	0.05	1.3	0.250	2	0.350 0	10	0.100

（续表）

放射性核素	气隙释放阶段		早期压力容器内释放阶段		压力容器外释放阶段		晚期压力容器内释放阶段	
	持续时间/h	释放份额/%	持续时间/h	释放份额/%	持续时间/h	释放份额/%	持续时间/h	释放份额/%
碲组元素：Te、Sb、Se	0.5	<0.01	1.3	0.050	2	0.250 0	10	0.005
Ba、Sr	0.5	<0.01	1.3	0.020	2	0.100 0	10	<0.001
稀有金属：Ru、Rh、Pd、Mo、Tc、Co	0.5	<0.01	1.3	0.002 5	2	0.002 5	10	<0.001
铈组元素：Ce、Pu、Np	0.5	<0.01	1.3	0.000 5	2	0.005 0	10	<0.001
镧系元素：La、Zr、Nd、Eu、Nb、Pm、Pr、Sm、Y、Cm、Am	0.5	<0.01	1.3	0.000 2	2	0.005 0	10	<0.001

第一阶段（事故后 0～0.5 h），气隙释放阶段，燃料包壳开始失效，许多失效的燃料棒间隙中的放射性物质释放出来。

第二阶段（事故后 0.5～1.8 h），早期容器内释放，堆芯变形、融化，直到压力容器失效，包容在燃料内的大量放射性物质释放出来。

第三阶段（事故后 1.8～3.8 h），容器外释放，堆芯熔融物通过与水、混凝土的反应向安全壳大气释放放射性物质。

第四阶段（事故后 3.8～11.8 h），晚期容器内释放，与上一阶段同时开始，持续时间为 10 h。

4）严重事故源项机理性分析方法

严重事故源项分析是从模拟计算的角度对放射性源项的迁移过程进行详细、具体模拟，不同的事故类型会有不同的源项释放。

（1）严重事故源项机理性分析工具。严重事故源项与严重事故的进程密不可分，相关的分析工具有很多，主要可归纳成三大类：一体化综合系统程序（源项分析程序）、详细的机理分析系统程序和单一现象程序。图 13－1 概括

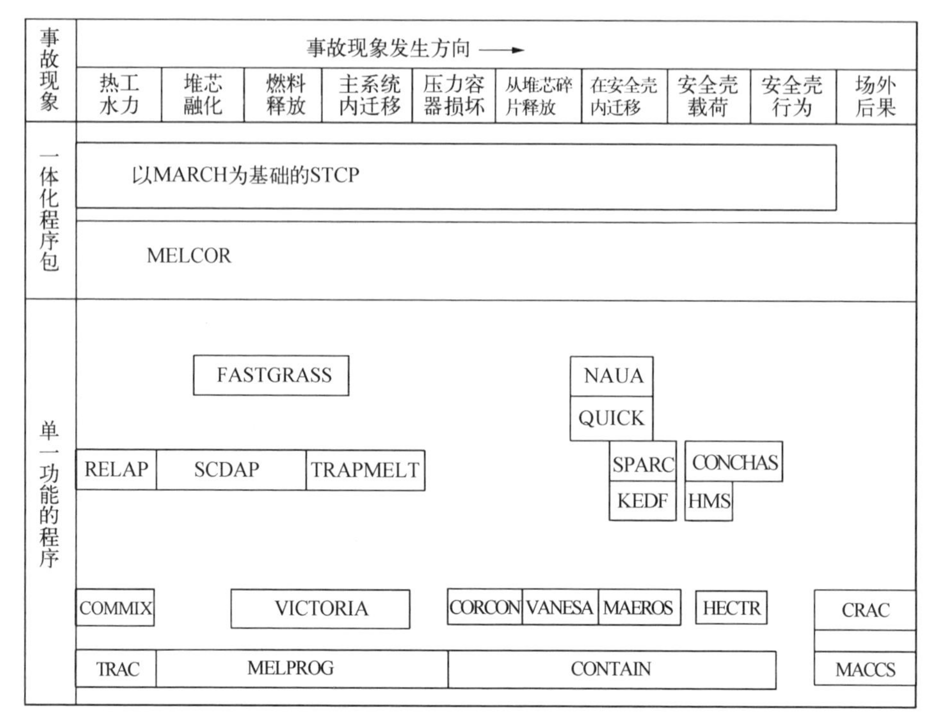

图 13-1　严重事故分析程序及其与严重事故演进过程的关系

了通常的严重事故分析程序及其与严重事故演进过程的关系。

其中常用的分析工具为一体化综合系统程序(源项分析程序,即集总参数程序),这类程序耦合了热工水力学计算,以及裂变产物释放和迁移计算,能完成分析严重事故现象全部进程。国际上典型的该类程序有 MELCOR、MAAP、STCP、THALES-2、ESCADRE、TONUS-LP、ASTEC、WAVCO、COCOSYS 等。

(2) 以 MAAP 程序为例的简介。MAAP 是由 Fauske & Accosiates 公司开发的,它是一种一体化仿真工具,耦合了热工水力学计算,以及裂变产物释放和迁移计算,已经被用来进行了多个 PSA,特别是薄弱环节检查(IPEs)。它可以模拟严重事故的全部进程。

MAAP 程序的热工水力模型:MAAP 程序采用控制容积和流道来进行热工水力建模,其控制容积的几何形状和尺寸对 PWR 程序和 BWR 程序在初始假设上不同。MAAP 程序的 PWR 版本有 14 个控制容积加上稳压器和消防系统水箱。主冷却剂系统划分为上下封头、堆芯、熔化坍塌流道、冷段和热段(可以设置破口)、蒸汽发生器环路(可以设置破口)。PWR 安全壳划分为以下区域：上下腔室、环形腔室、稳压器卸压箱、稳压器、2 个冰冷凝器腔室(可选)和主系统。流体包括蒸汽、水、熔融物、氢气其他不可凝气体；流道包括管道、波动管、贯穿管和释放阀。MAAP 程序对每个控制容积独立求解质量守恒和能量守恒方程，这些方程是集总参数型、非线性、耦合的常微分方程组。

其他物理过程：MAAP 程序含有建立在组分和温度之上的可燃模型以及燃烧时间模型。除了考虑火焰在不同腔室间扩散之外，MAAP 程序还考虑了“喷射燃烧”模型，即可燃气体喷射到有氧腔室中的剧烈燃烧。MAAP 程序还考虑可燃气体在高温下的自燃，这在某些情况下可以引起可燃气体的复合作用。

放射性核素行为：MAAP 程序可模拟裂变产物的迁移和包容。从堆芯释放的裂变产物根据化学性质分成 12 个组。裂变产物的状态模型包括蒸汽、气溶胶沉降和包容在堆芯或熔融物的状态。MAAP 程序气溶胶模型考虑了聚集和消除两种作用的混合效应，消除机制包括重力沉降、冷凝消除、腔室内迁移、电泳作用和压缩效应。MAAP 程序还考虑了迁移过程中的再蒸发过程。

(3) 典型严重事故序列选取。典型事故序列的选取可以参考美国 SAN ONOFRE 核电厂的 IPE 结果和 SURRY 的 PSA 评估结果。导致堆芯损坏的初始事件主要有全厂断电(SBO)、冷却剂丧失事故(LOCA)、蒸汽发生器传热管破裂事故(SGTR)、未能紧急停堆的预计瞬变(ATWS)。NUREG - 1150 和文献(严重事故初始事件概率)的分析结果也显示，LOCA、SBO 也是导致堆芯损坏较为重要的原因。表 13 - 7 列出了导致堆芯损坏的几种严重事故因素的占比情况。丧失厂外电导致的堆芯损坏频率占堆芯损坏主因事件的 9.16%；大、中、小破口事故发生频率占堆芯损坏主因事件的 51.59%。因此，选择大、中、小破口始发的严重事故序列和全厂断电始发的严重事故序列，具有较大的应用意义。

表 13 - 7　某核电厂各类始发事件导致堆芯损坏的占比(PSA 计算结果)

始 发 事 件	在导致堆芯损坏的因素中的占比/%
大破口事故	7.01
中破口事故	13.53

（续表）

始 发 事 件	在导致堆芯损坏的因素中的占比/%
小破口事故	31.05
丧失厂外电事故	9.16

(4) 模块化小型堆机理性源项初步研究。ACP100S 反应堆采用一体模块化压水堆技术，以 ACP100 反应堆技术为基础。不同于常规的压水堆核电厂，ACP100 除了功率降低之外，反应堆及其一、二回路设备发生了很大的变化，因此考虑采用一体化严重事故分析程序进行模块化小型反应堆建模时的难点在于不断调整程序的电厂输入参数，使其能够反映小型反应堆热工水力和裂变产物迁移过程。以直流蒸汽发生器为例进行说明：首先，应将电厂控制参数中常用的 U 形管蒸汽发生器修改为直流蒸汽发生器的模型；其次，直流蒸汽发生器传热管结构与常规核电厂也有很大不同，采用传热参数（传热管根数、传热管直径等）等效调整后，保证了直流蒸汽发生器传热段流通面积和换热面积与实际相符，保证了所建模型与实际模型的一致性。采用的一体化严重事故分析程序的反应堆冷却剂系统节点如图 13-2 所示。稳态调试运行参数与设计参数吻合较好，偏差在 1%以内[9]。

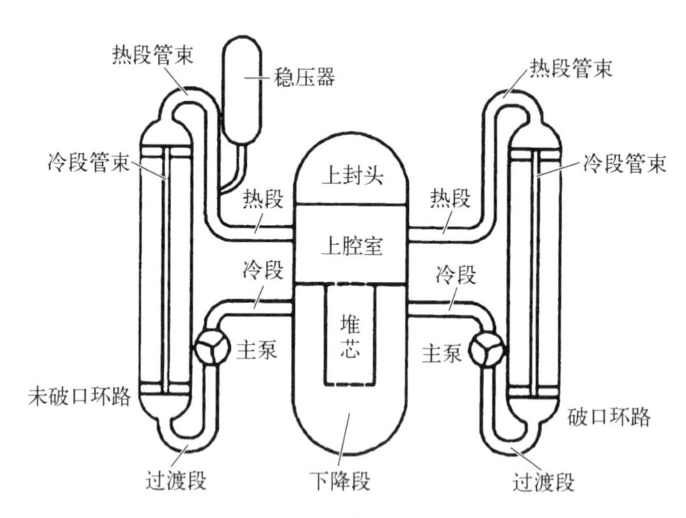

图 13-2　反应堆冷却剂系统节点图

以自动降压系统（ADS）第 3 级卸压阀中 1 台卸压阀误打开为起始时间，

余热排出系统不可用、重力注射及再循环管线失效不可用的情况下，一体化严重事故分析程序分析的事故进程为堆芯熔化、压力容器和安全壳完整。部分源项释放如图 13-3 所示。

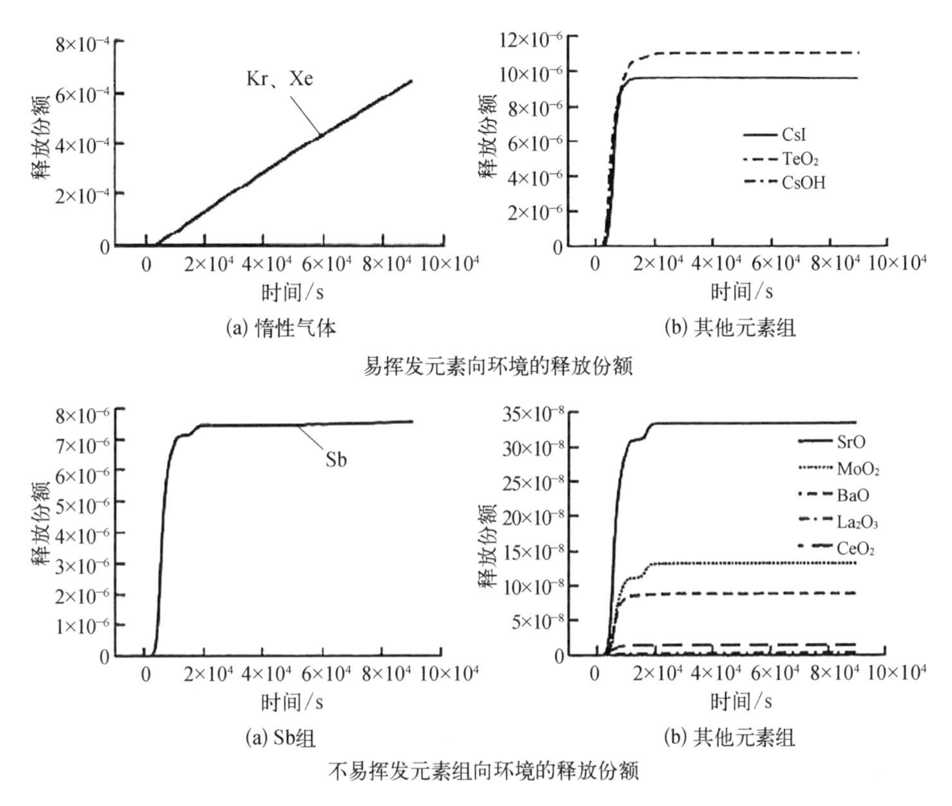

图 13-3　ADS 第 3 级误打开导致的源项释放情况

（5）机理性源项研究的技术挑战。对于核反应堆，公众最关心的是放射性物质的泄漏问题。虽然目前核电厂设置了多道屏障，基本上可以包容放射性物质，限制其向环境的释放。但是一旦核电厂发生严重事故，尤其是安全壳出现破损时，就会有放射性裂变产物从安全壳释放出来的可能，从而会对周围居民及环境造成影响。

为了评价核电厂发生严重事故对公众和环境的影响，需要对放射性源项在严重事故各个阶段的行为进行研究。放射性源项涉及的空间包括燃料芯块、燃料棒、一回路、二回路、安全壳、核辅厂房和环境等。同时，还需要考虑各种放射性释放的缓解措施、控制途径，如安全壳喷淋、气溶胶的自然去除等。通过理解严重事故的现象、机理及放射性核素在不同工况下的行为，采取事故缓解措施，降低严重事故对公众和周围环境造成的影响。

对严重事故的研究国内尚处在起步阶段，特别是事故放射性源项释放和放射性后果研究，目前工作开展较少。在放射性后果分析工作时源项的选取也存在着过于保守的问题。此外，国内在严重事故源项和放射性后果分析主要依赖程序计算分析，对放射性物质的影响因素缺乏深入的研究。

针对浮动核电站面临的这些挑战，提出如下几点解决思路。

(1) 实验研究。可设计合理的实验装置及实验方法，研究裂变产物的释放和迁移特性，并用于机理性源项分析中，提高源项计算的准确性。

(2) 机理性分析模型研究。严重事故源项及后果分析模型主要用于计算严重事故工况下堆芯放射性物质向环境的释放量及引起的剂量，是进行放射性物质释放风险设计评价和应急分析等工作的基础工具，可参考国外成熟的严重事故分析程序的开发经验和理论模型，结合国内反应堆的设计、运行经验进行研究。

(3) 实际消除大量放射性释放研究。针对浮动核电站的先进特征，建立严重事故源项分析模型，作为浮动核电站的安全分析工作的重要支撑。同时，根据严重事故放射性源项的行为，开展严重事故源项缓解措施研究，对有大量放射性释放风险的事故提出设计改进建议。

13.2.3 公众接受度

核能公众接受度是指公众对核能安全的接受态度，是一个备受社会关注的问题，公众接受度严重影响核能的可持续发展。关于核能发展趋势判断及重大核安全问题研究，影响核能发展速度的因素，第一位是政府的态度，第二位是公众的可接受性。

核反应堆无论其功率大小都存在放射性辐射危害，浮动核电站也不例外。2011 年日本福岛核事故后，公众对核电安全问题极敏感，恐核心态普遍存在，多个涉核项目因引发邻避事件而难产。

在浮动核电站公众参与方面，需通过尽早推动浮动核电站运行基地、维保基地当地的公众，以及电站运输船航行经过沿途地区的公众参与，积极宣传沟通，做好核安全知识普及，主动公开核安全信息，增进公众对核安全的理解和重视，支持核能发展。

对于浮动核电站，由于它将承担蒸汽、电力、淡化水等多种用途，一般布置在距离负荷中心或人口密集区较近的区域。浮动核电站具有放射源项小、体积小，采用一体化建造能消除大失水事故（LOCA），即使发生事故也不会造成大量放射性物质的快速释放，潜在事故进程缓慢，留有更长的事故响应时间，一回路具有自然循环能力，因此在技术上为实施场外应急简化创造了条件。另外，浮动核电站采用能动加非能动安全系统，减少人工干预，极大提高了安全性。美国政府支持 NuScale 公司开发的堆芯熔化概率可以降到 10^{-8}（堆·年）$^{-1}$，比现在最先进三代核电技术高出两个数量级。但是，多安全才算“安全”，堆芯熔化概率多低才算“低”，才能实际消除大规模放射性，需要持续进行研究工作，有效提高小型反应堆应用环境安全性，最终达到为公众充分接受的目的。

参考文献

[1] 中华人民共和国国家质量监督检验检疫总局，中国国家标准化管理委员会. 核电厂应急计划与准备准则　第 1 部分：应急计划区的划分：GB/T 17680.1—2008[S]. 北京：中国标准出版社，2008.

[2] 中华人民共和国国家质量监督检验检疫总局. 电离辐射防护与辐射源安全基本标准：GB 18871—2002[S]. 北京：中国标准出版社，2002.

[3] 卫生部工业卫生实验所. 核事故应急情况下公众受照剂量估算的模式和参数：GB/T 17982—2000[S]. 北京：中国标准出版社，2000.

[4] 苏永杰，王建华，李文辉，等. 小型堆应急计划区划分方法的探讨[J]. 辐射防护，2017，37(3)：235－239.

[5] 国家核安全局. 小型核动力厂非居住区和规划限制区划分原则与要求（征求意见稿）[S]. 北京：国家核安全局，2018.

[6] IAEA. Small Reactors without on-site refuelling: neutronic characteristics, emergency planning and development scenarios: IAEA-TECDOC－1652[S]. Vienna: IAEA, 2010.

[7] 国家技术监督局. 2×600 MW 压水堆核电厂核岛系统设计建造规范：GB/T 15761—1995[S]. 北京：中国标准出版社，1995.

[8] Nuclear Regulatory Commission. Accident Source Terms for Light-Water Nuclear Power Plants: U. S. NUREG－1465[S]. Washington D C: U. S. Nuclear Regulatory Commission, 1995.

[9] 王军龙，魏述平，刘嘉嘉，等. 模块式小型堆 MAAP 建模及严重事故裂变产物释放特性研究[J]. 核动力工程，2015，36(增刊 2)：20－23.

第 14 章 ACP100S 经济性初步分析

浮动核电站作为小型反应堆的一种创新应用形式，具有模块化小型反应堆的经济特点。从 20 世纪 80 年代中期开始，很多国家根据新的能源需求开展了小型反应堆的研发，目标定于不能容纳大型反应堆核电站的市场，支持小型反应堆研发的主要论据如下：

(1) 因为小型反应堆的规模，一个机组的前期基建投资显著小于大型反应堆，并且在增加容量方面有灵活性。融资风险降低，并且可能增加核动力对于私有投资者和公共事业公司的吸引力。

(2) 较小的核反应堆代表着新的核电市场开发机遇，尤其是小型反应堆可适合于具有小型电网的地区、偏远地区或电力基础设施开发不充分的地区。

(3) 小型反应堆可通过联产模式运行，提供各种非电力能源产物(热、淡化水、蒸汽或高级能源载体)。

由于小型反应堆的固有特性(比投资高)，按照传统电力项目经济模型，电价测算结果往往高于核电上网标杆电价，造成项目经济性评价结果很难满足投资主体要求，发展受阻，这是小型反应堆项目(供电)面临的通用问题。

根据浮动核电站市场开拓论证经验，结合浮动核电站可移动、可贴近用户等自身特点，解决浮动核电站经济性须从能源产品差异化、特定应用场景等方面进行考虑，避免与陆上大型反应堆或火电机组竞争，才能从根本上解决浮动核电站项目的经济性问题。从供电的角度来讲，如果目标用户可以选择布局电网解决电力需求，则浮动核电站基本失去了其建造竞争性。然而，可以利用小型反应堆便于供应蒸汽的特点，为沿海大型工业园供应蒸汽。

以俄罗斯 KLT－40S 浮动核电站为例，它部署在无电网的偏远地区，而非应用于人口稠密的大型电网的地区。该地区北部和东部有着巨大的沿海地区、漫长的冰冻期、恶劣的气候条件、未开发的基础设施。这些地区的电力用户为稀疏分布在当地的企业(包括产气和输气)、军事基地和一些小型定居点,通常全年都需要供热供电才能启动日常的活动。

同时,恶劣的气候和复杂场所条件,对浮动核电站提出特殊要求:

(1) 能够在小型局部电网或根本没有电网的地区安全运行;

(2) 充分利用小型反应堆的高固有安全性,简化运行和维护要求,降低人员要求;

(3) 较长的换料周期,或减少现场频繁的燃料输送需求;

(4) 可运输性,装置可迁移,一旦需要迁移或放弃,浮动核电站就能顺应要求(例如矿山开发寿命可能短至10~15年);

(5) 具有住宅供热和工业应用的联供选项。

14.1 影响核能投资与建造价的因素

鉴于陆上核电站的经济性[1-3]已经过国内外学者的广泛研究,在此主要通过将浮动核电站与其同等功率规模、技术路线相似的陆上核电进行对比来分析浮动核电站的经济性。ACP100S是在其陆上版本ACP100的基础上,考虑船用和海洋环境特点进行若干适应性改进形成的,其功率、运行温度、压力等主要参数与ACP100均保持一致,两者的主要区别如下:

(1) ACP100S以船体为载体平台,不占用陆地面积,陆上电站ACP100的核电厂房、常规岛厂房、BOP均经过紧凑化设计改进后布置于船体平台上。

(2) ACP100S换料时需要返回维保基地,采用岸基干式换料方式,在船上不设置燃料储存区,维保基地可供多艘浮动核电站及核动力船只共用。

(3) 受空间及重量限制,ACP100S采用小型钢制安全壳,核岛设备更为紧凑化、小型化,由于安全壳较小,事故后安全壳内峰值压力、温度将大幅超出传统安全壳,安全壳内氢气风险控制策略与大型反应堆安全壳存在差异。

(4) 在安全系统方面,由ACP100全非能动改为适用于船用的能动加非能动,取消了安注箱(ACC),内置换料水箱,增加了低压安全注射泵、应急柴油发电机、抑压水池、外部水池;取消了自动泄压系统(RDP),非能动余热排出由一次侧改为二次侧,减少了一回路压力边界,减少了安全1级设备和阀门数量;安全壳总容积由27 000 m^3减小到3 600 m^3,降低了1个数量级,实现安全壳设计小型化,降低工程造价,缩短建设周期;设备总数量由6个增加到10个,阀门总数量由58个减少到28个(未考虑设冷水系统)。

由于以上不同，ACP100S 相对于 ACP100 的投资成本差异主要包括以下几个方面：

(1) 初步估计，ACP100S 船体设计及制造费用约为 4 亿元，并且不需要占用大片陆地面积，节省了陆地征用、厂区建设等费用。

(2) 维保基地是浮动核电站的必要配套设施，会占用浮动核电站项目一定的经济成本，但维保基地可供多艘浮动核电站或其他核动力船共用，可以摊薄换料成本，相对于陆上堆布置换料厂房和在船上布置乏燃料储存系统，具有很好的经济与技术价值。

(3) ACP100S 采用能动加非能动的设计，更多依赖于成熟的能动设备增加船用的便捷性。大幅降低了安全壳尺寸，削减了反应堆厂房的体积，降低了工程造价，缩短了工期，极大减少了建设期的财务融资成本，有利于提升经济性，但由于采用了低压安全注射泵，增加了对电源和相关支持系统的依赖，增加了运行维护费用。

根据俄罗斯建造浮动核电站的相关数据，浮动核电站的隔夜费用比陆基核电站要低 20%。但是，浮动核电站每隔 12 年就需要厂内维修和维护(常常与驳船相关)，从而承担更高的运维费用，因此浮动核电站的整个比投资比陆基类型降低至少 6%。

同时，浮动核电站具有明显的退役费用优势，因为其能够以组装的形式运回工厂，退役核电站部件的拆卸与核循环预期会更为便宜，浮动核电站的退役尤其简化，因为它们能够被拖回工厂，不在现场留下任何电站运行的痕迹。

14.2　浮动核电站特殊的经济价值

浮动核电站相比于陆上核电站更容易被民众接受，平台不易受到地震和海啸影响，即使发生地震，震源的地震波也不会被海水传递。海洋本身也可以作为一个应急的散热器，在发生极端事故情况下，浮动核电站可将海水引入船体内，阻止堆芯熔化，保障反应堆的安全。

浮动核电站具有零污染、零排放、宜退役、选址灵活、无须场外应急等特点。反应堆运行期间，长期处于船体吃水线以下，以大海为天然热阱，有利于堆芯冷却，技术上可以做到取消场外应急，固有安全性高。运行地点处于海上，而且供能主要针对大型工业园区、化工园区，对公众影响比较小，便于政府和公众接受。

作为船舶与核的高密集科技创新体，浮动核电站可有效拉动当地核电装备产业和海洋工程产业的快速发展，同时将带动科技研发以及其他关联产业的发展。浮动核电站项目建成后，将大大减少燃煤、油气的使用，从而减少环境污染，给民众带来更加舒适的生活环境，其示范效应对于沿海其他省份在能源选择和经济效应方面有很强的带动作用。

与陆上核电站不同，浮动核电站最大的特点就是灵活可移动，可以考虑将整艘船作为一个整体设备模块，浮动核电站基本全部采用钢结构，更便于开展模块化设计、工厂预制，能够极大地缩短建造周期，提升经济性。根据市场需求研发不同的型号和不同的能源产品供应并实现批量化制造，或者实现关键主设备的规模化、批量化制造，形成规模效应，也能大幅降低浮动核电站的总投资水平。

同时考虑平台制造实现批量化安装后，大幅降低安装费用支出，首台示范项目安装费用总投资约 16 亿元，按下浮 25%考虑可实现单平台安装投资水平下降约 4 亿元。

此外，浮动核电站形成规模化生产并具备自身的浮动核电站设计能力后，可以考虑向“一带一路”的沿海国家出口，进一步增强我国的核电名片竞争力，同时平台规模化后实现群堆管理还可对应降低人工成本投入。综合考虑上述因素后，按下浮 40%考虑实现单平台其他费用下降约 10 亿元。

综上，预计浮动核电站实现 10 座平台以上规模化生产后，单平台投资可由原来的约 90 亿元下降至 70 亿元左右，实现浮动核电站经济性的稳步提升。

14.3　典型民用需求案例的经济评估

浮动核电站可广泛应用于电、热、汽、水等方面，本节将以沿海工业园清洁能源、海洋油气开采为例，结合供能方案开展简要的经济性分析。

1）烟台万华工业园蒸汽需求

（1）需求简介。浮动核电站因其在海面上可灵活移动的特点，可以利用中国海岸线长的优势为沿海工业园区提供清洁能源。山东省烟台市万华集团是全球最具竞争力的二苯基甲烷二异氰酸酯（MDI）制造商之一，产品质量和单位消耗均达到国际先进水平，2017 年主营业务收入接近 1 000 亿元。2020 年，万华集团用水 8 000 万米^3，用电容量 506 兆瓦，用电 44 亿千瓦・时，蒸汽 1 000 万吨。

目前,该工业园均采用燃煤锅炉和燃煤发电机组,污染物排放高,环保压力大,由于山东省新旧动能转换重大工程建设战略布局要求,亟需寻求清洁采暖热源形式予以替代。

(2) 供能方案。中核集团针对万华工业园需求进行了较为详细的方案论证,拟建设一座浮动核电站,反应堆拟采用模块化小型反应堆 ACP100S 一体化压水堆堆型,平台按双堆 2×125 MW 机组规划。包括建造厂和运行基地,采用靠岸系泊方式。

项目测算的工程建成价约为 87 亿元,建成价单位投资 34 714 元/千瓦。按照 30 年财务评价经营期,项目资本金内部收益率为 4.99%。计算期含增值税平均上网电价:653.99 元/(兆瓦·时),高于核电陆域上网标杆电价[430 元/(兆瓦·时)],作为海上示范项目需要考虑其战略意义寻求特殊政策扶持。每年节约二氧化碳排放约 600 万吨,项目完成了初可研论证。

2) 潍坊工业园蒸汽需求

(1) 需求简介。为了响应国家大力发展清洁能源的政策,落实山东省节能减排要求,拟在潍坊滨海经济技术开发区建设浮动核电站,以满足未来滨海经济技术发展开发区用电及蒸汽的需求。开发区用户需求参数为 1.2 MPa 饱和蒸汽,距离运行点 15 km。目前,该工业园内很多企业由于无能耗指标,无法进行建设,核能可以满足能源需求。

(2) 供能方案。核岛系统采用 1 台 ACP100S 机组,单堆布置,驳船搭载,船坞系泊,反应堆产生的高温蒸汽主要用于供给滨海开发区绿色产业园的用户,部分用于发电,以满足船上设备自用电需求,二回路主蒸汽经三回路汽-汽换热器加热三回路给水,产生过热蒸汽,经蒸汽下船装置后,向陆上用户输送。

反应堆提供的蒸汽进入汽-水换热器,加热用户侧来的给水。在放出热量后,凝结水进入二回路的除氧器,最后由主给水泵打回系统循环使用。来自海水淡化系统的水经过换热器,吸收蒸汽热量,逐步升温并蒸发形成饱和蒸汽,为了实现远距离输送,需要形成过热蒸汽后输送给用户使用,单堆供应蒸汽量约 440 t/h。

根据潍坊项目初可研估算,在单平台单堆供应工业蒸汽的情况下,单平台总投资水平约为 56 亿元,采用蒸汽售价(含税)为 163.8 元/吨(潍坊市销售价格),其他参数取值均参照核电项目通用取值,经测算,项目资本金内部收益率可达 6.02%。由此可见,在总投资水平一致的前提下,工业蒸汽价格 163 元/吨基本相当于上网电价 0.65 元/(千瓦·时),经济性远优于单纯供应电力产品。

2021年，随着煤炭价格的上涨，当地蒸汽价格最高达到了400元/吨，浮动堆供蒸汽有很好的经济前景。项目完成了初可研论证，正在与当地政府协商。

烟台市南山集团有着与万华集团同等规模的能源需求，规划建设的4 000万吨地炼项目拟采用浮动核电站提供能源支持。烟台市长岛县因环境保护要求，拆除了所有风电项目，现有海底电缆供电容量无法满足当地居民用电需求，供暖、供汽需求同样极为迫切。青岛、潍坊、日照等地亦提出了清洁能源供应需求。初步估算，山东省潜在市场需求为10～12座核电站。

3) 渤海油气资源开采需求

中国海油渤海海域油气产量已达到3 000万吨油当量。目前，海上平台所需电力均源于平台电站，发电方式有天然气发电和原油发电两种。近年来，渤海油田就开始出现伴生气量递减的迹象，如今燃料气缺口的情况与日益增加的电力需求不相匹配的矛盾日益突出。渤海区域海上采油生产设施(包括在建)用电负荷约为600 MW。在远期规划中，渤海区域的油气生产设施的用电负荷将提升至近1 000 MW，渤海油田远景规划存在较大电力需求空间。

此外，渤海湾稠油地质储量丰富，约占整体储量的68%，但对稠油开发存在一定的难度，特别是对于地层原油黏度超过350 mPa・s的稠油，若采用常规冷采开发，采收率低，开发效果不理想，甚至没有开发效益。对于常规热采技术，由于受到平台空间及目前供热设备能力的限制，现阶段还无法大规模在海上应用和推广。因此，如何为稠油油田提供经济的蒸汽或热流体，成为渤海湾稠油油田开发的制约因素。核能无疑是一项值得期待的能源利用手段。

虽然中海油集团在2021年已建成输送容量为200 MW的岸电项目，将陆上电网通过海底电缆传输至海上油田使用，但在“双碳”战略目标下，利用海上核能发电依然是不错的选择。

核能的蒸汽涡轮机所产生的200 ℃以上高温蒸汽，可以通过与生产水换热注入油井进行稠油热采，解决稠油热采需要大量热源的问题。目前，中海油正在开展这方面的技术研究，若核能供热进行稠油热采的技术方案可行，无疑将释放渤海湾的产能，有望直接提高渤海湾的油气产量。

(1) 供能方案。针对渤海油田能源供应，中核集团曾为中海油集团绥中36-1油田量身定制了利用ACP100S进行发电、供蒸汽等多种解决方案。针对绥中36-1油田，浮动平台总长为162.5 m，型宽为36 m，工作吃水为11.5 m，作业排水量约为57 800 t，拖航或码头靠泊吃水约为7.0 m。

按照系泊方式(单点、多点)，ACP100S的投资构成分为两种，投资构成如下：① 主要船体、反应堆及一回路、二回路系统、汽轮发电机组、电力系统及仪控、系泊价格(单点)、陆上维修基地；② 主要船体、反应堆及一回路、二回路系统、汽轮发电机组、电力系统及仪控、系泊价格(多点)、陆上维修基地。

每种系泊方式按三种工况进行分析：

运行工况 1，纯发电方案；

运行工况 2，热水、电联产，热产品为 120 ℃热水；

运行工况 3，热水、电联产，热产品为 195 ℃热水。

(2) 产品单价。

ACP100S 浮动核电站在三种工况下的供能情况如下：

运行工况 1，年销售电量 72 734 万千瓦·时；

运行工况 2，年销售电量 66 076 万千瓦·时，年销售热量 1 336 721 GJ；

运行工况 3，年销售电量 46 103 万千瓦·时，年销售热量 2 926 223 GJ。

在资本金内部收益率为 9%的情况下，测算运行工况 1 单点、多点的上网电价(含增值税)分别为 1.23 元/千瓦·时、1.115 元/千瓦·时。

在资本金内部收益率为 9%的情况下，以工况 1 测算出的上网电价作为输入条件，测算工况 2 和工况 3 的热价。测算热价(含增值税)为① 单点系泊，运行工况 2 热价为 60 元/GJ，运行工况 3 热价为 109.7 元/GJ；② 多点系泊，运行工况 2 热价为 55 元/GJ，运行工况 3 热价为 99.5 元/GJ。

从以上分析可知，在民用核能领域，浮动核电站的特点决定了其商业价值需要在特定的场景、特殊条件下得到体现。鉴于中国绝大部分区域已经被大电网覆盖，浮动核能平台主要部署于电网欠发达的远海岛礁、远海油气资源开发和部分地区多用途清洁能源需求，相信在“双碳”目标指引及不断优化的浮动核电站技术指引下，浮动核电站能够体现其技术及经济价值。

参考文献

[1] 张可为，李松. 模块式小堆 ACP100 项目经济性优化探讨[J]. 科技视界，2019(2)：1-5.

[2] IAEA. Status of small reactor designs without on-site refueling：IAEA-TECDOC-1536[S]. Vienna：IAEA，2007.

[3] Carelli M D，Garrone P，locatelli G，et al. 中小型一体化模块式反应堆的经济性[J]. 国外核动力，2014，35(3)：1-19.

索引

E

F

G

H

J

K

L

P

Q

R

S

W